“十四五”高等学校计算机教育新形态一体化系列教材

Python语言程序设计

张　敏◎主　编
魏建国　王　鑫◎副主编

中国铁道出版社有限公司
CHINA RAILWAY PUBLISHING HOUSE CO., LTD.

内容简介

本书是"十四五"高等学校计算机教育新形态一体化系列教材之一，系统介绍了 Python 语言程序设计的基本理论、方法和过程，深入浅出地介绍实用案例。全书共 11 章，包括程序设计概述、Python 语法基础、基本数据类型、选择控制结构、循环控制结构、组合数据、文件与数据格式化、函数、面向对象编程、异常处理、网络爬虫等内容，旨在培养读者的计算思维，提高程序设计解决问题的能力。本书突出应用，强调思政功能；强化计算思维，培养创新意识；案例新颖，趣味性强。

本书适合作为高等学校各专业计算机程序设计教材，也可作为计算机程序设计培训教材、计算机考试的参考教材和 Python 程序设计爱好者的自学用书。

图书在版编目（CIP）数据

Python 语言程序设计 / 张敏主编 . -- 北京 : 中国铁道出版社有限公司 , 2024. 10. -- (“十四五”高等学校计算机教育新形态一体化系列教材). -- ISBN 978-7-113-31359-3

Ⅰ. TP311.561

中国国家版本馆 CIP 数据核字第 2024S4G610 号

书　　名： Python 语言程序设计
作　　者： 张　敏

策　　划： 祁　云　　　**编辑部电话：**（010）63549458
责任编辑： 祁　云　李学敏
封面设计： 刘　颖
责任校对： 苗　丹
责任印制： 樊启鹏

出版发行： 中国铁道出版社有限公司（100054，北京市西城区右安门西街 8 号）
网　　址： https://www.tdpress.com/51eds/
印　　刷： 天津嘉恒印务有限公司
版　　次： 2024 年 10 月第 1 版　2024 年 10 月第 1 次印刷
开　　本： 850 mm×1 168 mm　1/16　**印张：** 18.75　**字数：** 491 千
书　　号： ISBN 978-7-113-31359-3
定　　价： 58.00 元

十四五”高等学校计算机教育新形态一体化系列教材

编审委员会

序

党的二十大报告强调，教育、科技、人才是全面建设社会主义现代化国家的基础性、战略性支撑，要“深入实施科教兴国战略、人才强国战略、创新驱动发展战略”。2024年1月31日，习近平总书记在中共中央政治局第十一次集体学习时强调，加快发展新质生产力，扎实推进高质量发展。随着新质生产力的形成发展，以人工智能、大数据、云计算等为代表的新一代信息技术日新月异，对高等教育特别是计算机教育提出了新的挑战和机遇，不仅要求我们在理论上有所创新，更需要在实践中不断探索与突破。

教材作为人才培养的重要载体，是知识传承的媒介，也是人才培养的基石。在新时代背景下，要进一步推动高等学校计算机教育教学改革，教材作为连接理论与实践的桥梁，就要在引导学生掌握扎实理论知识的同时，起到实践能力和创新精神培养的作用。近年，教育部针对教材建设出台了一系列文件。《普通高等学校教材管理办法》及《教育部办公厅关于开展“十四五”普通高等教育本科国家级规划教材第一次推荐遴选工作的通知》（教高厅函〔2024〕9号）都要求，遵循高等教育教学规律和人才培养规律，注重守正创新，推动学科交叉、产教融合、科教融汇，着力打造高质量教材体系，形成引领示范效应。

在此背景下，中国铁道出版社有限公司与山东省高教学会计算机教学研究专业委员会共同策划组织了这套“‘十四五’高等学校计算机教育新形态一体化系列教材”。本套教材旨在为我国高等计算机教育事业注入新的活力，培养更多适应未来社会需求的高素质计算机专业人才。本套教材在思政元素、内容构建、资源建设、产学协同等方面体现了诸多优势，主要表现为：

一、价值引领，育人为本

本系列教材积极贯彻《习近平新时代中国特色社会主义思想进课程教材指南》，主动融入课程思政元素，内容编写体现爱国精神、科学精神和创新精神，强化历史思维和工程思维，落实立德树人根本任务。

二、内容创新，质量至上

在内容编排上，本套教材坚持“理论够用、实践为主、注重应用”原则，为了满足新工科专业建设和人才培养的需要，编者结合各自的研究专长和教学实践，对教材内容进行了精心设计和反复打磨，确保每一章节都既具有科学性、系统性，又贴近实际、易于理解，教材中的案例在设计上充分考虑高阶性、创新性和挑战度。同时，我们还注重引入行业案例和最新研究成果，使教材内容保持与行业发展同步。

三、一体化设计，新形态呈现

党的二十大报告指出“推进教育数字化”，本系列教材以媒体融合为亮点，配套建设数字化资源，包括教学课件、教学案例、教学视频、动画以及试题库等；部分教材配套课程教学平台和教学软件，以帮助学生充分利用现代教育技术手段，提高课程学习效果。教材建设与课程建设结合，努力实现集成创新，深入推进教与学的互动，利于教师根据教学反馈及时更新与优化教学策略，有效提升课堂的活跃互动程度，真正做到因材施教，方便教学和推广。

四、加强协同，锤炼精品

全面提升教材建设的科学化水平，打造一批满足专业建设要求、支撑人才成长需要、经得起历史和实践检验的精品教材，是编审委员会的初心和使命。本系列教材编审委员会由全国知名专业领域专家、教科研专家、院校的专家及行业企业的专家组成。他们具有较高的政策理论水平，在相关学术领域、教材或教学方面取得有影响的研究成果，熟悉相关行业发展前沿知识与技术，有丰富的教材编写经验，并对系列教材进行审稿、审核，以确保每种教材的质量。每种教材尽可能科教协同、校企协同、校际协同编写，并且大部分教材都是具有高级职称的专业带头人或资深专家领衔编写。

展望未来，我们坚信，本系列教材内容前瞻、特色鲜明、资源丰富，是值得关注的一套好教材。希望本系列教材实现促进人才培养质量提升的目标和愿望，为我国高等教育的高质量发展起到推动作用。

2024年8月

前　言

党的二十大报告提出："必须坚持科技是第一生产力、人才是第一资源、创新是第一动力，深入实施科教兴国战略、人才强国战略、创新驱动发展战略，开辟发展新领域新赛道，不断塑造发展新动能新优势。"高等院校中的程序设计教育和计算思维训练，在科教兴国战略的实施中起着重要作用。

Python 语言是一种开源的解释型高级编程语言，语法简洁，功能强大，面向应用，是一门适合初学者的编程语言，其强大的计算生态库支撑各种热门应用领域，适应了当今大数据分析、人工智能等大规模科学计算的需要，近几年来得到蓬勃发展，是目前国际上热度较高的一种程序设计语言。

本书内容安排由易到难，循序渐进。全书共分 11 章。第 1 章论述了程序设计语言基础知识、Python 特点和开发环境的使用方法。第 2 章论述了 Python 语法基础，包括编程基本步骤、程序的基本元素，以及输入输出数据的方法等内容。第 3 章论述了基本数据类型及其数据处理方法。第 4 章论述了选择控制结构。第 5 章论述了循环控制结构。第 6 章论述了组合数据类型的分类、处理方法等。第 7 章论述了文件的相关操作。第 8 章论述了函数的定义和调用等。第 9 章论述了面向对象编程的相关知识。第 10 章论述了异常处理的基本方法。第 11 章论述了开发简易网络爬虫的相关知识，包括第三方库 requests 网页访问库、BeautifulSoup4 网页解析库和内置库 re 正则表达式的应用方法。

本书具有以下特点：

1. 突出应用，强调思政功能

本书突出持续发展思想，可以作为人工智能、大数据等专业的基础教材，让读者了解国内外程序设计的发展现状，在学习理论知识和技能培养的同时，培养大国工匠的精益求精精神，增强民族自豪感和爱国情怀，形成正确的人生观和价值观。

2. 强化计算思维，培养创新意识

本书在体现系统性、实用性、趣味性的同时，强调程序结构设计和处理工具的应用，突出知识的引导，培养读者的创新意识和计算思维，训练问题求解的思路和程序设计技术、

方法，将计算思维培养建立在知识理解和应用能力培养过程之中。

3．案例新颖，趣味性强

书中每个案例都是由编者精心设计的，趣味性强，一方面激发读者的学习兴趣，另一方面使读者对所学知识举一反三、触类旁通，从而更深刻地理解知识点，达到学以致用的目的。

本书编者具有多年本科Python语言程序设计课程教学经验和Python应用开发经验，书中内容与案例来源于多年的教学实践和目前的热门应用，在教学中不断提炼、完善，形成了比较成熟的知识框架。本书由张敏任主编，魏建国、王鑫任副主编，张敏进行总体设计，张敏、王鑫、魏建国负责全书统稿。此外，薛莹、马明祥、陈爽、连瑞梅、王涛、黄忠义、徐兴敏、王桂东、张凤云、周金玲、周玉涛、李勇、慈庆玉、魏军、朱聪聪、王艳喜等参与了本书的编写并做了大量素材整理、程序设计、书稿审校等工作，在此表示感谢！

由于编者水平有限，书中的疏漏和不妥之处在所难免，敬请读者批评指正。

张　敏

2024年7月

目 录

第1章 程序设计概述

计算机是20世纪最伟大的发明之一，自诞生至今，计算机相关技术和行业得到了飞速发展，计算机已经成为人类生活、工作、学习的重要伙伴，我们网上办公、听音乐、看电影、绘图等都离不开计算机。计算机能够正常完成各种工作离不开计算机程序。计算机程序是按计算机语言的特定语法、规则组织起来的一系列计算机指令，不同的程序可以为人们提供不同的服务。编写程序离不开计算机语言。本章将从计算机语言开始，了解计算机语言、编程方法，认识Python语言特性、应用领域以及Python开发环境的搭建等。

知识导图

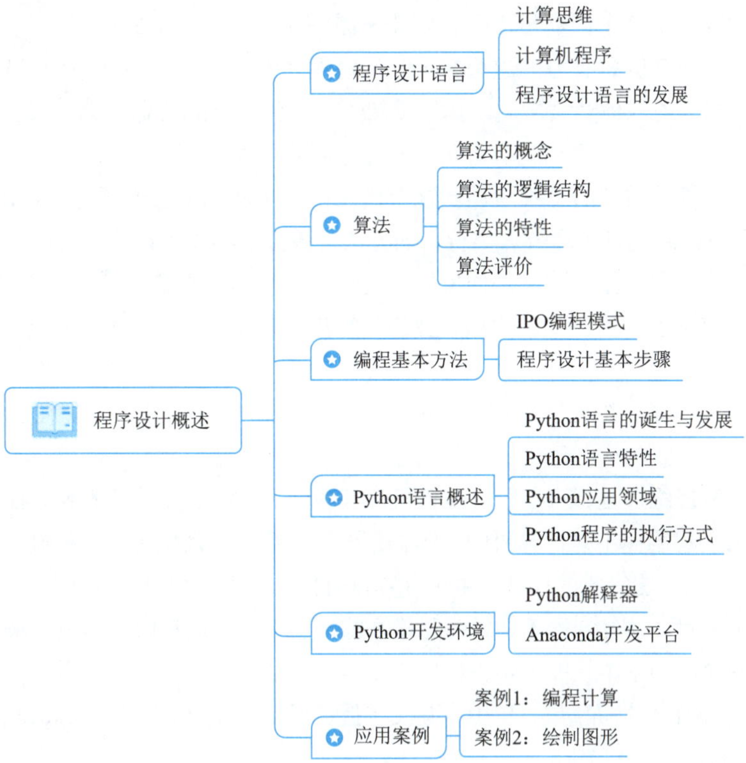

学习目标

- **了解：** 了解计算机语言分类、特点以及高级语言程序执行方式，了解Python语言特点与应用领域。

- **理解**：理解计算思维、算法及其逻辑结构、编程基本步骤，Python解释器的作用及执行方式。
- **应用**：能够使用IPO编程模式进行算法设计，掌握Python开发环境的搭建与使用，能编辑、调试、运行最基本的Python程序。
- **分析**：通过学习本章提供的编程案例，学会调试Python程序的方法，从案例中学习Python程序基本语法，举一反三。
- **养成**：增强开拓创新意识，充分发挥主观能动性，养成良好的计算思维、科学态度和科学精神。

1.1 程序设计语言

1.1.1 计算思维

1. 计算思维概念

如今，计算科学已经成为各个学科研究中不可或缺的理论方法与技术手段。计算科学、理论科学和实验科学并列成为科学发现的三大支柱。从计算角度，计算科学是一种研究数学建模、定理分析以及利用计算机来分析、解决问题的研究领域。从计算机角度，计算科学是一种利用高性能计算能力预测和了解现实世界物质或复杂现象演化规律的研究领域。

Computational thinking这个词最早出现在西蒙·派珀特（Seymour Papert）于1980年发表的图书《头脑风暴：儿童，计算机和有力的想法》中，当时他并没有专门阐述这个词，只是用到了这个词而已。2006年，美国卡内基梅隆大学周以真教授在美国计算机权威杂志ACM月刊上发表一篇名为*Computational Thinking*的文章，提出计算思维是运用计算机科学的思维方式进行问题求解、系统设计，以及人类行为理解等一系列的思维活动。这个概念第一次从思维层面阐述了运用计算机科学的基础概念求解问题、设计系统以及理解人类行为的方法，该方法涵盖了计算科学的一系列思维活动。计算思维的本质是抽象和自动化，计算是抽象的自动执行，自动化隐含着需要某类计算机去解释抽象。2011年，周以真完善了计算思维的内涵，提出计算思维包括算法、分解、抽象、概括和调试五个基本要素。

与许多概念一样，计算思维在学术界存在一定的共识，但也有不少争议。在取得共识的层面，多数研究者都认可：

① 计算思维是一种思维过程，可以脱离计算机、互联网、人工智能等技术独立存在。

② 计算思维是人的思维而不是计算机的思维，是人用计算思维来控制计算机设备，从而更高效、快速地完成单纯依靠人力无法完成的任务，解决计算机时代之前无法想象的问题。

③ 计算思维是未来世界认知、思考的常态思维方式，它教会人们理解并驾驭未来世界。

④ 计算思维是每个人的基本技能，不仅仅属于计算机科学家。

我们应当使每个孩子在培养解析能力时不仅掌握阅读、写作和算术（reading，writing and arithmetic，3R），还要学会计算思维。

2. 计算思维基本要素

计算思维经过多年的研究、扩展、归并，其基本思维的流程与要素如图1.1所示。计算思维通过分解、抽象、算法、调试、迭代以及泛化，将一个复杂的问题分解成一个个可分析解决的小问题，然后分析这些问题的相互联系来建立模型，并利用相应的代码和算法来实现模型，通过不断的调试和迭代来实现最优的模型，最后通过学习解决这个问题的模型，给其他类似的方法提供思路和方法。

（1）分解（decomposition）

分解是指将事物拆分为多个组成其基本结构的部分。如何通过将大的整块信息细分成相对较小的部分，逐一了解，有利于降低认知难度，从而更有效率地学习，这是一项重要的学习能力。这在系统设计中是一种自上而下的分析方法。

（2）抽象（abstraction）

抽象是指找到事物的特征，即寻找事物之间的共性，剔除差异，只关注重点细节。抽象是很重要的，因为通常认为在一个问题中得到的所有信息都是用来解决问题的，但这并不一定是正确的。去除不适合或无用的信息是一项有价值的技能。这个阶段不仅仅需要反复检查信息（数据），也需要学习如何自我调整，探索问题的真正解决方案。

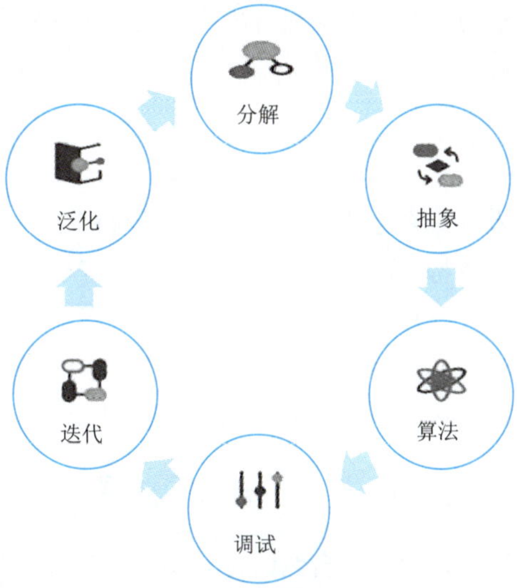

图1.1　计算思维流程与要素

（3）算法（algorithms）

算法在概念上是完成一项任务的程序步骤列表。在这个过程中，需要创建一系列步骤来解决所面对的问题，能够清晰地编写算法，这样任何人都可以按照所设计的算法来指导完成任务或解决问题。

（4）调试（debugging）

调试就是对算法进行编程实现后，根据运行过程中发现的问题去修改代码，以便能使代码正确地运行。

（5）迭代（iteration）

对实现的模型通过不断的迭代来实现最优的模型。

（6）泛化（generalization）

泛化是指调整、优化现有模型以解决新的问题或一类问题。这个能力也相当重要，这就是常说的举一反三。在人工智能领域，模型的泛化能力往往决定了这个模型在实际应用中的真正优劣。而对于学生学习，泛化主要是学生能够归纳问题、把一类问题一般化的能力。当然，对于学生来说还有一些能力，如迁移学习的能力，诸如跨领域的灵感，用一个领域的模型，针对性地改进去解决另一个领域的问题。

计算思维教育不需要人人成为程序员、工程师，而是在未来时代拥有一种适配未来的思维模式。计算思维是人类在未来社会求解问题的重要手段，而不是让人像计算机一样机械运转。

计算思维是当今所有编程方法的基石，程序设计是实践计算思维的重要手段。在程序设计范畴，计算思维主要反映在理解问题的计算特性、将计算特性抽象为计算问题、通过程序设计语言实现问题的自动求解等方面。程序设计的学习涉及计算机程序设计语言及程序设计的方法、步骤与技巧。对于程序设计的初学者，提倡在学习程序设计基础知识的同时，选择一种具体的程序设计语言开始学习。在动手编程解决简单问题的过程中，学会程序设计的方法，在不断学习和积累编程经验的基础上，提高编程的技巧。

1.1.2 计算机程序

迄今为止，绝大多数计算机都是基于“存储程序与程序控制”原理工作的。计算机中的程序是指按特定的算法用某种计算机语言描述完成指定任务的处理过程。从存储的角度来看，程序就是保存在外存上的指令序列。比如，用字处理软件编辑处理文档时，首先启动该软件，将其包含的主要程序从外存调入内存并执行主要程序中的指令，然后运行其他指令来完成文档处理等工作。除了少量特殊程序外，程序在没有启动时大多以文件的形式存储在硬盘等外存储器上。

1.1.3 程序设计语言的发展

语言分为自然语言与人工语言两大类。自然语言是人类在自身发展过程中形成的语言，是人与人之间传递信息的媒介。人工语言是指人们为了某种目的而设计的语言，程序设计语言就是人工语言的一种，是人与计算机之间传递信息的媒介，也称为计算机语言，是计算机能够理解、识别的语言。为了使计算机能够按照人们的要求完成各种工作，必须将人们的意图用计算机语言告诉计算机。计算机做的每个动作、执行的每个步骤，都是按照程序设计语言编好的程序来执行的。所以，要控制计算机就必须通过程序设计语言向计算机发出命令。

自从有了计算机，程序设计语言就出现了，人们针对不同的应用领域开发出了上千种程序设计语言。随着计算机技术的发展，程序设计语言也在不断地发展变化着，新的语言不断涌现，老的语言不断改进，当然也有些语言逐步被淘汰。程序设计语言向着易学、易用的方向发展，描述问题的能力也越来越强。

程序设计语言的发展经历了机器语言、汇编语言和高级语言三个阶段，正向着第四代语言迈进。

1. 机器语言——第一代语言

机器语言是计算机能够直接识别、执行的二进制形式的计算机语言，它是由机器指令组成的语言，不同计算机结构的机器指令不同。用机器语言编写的指令序列程序，如图1.2（a）所示，计算机能直接识别执行，占用存储空间小，执行速度快，但机器语言程序依赖于具体计算机，可移植性差，而且难记忆，易出错，阅读理解困难，编程人员必须了解特定计算机的硬件及其指令系统。

2. 汇编语言——第二代语言

汇编语言是符号化的机器语言，即采用助记符代替指令中的操作码和操作数。用汇编语言编写的程序是符号化的指令序列，如图1.2（b）所示，比机器语言直观，但需要使用汇编程序将其翻译成指令序列后才能由计算机执行。除此之外，汇编语言与机器语言有相同的特点，其程序都依赖于具体的计算机，可移植性差。因此将机器语言与汇编语言统称为低级语言。

3. 高级语言——第三代语言

20世纪50年代后期，随着Fortran和COBOL等一批高级语言的问世，计算机程序设计及其相关领域迎来了巨大的发展契机。高级语言更接近人类自然语言和数学语言，在一定程度上与具体计算机无关，如图1.2（c）所示的C语言程序和图1.2（d）所示的Python语言程序。用高级语言编写的程序是一种符号化的语句序列，也称为源代码。高级语言易理解、易调试、易修改、可移植性高，但大部分不支持对硬件的直接操作，源代码需要翻译成等价的指令序列后才能由计算机执行。

```
10110000
00001101
00101100
00000101
11110100
```

（a）机器语言程序

```
MOV AL ,13D
SUB AL ,5D
HLT
```

（b）汇编语言程序

```
#include<stdio.h>
int main(void)
{
   printf( " %d\n " ,13-5);
   return 0;
}
```

（c）C语言程序

```
print(13-5)
```

（d）Python语言程序

图1.2 计算表达式“13-5”的机器语言、汇编语言、高级语言程序

源代码的翻译方式有两种，分别是编译方式和解释方式。

编译方式是用相应语言的编译程序（compiler，编译器）将高级语言描述的源代码进行若干次扫描（如语法分析、语义分析、生成各种对照表、生成中间代码、优化等）后生成目标代码。但目标代码并不能直接执行，还需要经过连接，装配成可执行指令序列后才能运行，进而得到结果，编译方式的程序执行过程如图1.3所示。虽然编译方式比较复杂，但相对而言能产生较高运行效率的目标代码，只要源代码不被修改，对源代码仅需编译一次，适合于结构复杂、要求运行效率高的程序设计语言。

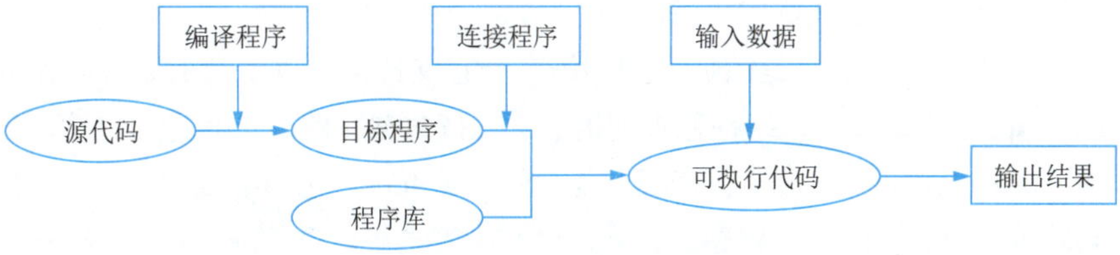

图1.3 程序编译执行过程

高级程序设计语言如C、C++、Object-C、Swift、Delphi、Pascal和Fortran等都属于编译型语言。

解释方式是用解释程序（interpreter，解释器）对源代码逐行扫描、翻译、执行后直接获得结果，执行过程如图1.4所示。解释方式实现简单但运行效率低，同一代码每次运行都要再次解释，一般用于交互式程序设计语言的翻译。如果用文学翻译作类比，编译方式相当于笔译，译成一篇完整的译文；解释方式相当于口译，边听边译。无论编译方式还是解释方式，通常高级语言的一条语句要对应多条机器指令，运行效率低于低级语言代码。

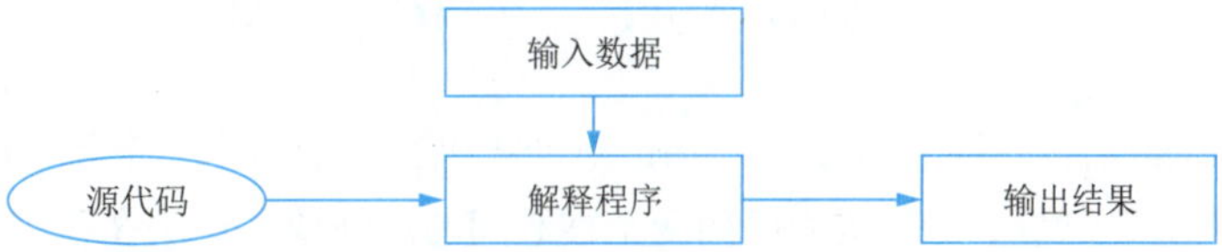

图1.4 程序解释执行过程

高级程序设计语言如Python、Java、JavaScript、PHP、Shell、Ruby、MATLAB、Perl和BASIC等，都属于解释型语言。

高级语言的发展经历了从早期语言到结构化程序设计语言、从面向过程到面向对象程序设计的过程。

(1)面向过程程序设计

传统程序设计的本质是功能设计，一般采用结构化程序设计方法（structured programming），它最早由E.W.Dijkstra在1965年提出，结构化程序设计方法的基本原则是自顶向下（top-down）逐步细化（stepwise refinement）、由抽象到具体的功能分解过程，使用三种控制结构（顺序控制结构、选择控制结构和循环控制结构）构造程序。

(2)面向对象程序设计

面向对象程序设计（object-oriented programming）是目前软件开发中使用的主流方法，它是一种对现实世界理解并抽象的方法，将对象作为程序的基本单元，并将程序和数据封装在内以提高软件的重用性、灵活性和可扩展性。

4. 智能语言——第四代语言

从前面三代语言的发展来看，人们不断寻求越来越抽象的形式表示程序，希望可以把程序员从繁杂的过程性细节中解放出来。第四代语言（fourth-generation language，4GL）上升到更高的一个抽象层次，尽管还在用不同的语法表示程序结构和数据结构，但它已不再涉及太多的算法性细节。一般认为4GL具有简单易学、用户界面良好、非过程化程度高和面向问题等特点，只需告知计算机“做什么”，而不必告知计算机“怎么做”。用4GL编程使用的代码量较少，并可呈数量级地提高软件生产率。目前，4GL主流产品基本上与人工智能技术无关，但随着4GL非过程化程度和语言抽象级的不断提高，必然要求人工智能技术的支持。

迄今，使用广泛的第四代语言是数据库查询语言，它支持用户以复杂的方式操作数据库。流行的SQL（structured query language，结构化查询语言）支持数据库的定义和操作，功能强大，简单易学。程序生成器（program generators）代表更为复杂的一类4GL，它不必依赖预先定义的数据库，只需要很少的语句就可生成完整的语言程序。此外，一些决策支持语言（decision support language）、原型语言（prototyping language）、形式化规格说明语言（formal specification language）也被认为属于4GL的范畴。

目前流行的程序设计语言有Python、C、C++、Java、C#、JavaScript、VB和SQL等，每一种程序设计语言都有其自身的特点和用途。相应地，软件的开发也由最初的个体手工作坊式的生产，发展为产业化、流水线式的工业化生产。高级语言的下一个发展目标是面向应用，只需要告诉程序你要干什么，程序就能自动生成算法，自动进行处理，也就是智能化的程序设计语言。

1.2 算　　法

瑞士科学家、Pascal语言发明者Niklaus Wirth对计算机程序给出了一个著名的定义，即“程序=数据结构+算法”。该定义归结了计算机程序的两个核心问题，强调了算法在程序中的重要性。

1.2.1 算法的概念

算法是为计算机处理问题所设计的具体步骤，算法的最终实现是计算机程序，程序设计人员只有将算法转变为计算机程序才能利用计算机解决问题。

算法的建立通常是由粗略到细化的过程，先把解决问题的基本过程表达出来，确立粗略的算法框架，然后添加必要的细节，形成解决问题的有效算法。

由于一个具体问题可以有不同的解决方法，在解决同一个问题时也可能有多种不同的算法，认识这一点对学习程序设计非常重要。

算法的描述方法多种多样，可以使用自然语言描述。为了使算法的表达更清晰，更容易实现程序编写，在进行算法设计时通常使用专门的算法表达工具对算法进行描述，如流程图、N-S图、PAD图、伪码等。以下是使用自然语言和流程图描述算法的实例说明。

问题：计算10！（10的阶乘）并输出。

（1）用自然语言描述算法

计算10!就是求表达式$1 \times 2 \times 3 \times \cdots \times 10$的值。

这个表达式可以采用自然数累乘方法求积，算法的粗略描述如下：

假设使用i表示当前要乘的数，i的初始值为1，每乘一次，i的值增1；使用t表示已经累乘的积，初始值为1。那么，问题求解的过程就是不断地将i乘到t中，直到i的值超过10时结束累乘过程，并将累乘的结果显示到计算机屏幕上。

上面一段文字对问题求解方法进行了基本的描述，但作为算法还不够完善，还需要更明确地表达出求解问题的步骤。下面是包含了执行步骤的算法描述，是用自然语言对算法进行描述的常见形式。

步骤①：i和t赋初值，使i=1,t=1；

步骤②：判断i的值，若i≤10 则执行步骤③；否则，转步骤⑤；

步骤③：t乘上i；

步骤④：i加上1，转步骤②；

步骤⑤：显示t的值，结束。

按照上述算法确定的5个步骤即可求解10!问题。若选用一种计算机语言正确描述该算法，就会得到求解10!问题的计算机程序，执行程序，将得到10!问题的计算结果。

（2）用流程图描述算法

流程图是人们经常使用的一种算法描述工具，其特点是绘制简单、结构清晰、逻辑性强、便于描述、容易理解等。流程图中常用的符号及功能见表1.1。

表1.1　流程图常用符号及功能

流程图符号	符号功能
	开始/结束框
	数据处理（如计算）框
	数据输入/输出框
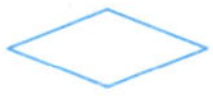	判断选择框
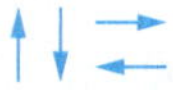	流程方向线

使用流程图来描述求解10!问题的算法如图1.5所示，其中，1→i表示使i的值为1，t*i→t表示

将t的值乘以i。

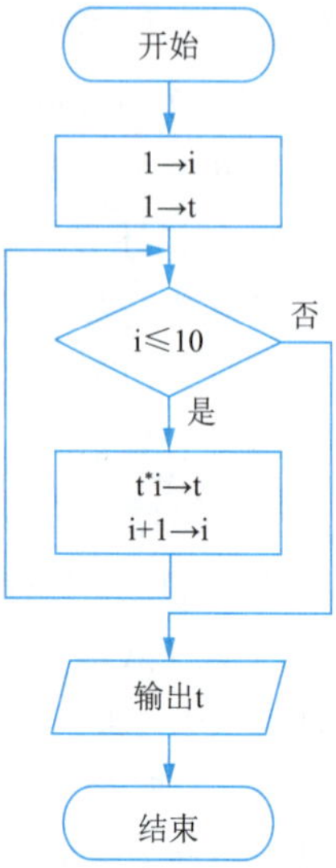

图1.5 求解10!的算法流程图

1.2.2 算法的逻辑结构

顺序结构、选择结构和循环结构是算法的三种基本逻辑结构，这三种结构相互结合可以实现任何逻辑控制。

1. 顺序结构

顺序结构的算法，其每个步骤从前到后依次执行，每个步骤都被执行一次，其逻辑结构如图1.6所示。顺序结构的算法用程序实现后，程序中的每个语句将按照排列顺序由前到后依次执行，直到执行完最后一个语句，程序结束。

例如，“输入一个学生两门课程的成绩，计算并输出平均成绩”的算法流程图如图1.7所示。

2. 选择结构

在选择结构中的某些步骤是否能够执行，要视当前的条件而定，在同一次处理中，有的步骤可能执行不到，其逻辑结构如图1.8所示。这种算法用程序实现后，程序中的有些语句就会被有选择地执行。

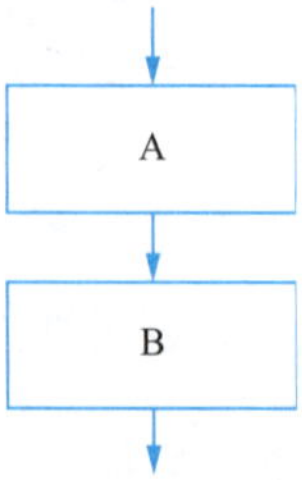

图1.6 顺序结构逻辑图

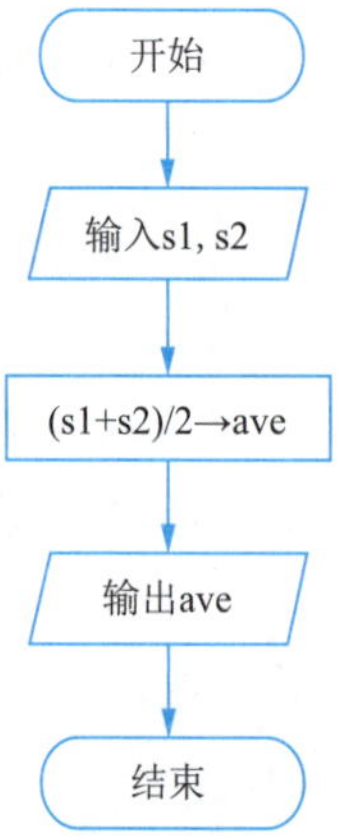

图1.7 顺序结构算法实例

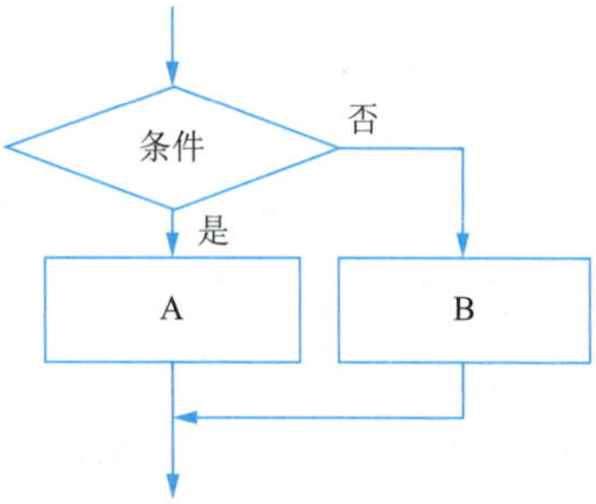

图1.8 选择结构逻辑图

例如，输入一个学生两门课程的成绩，若平均成绩不低于90，则输出“优等生”；否则，输出“加油！”，该问题的算法流程图如图1.9所示。

3. 循环结构

循环结构的算法中有些步骤会被有条件地重复执行（被重复执行的步骤每次处理的数据也可能发生变化），其逻辑结构如图1.10所示。这种算法用程序实现后，程序中的有些语句就会被反复地执行，算法实例如图1.5所示。

用计算机语言实现一个具体的算法时，其中的选择结构和循环结构由专门的控制命令来实现。当一个程序段既没有选择结构也没有循环结构时，该程序段的逻辑结构即为顺序结构。

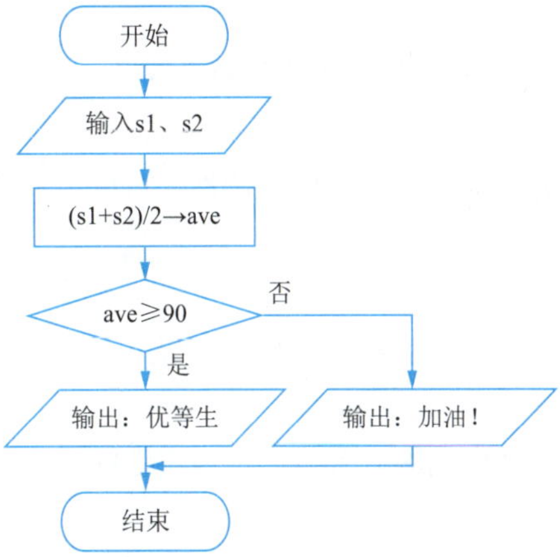

图1.9　选择结构算法实例

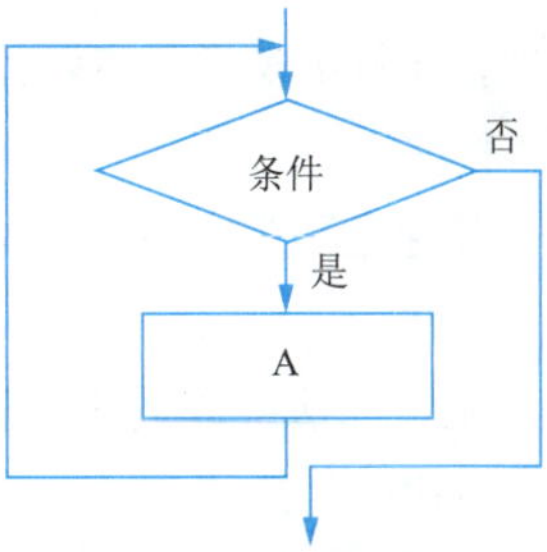

图1.10　循环结构逻辑图

1.2.3　算法的特性

算法具有以下特性：

1. 有穷性

一个算法必须经过有限步骤后结束。对应算法的实现程序，计算机能够在执行有限步骤后给出结果。在实际应用中，"有限步骤"是指步骤量有限，而且步骤量合理。

2. 确定性

一个算法通常由一系列求解步骤来完成，各操作步骤之间有严格的顺序关系，每一个步骤所规定的操作不能有二义性。例如，前面计算的"求解10!"问题的算法，其步骤④是"i加上1，转步骤②"是确定的，若将其描述为"i加上1，转其他步骤"，则该步骤是不确定的。

3. 有效性

一个算法中不能出现无效的步骤，每个操作必须能够通过已经实现的基本运算有效地执行，并且得到确定的结果。例如，若某个步骤有除法算式"a/b"，若不能保证b的值不能为0，那么该步骤就不是一个有效的步骤。

4. 输入和输出特性

每个有意义的算法有零个或多个输入，并且有一个或多个输出。算法可以没有输入，但必须有输出。所谓零个输入是指算法本身定义了初始条件，能够提供初始数据。例如，"求解10!"的算法就没有输入；而多个输入是指算法能够从外界获得处理数据。输出是指算法执行后能够产生输出信息，以反映数据处理结果，没有输出的算法是毫无意义的。

1.2.4　算法评价

算法评价涉及多个方面，简要介绍如下。

1. 时间复杂性

算法的时间复杂性是指算法执行时间与问题规模的关系，是算法执行效率指标。一个好的算法应该是当问题规模增大时执行算法所需要的时间尽量趋于平缓。

2. 空间复杂性

空间复杂性是指算法执行时对计算机内存资源的需求程度，应该是需求越少越好。

3. 可读性

可读性是指算法可供人们阅读的容易程度，好的算法应具有良好的可读性。可读性强的算法易于程序实现，而且不易隐藏错误。

4. 健壮性

算法健壮性也称为容错性，是算法对不合理的输入数据的反应能力和处理能力。

5. 通用性

通用性是指算法应该适应一类问题，而不只是某个特定问题。具有广泛适应性的算法自然具有更好的推广应用价值。

6. 正确性

算法正确性是算法最根本的评价指标，是指一个算法的执行结果满足预先规定的功能要求和性能要求。

1.3 编程基本方法

1.3.1 IPO 编程模式

利用计算机程序对数据进行处理，编程模式有面向过程和面向对象两种模式，面向过程编程一般采用IPO方法，即程序包括数据输入、数据处理和数据输出三部分，如图1.11所示。

图1.11 IPO编程模式

1. I（input）输入

I表示数据的输入。数据可以是内部参数的输入、控制台输入、交互界面输入，也可以来自文件、网络、数据库等渠道的数据输入。如果输入数据来自文件，就要对文件进行读取处理；如果数据来自网络，一般就要设计网络爬虫；如果数据来自数据库，那么通常就要创建数据库应用项目。数据输入是程序的开始。

2. P（process）处理

P表示数据处理，是程序的主要处理逻辑，也是程序设计的核心。处理是程序对输入数据进行计算产生输出结果的过程。数据处理方法步骤统称为算法，它是程序最重要的部分。

算法是一个程序的灵魂。在待解决的问题中，计算部分是可以用程序辅助完成的部分。计算机只能解决可计算问题，即问题的计算部分。一个问题可以从多种角度理解，产生不同的计算部分。

问题的计算部分一般都有输入、处理和输出过程。

3. O（output）输出

O表示程序输出数据。数据可以输出到控制台、以图形形式输出、以文件形式输出，也可以向网络输出、向操作系统内部变量输出等。输出是程序展示运算结果的方式。

1.3.2　程序设计基本步骤

程序设计基本过程包括六个步骤：

1. 分析问题

分析问题的可计算部分，弄清楚要处理的问题涉及的概念、数据特点、已知条件、所求结果，以及它们之间的关系等信息，即明确要做什么。

2. 划分边界

划分问题的功能边界，规划IPO，即确定输入、处理和输出。

3. 设计算法

设计问题的求解方法与步骤，关注算法。确定具体的算法，选择算法表达工具对算法进行描述。

4. 编写程序

用编程语言的语句和命令实现算法的每一个步骤。

5. 测试与调试

测试程序发现存在的问题；调试程序改正存在的错误，使程序能正确运行。在开发环境中，录入编辑源程序并运行程序，若程序中有错误就要改正错误，直到程序能够正确运行。

6. 升级维护

为适应问题的升级进行程序维护，更新完善。

将上述六个步骤精简，得到三个精简步骤：

① 算法设计，确定IPO，明确计算部分及功能边界。

② 编写程序，将计算求解的设计变成现实。

③ 测试与调试，确保程序按照正确逻辑运行。

1.4　Python语言概述

Python语言是近几年来非常流行的程序设计语言。根据TIOBE发布的编程语言排行榜，Python语言近几年一直位居榜首，2023年7月的排行榜如图1.12所示。TIOBE开发语言排行榜每月更新一次，依据的指数是基于世界范围内的资深软件工程师和第三方供应商提供，其结果作为当前业内程序开发语言的流行使用程度的有效指标。

2023年7月	2022年7月	变化	程序设计语言	占比	变化
1	1		Python	13.42%	-0.01%
2	2		C	11.56%	-1.57%
3	4	↑	C++	10.80%	+0.79%
4	3	↓	Java	10.50%	-1.09%
5	5		C#	6.87%	+1.21%

图1.12　TIOBE编程语言排行榜前5名

1.4.1　Python语言的诞生与发展

Python语言诞生于1990年，由Guido van Rossum设计并领导开发。1989年12月，Guido考虑

启动一个开发项目，于是决定为当时正在构思的一个新的脚本语言写一个解释器，在次年诞生了Python语言。该语言以“Python”命名，源于Guido对当时一个英剧*Monty Python's Flying Circus*（巨蟒剧团之飞翔的马戏团）的极大兴趣。也许Python语言的诞生是个偶然事件，但经过多年持续不断的发展，目前已成为世界上最流行的编程语言之一。

Python语言是开源项目的优秀代表，其解释器的全部代码都是开源的，可以在Python语言的官网自由下载。Python软件基金会（Python software foundation，PSF）作为一个非营利组织，拥有Python 2.1版本之后所有版本的版权，该组织致力于更好地推进并保护Python语言的开放性。

2000年10月，Python 2.0正式发布，标志着Python语言完成了自然涅槃，解决了其解释器和运行环境中的诸多问题，开启了Python广泛应用的新时代。

2008年12月，Python 3.0正式发布，这个版本在语法层面和解释器内部都做了很多重大改进，解释器内部采用完全面向对象的方式实现。这些重要修改所付出的代价是3.x系列版本无法向下兼容Python 2.x系列的既有语法。因此，所有基于Python 2.x系列版本编写的库函数必须修改后才能被Python 3.x系列解释器运行。

Python语言经历了一个痛苦但令人期待的版本更迭过程。从2008年开始，用Python编写的几万个函数库开始了版本升级过程。至今，绝大部分Python函数库和Python程序员都采用Python 3.x系列语法和解释器。

目前，许多著名网站都采用Python语言开发自己的网站组件，例如，Google的Web爬虫以及搜索引擎中的很多组件开发使用了Python；YouTube系统开发也大量使用了Python；NASN也有一些系统开发用到了Python。豆瓣网的主要开发语言也是Python。更值得一提的是，Python在激光干涉引力波天文台（LIGO）成功探测引力波的任务中也发挥了重大的作用，LIGO使用了Python包GWPY，专门用于分析引力波数据。

1.4.2 Python 语言特性

Python语言是一种被广泛使用的高级通用脚本编程语言，具有很多区别于其他语言的特性。

1. 语法简洁

实现相同的功能，Python语言的代码行数仅相当于C语言代码的1/10，Java语言代码的1/5。在Python解释器中运行import this语句，按【Enter】键后就会显示Python之禅，如图1.13所示，Python力求编码简单、优雅、明确。

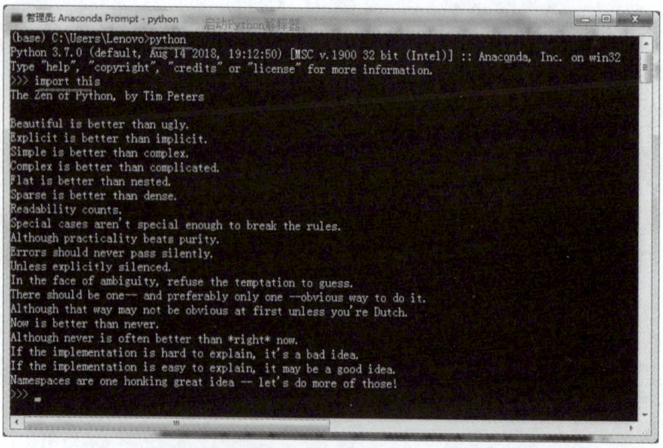

图1.13 Python之禅

例如，实现两个数交换问题，假设x、y、t已合法定义，x、y已正确赋值，则将x，y两数交换，C语言需要使用3个语句实现，而Python只需使用1个语句就可以实现，见表1.2。

表1.2　C程序与Python程序实现两数交换的比较

C程序	Python程序

t=x;
x=y;
y=t;
	x,y=y,x

2. 强制可读

Python语言通过强制缩进（类似文章段落的首行空格）来体现语句间的逻辑关系，显著提高了程序的可读性，进而增加了Python程序的可维护性。缩进（行前空格）是Python语言标明程序结构与层次的唯一手段，而其他高级语言如C语言采用大括号、VB采用结束语句来标明结构，例如，计算如下分段函数：

$$y=\begin{cases}1,\ z=10 & (x>0)\\ 0,\ z=12 & (x=0)\\ -1, z=15 & (x<0)\end{cases}$$

使用三种语言实现的代码段见表1.3。

表1.3　三类语言程序对比

编程语言	C语言	VB语言	Python语言

代码段	if(x>0)
	{
	    y=1;
	    z=10;
	}
	else if(x==0)
	{
	    y=0;
	    z=12;
	}
	else
	{
	    y=-1;
	    z=15;
	}
		If x>0 Then
		    y=1
		    z=10
		Else If x==0 Then
		    y=0
		    z=12
		Else
		    y=-1
		    z=15
		End If
			if x>0:
			    y=1
			    z=10
			elif x==0:
			    y=0
			    z=12
			else:
			    y=-1
			    z=15

3. 数据结构、类库丰富

Python解释器内建丰富的数据结构，包括基本数据类型，如数字类型、字符串、布尔类型，用来处理单个数据，组合数据类型包括元组、集合、列表和字典等，可以以整体处理一组数据。另外，Python还提供了大量的内置类型、内置函数和标准库，到目前为止，世界各地程序员通过开源社区已贡献了13万多个第三方库，几乎覆盖了计算机技术的各个领域，编写Python程序可以利用已有的标准库或第三方库，具备良好的计算生态。

4. 通用灵活

Python语言是一种通用编程语言，可用于编写各领域的应用程序，这为该语言提供了广阔的应用空间。从科学计算、数据处理到人工智能、机器人，Python语言都能发挥重要作用，这也是目前Python能得以长足发展的基础。

5. 模式多样

尽管Python 3.x解释器内部采用面向对象方式实现，但Python语法层面却同时支持面向过程和面向对象两种编程方式，这为使用者提供了灵活的编程模式。

例如，计算圆的面积，分别使用面向过程编程、函数式编程和面向对象编程，代码见表1.4。

表1.4 不同编程模式对比

Python面向过程编程	Python函数式编程	Python面向对象编程

#计算圆的面积
r=eval(input('请输入圆的半径:'))
s=r*r*3.14
print(s)
	def area(r): #函数定义
	    return r*r*3.14
	r=eval(input('请输入圆的半径: '))
	print(area(r)) #调用函数
		#面向对象编程
		class MyCircle(): #创建圆类
		    def __init__(self,r):
		      self.r=r
		    def area(self):
		      return 3.14*self.r*self.r
		r=eval(input('请输入圆的半径: '))
		mc=MyCircle(r) #创建圆对象
		print(mc.area())

6. 与平台无关

作为脚本语言，Python程序可以在任何安装解释器的计算机环境中执行，因此，用该语言编写的程序可以不经修改地实现跨平台运行，即“一次编程，多处运行”。目前，UNIX、Linux、Mac等操作系统都默认安装了Python解释器。

7. 黏性扩展

Python语言具有优异的扩展性，体现在它可以集成C、C++、Java等语言编写的代码，通过接口和函数库等方式将它们“粘起来”（整合在一起）。此外，Python语言本身提供了良好的语法和执行扩展接口，能够整合各种程序代码。

8. 开源理念

对于高级程序员来说，Python语言开源的解释器和函数库具有强大的吸引力，更重要的，Python语言倡导的开源软件理念为该语言发展奠定了坚实的群众基础。

9. 支持中文

Python 3.x解释器采用UTF-8编码表达所有字符信息。UTF-8编码可以表达英文、中文、法文等各类语言，因此Python在处理中文时更加高效。

10. 强大的社区支持

Python在2017年搬迁至全球最大的代码托管平台GitHub，超7 000万开发者正在使用。中国也拥有最大的Python开源分享社区，GitHub中文社区是一个致力于分享和传播GitHub上优质开源项目的中文社区平台。

1.4.3 Python 应用领域

Python简单易学、通用灵活、类库丰富，并具有良好的可扩展性，常被应用在以下领域：

1. 科学计算

Python提供了支持多维数组运算与矩阵运算的模块Numpy、支持高级科学计算的模块Scipy、支持2D绘图功能的模块Matplotlib，又具有简单易学的特点，因此被科学家用于编写科学计算程序。

2. 数据分析

Python语言相对于其他解释性语言最大的特点是其庞大而活跃的计算生态，在数据分析、交互、可视化方面有相当完善和优秀的库，其中Pandas是基于Numpy和Matplotlib构建的Python核心数据分析支持库，是Python数据分析的必备高级工具，功能强大、使用灵活。

3. 人工智能

基于大数据分析和深度学习而发展起来的人工智能本质上已经无法离开Python的支持，目前世界优秀的人工智能学习框架如Google的TransorFlow、FaceBook的PyTorch以及开源社区的神经网络库Karas等是用Python实现的。微软的CNTK（认知工具包）也完全支持Python，而且微软的VSCode都已经把Python作为第一级语言进行支持。

4. Web 开发

Python是Web开发的主流语言，与JavaScript、PHP等使用广泛的语言相比，Python的类库丰富、使用方便，能够为一个需求提供多种方案；此外Python支持最新的XML技术，具有强大的数据处理能力，因此Python在Web开发中占有一席之地。Python为Web开发领域提供的框架有Django、Flask、Tornado、Web2py等。

5. 爬虫开发

爬虫程序通过自动化程序有针对性地爬取网络数据，提供可用资源。Python拥有良好的网络支持，具备相当完善的数据分析与数据处理库，又兼具灵活简洁的特点，因此被广泛应用于爬虫领域中。

6. 游戏开发

很多游戏开发者先利用Python或Lua编写游戏的逻辑代码，再使用C++编写图形显示等对性能要求较高的模块。利用Python的Pygame模块可以制作2D游戏。

7. 多媒体应用

Python提供了PIL、Piddle、ReportLab等模块，利用这些模块可以处理图像、声音、视频、动画等，并动态生成统计分析图表；Python的PyOpenGL模块封装了OpenGL应用程序编程接口，提供了二维和三维图像的处理功能。

8. 自动化运维

Python是一种脚本语言，Python提供了一些能够调用系统功能的库，因此Python常被用于编写脚本程序，以控制系统，实现自动化运维。

1.4.4 Python 程序的执行方式

Python程序常用两种执行方式：交互方式和文件方式。

1. 交互方式

交互方式是在解释器语句提示符后直接输入语句，按【Enter】键后，由Python解释器解释代码、执行并输出结果。

2. 文件方式

文件方式是首先在文本编辑器或开发环境的编辑窗口录入Python代码并保存为文件，其扩展名为.py，然后在开发环境中执行代码，也可以脱离开发环境在已安装Python解释器的平台上如Windows下，在其cmd命令窗口中以“Python 文件名.py”命令执行代码。

1.5 Python开发环境

Python程序开发，既可以直接使用Python解释器，也可以使用Python IDE集成开发环境，并根据需要安装相应的软件包。这些IDE中，有的是简单的具有解释功能的编辑器，有的则具有很完备的功能。另外，还可以使用综合的Python开发平台，这类平台一般会将某一类或几类功能的包全部安装，使用时非常方便。

下面以Python解释器和Anaconda开发平台为例，介绍它们的安装与使用方法。

1.5.1 Python 解释器

Python解释器目前已支持所有主流操作系统，在Linux、UNIX、Mac系统上一般都已经预装了Python解释器，在Windows系统上需要手动安装Python解释器。

1. 下载与安装

打开Python官网下载中心，根据本地计算机操作系统选择下载相应版本的Python解释器安装包。双击Python解释器安装包，打开安装向导，按照安装步骤一步一步完成安装。

2. Python 解释器的使用

安装Python完成后，可以在Windows操作系统的“开始”菜单中找到Python菜单，如图1.14所示，本书以Python 3.7为例。

单击Python菜单中的“Python 3.7”命令进入Python解释器编程界面，如图1.15所示，其中“>>>”是Python语句提示符，在它后面输入Python语句按【Enter】键后执行当前语句，若语句存在语法错误，则会输出错误信息，可以根据错误信息调试程序。

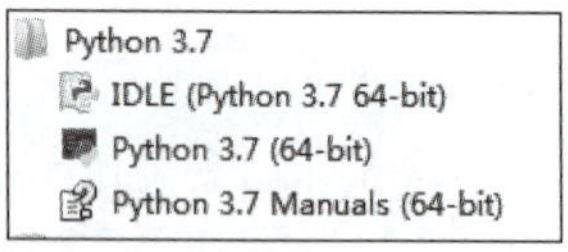

图1.14 Python菜单

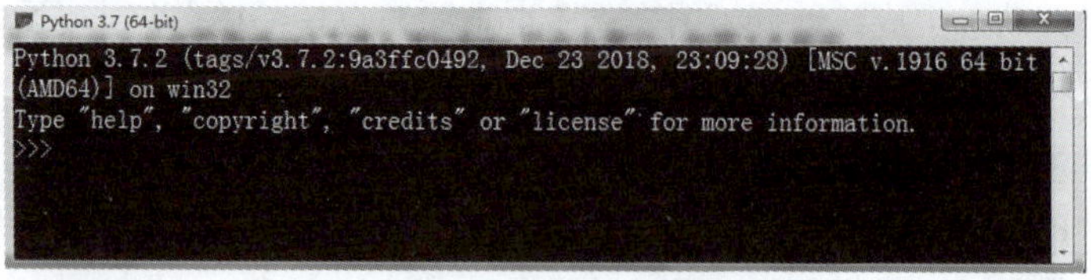

图1.15 Python解释器编程界面

进入Python解释器的另一种方法是打开Windows的cmd窗口，在命令提示符后输入Python并按【Enter】键，也可启动解释器。

Python解释器编程界面只能以交互方式执行Python语句。例如，输入“print("Hello World!")”按

【Enter】键，则输出“Hello World!”，并显示语句提示符，表示语句执行正常结束，可以继续输入下一条语句，如图1.16所示。

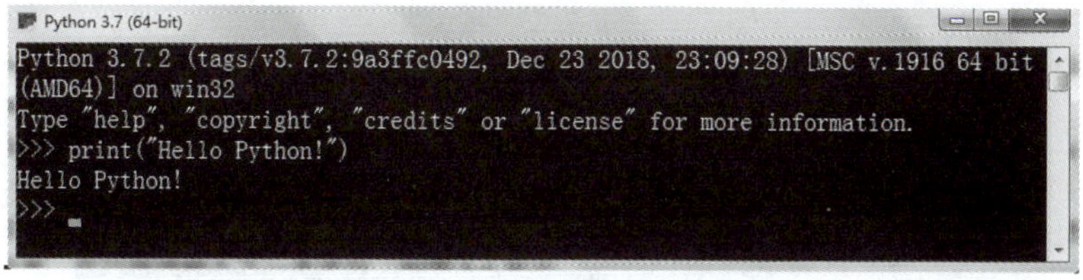

图1.16　Python解释器运行程序

小知识

启动Python解释器后，可以使用exit()或quit()函数关闭Python解释器窗口或退出返回到cmd命令窗口。

3. Python IDLE的使用

IDLE是Python官方内置的一个简单小巧的IDE，在安装Python解释器时会同时安装。单击“开始”菜单的“IDLE”命令打开IDLE操作界面，如图1.17所示。IDLE包含了文件式编辑器、交互式命令行和调试器等基本组件，可以完成大多数Python的简单应用开发。

IDLE交互命令行窗口操作界面与Python解释器界面相似。单击交互窗口中File→New File命令，打开文件编辑器，如图1.18所示。输入Python程序，单击File→Save命令将程序以“.py”为扩展名保存到磁盘上。单击Run→Run Module命令可以运行该程序，执行结果在IDLE交互窗口中输出，如图1.19所示。

图1.17　IDLE交互窗口

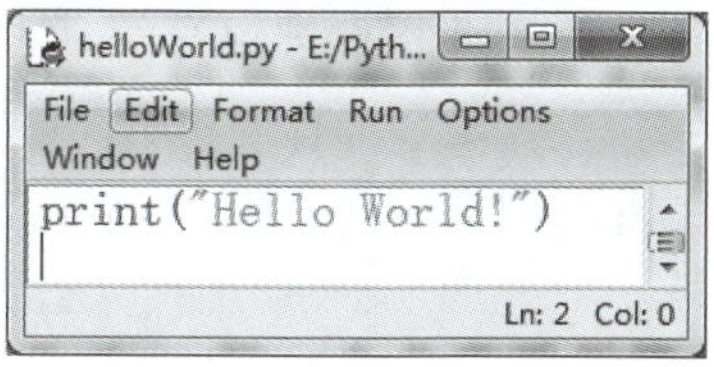

图1.18　IDLE文件窗口

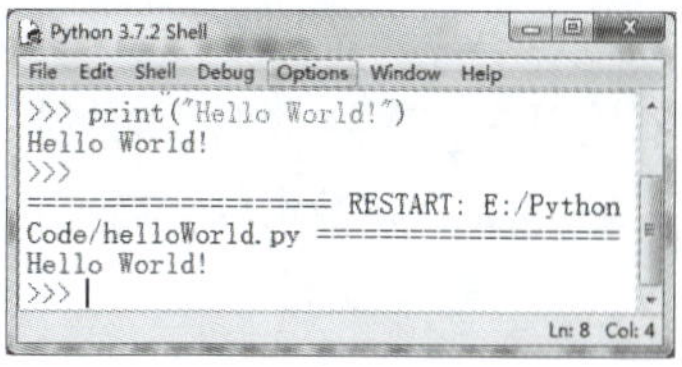

图1.19　执行结果

除IDLE外，常用的Python集成开发环境有PyCharm、Visual Studio & Python、VSCode、Eclipse &PyDev等，以及功能完备的Anaconda开发平台。相比于IDLE这种简单的IDE，其他的IDE大多在自动补全、智能提示、支持Bash Shell、调试、项目管理和版本控制等方面有自己的优势。本书使用Anaconda开发平台中的Spyder进行编程调试，在1.5.2节有详细介绍。

4. 第三方库的安装

Python的一个非常吸引用户的特点是其具有极其丰富的第三方库。在Python开发过程中，如果需要用到第三方库，通常通过pip命令进行安装，安装时需要保持Internet畅通。

pip工具是官方推荐使用的Python包管理器，可以非常简单、方便地安装第三方库，命令格式为

```
pip install <第三方库名>
```

例如，jieba库是Python中一个重要的第三方中文分词函数，不是Python安装包自带的，可以通

过pip工具安装。在Windows系统下利用pip安装，首先打开cmd命令行窗口，输入命令：

```
pip install jieba
```

如图1.20所示，按【Enter】键即可进行自动安装。

图1.20 安装jieba第三方库

在Linux和Mac OS系统下也可以使用pip进行软件包安装或使用curl命令下载安装。

Python安装包中一般都预装了pip工具。如果没有安装，则可以到Python官网下载文件get-pip.py，在cmd命令行提示符下运行命令进行安装pip：Python get-pip.py。

小知识

PyPI（the Python Package Index）是Python官方提供的第三方库索引，给第三方库提供索引。

1.5.2 Anaconda开发平台

Anaconda开发平台是一个完全免费的、企业级的，集成了Conda、Python的包管理器和环境管理器，另外，集成了1 000多个开源包，能够满足大多数数据处理、预测分析和科学计算等工作，可以认为是Python的发行版，它解决了官方Python的两大问题：一是提供了包管理功能，Windows平台安装第三方库经常失败的场景得以解决；二是环境管理功能，解决了多版本Python并存、切换问题。随Anaconda版本的更新其内置的Python也会随之更新，以确保Python为最新版本。

1. 下载与安装

Anaconda支持Linux、Mac OS X、Windows等平台，可以到Anaconda官网下载中心或到清华大学开源软件镜像站的Anaconda软件下载页面，根据操作系统是32位或者64位选择相应的版本下载、安装。注意Anaconda已经不支持Windows XP。本书采用Anaconda 5.3作为开发环境，内置了Python 3.7。

在Windows平台安装好Anaconda后，执行桌面左下角“开始”→“所有程序”菜单，可以看到Anaconda快捷方式文件夹，如图1.21所示。

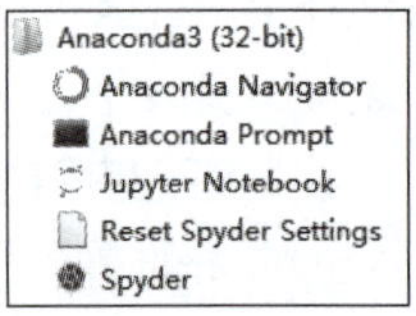

图1.21 Anaconda菜单

说明：

（1）Anaconda Navigator

Anaconda Navigator以图形化窗口来可视化地查看、创建虚拟环境，启动或安装Python第三方库等，如图1.22所示。

（2）Anaconda Prompt

单击“Anaconda Prompt”选项可以打开Anaconda命令行管理器，可以使用命令管理第三方库。

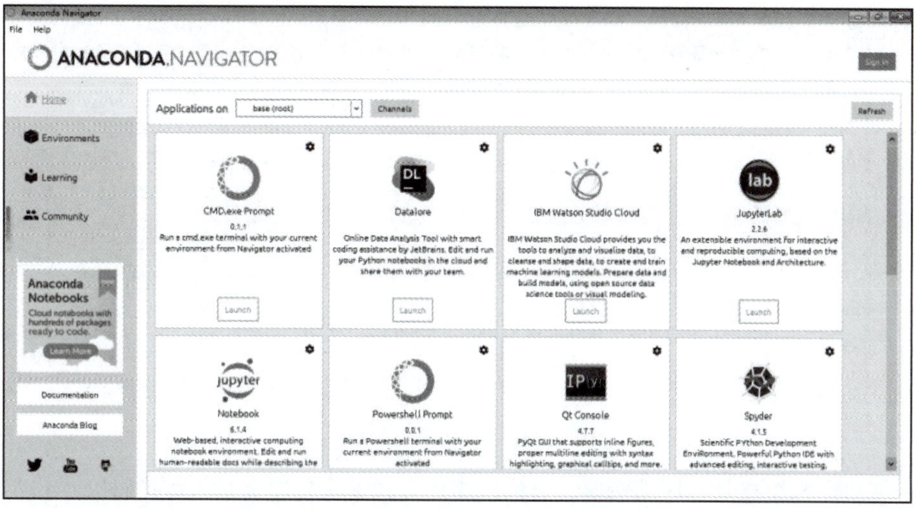

图1.22 Anaconda Navigator窗口

例如，查看Anaconda平台中已安装的第三方库，操作方法如下：

打开命令行管理器，在命令行提示符后输入“conda list”，按【Enter】键，显示本地计算机已经安装的第三方库。

若要安装第三方库，则使用命令“conda install <第三方库名>”或“pip install <第三方库名>”进行在线安装。

Anaconda Powershell Prompt是更强大的行管理器，提供了更多的命令。

(3) Jupyter Notebook

Jupyter Notebook是B/S模式的网页式开发环境，如图1.23所示，在单元格中输入Python语句，然后执行代码，也可以选择其中的一段代码执行，打破了传统的按顺序执行整个代码的限制。Jupyter Notebook通常用于数据分析与人工智能开发。

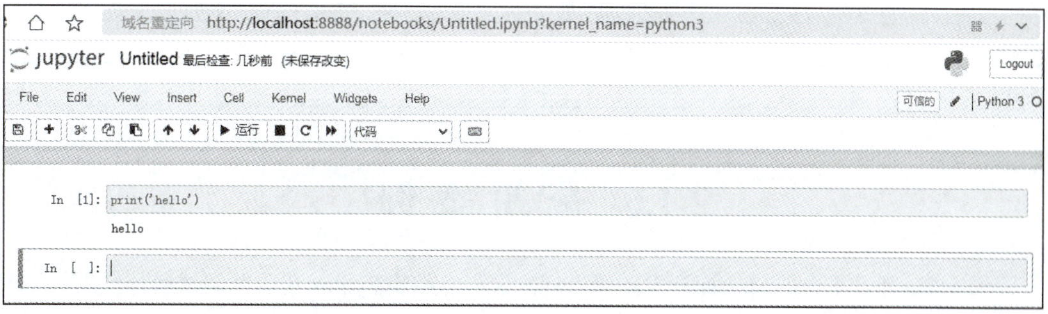

图1.23 Jupyter Notebook集成开发环境

2. Spyder集成开发环境

Anaconda内置的Spyder（scientific Python development environment，Spyder）是一个功能强大的Python集成开发环境，可以以交互式增强Python（IPython）和文件式进行Python应用开发，具有高级的代码编辑、交互测试、调试等特性。Spyder开发界面如图1.24所示。

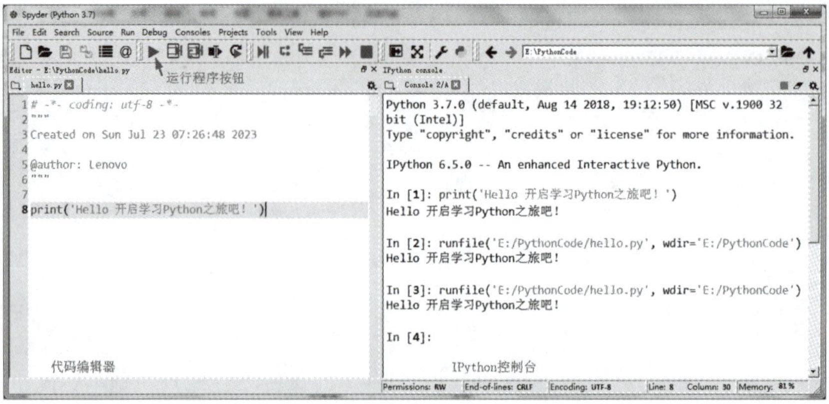

图1.24　Spyder开发界面

Spyder窗口左侧窗格是程序编辑器，可以以文件方式编写程序，录入源代码以“.py”为文件扩展名存盘后单击“▶”按钮运行程序，运行结果显示在控制台中。右侧窗格是IPython（增强Python）控制台，可以以命令行方式运行Python语句。In[n]是IPython的语句提示符，在其后输入Python语句按【Enter】键后由解释器解释执行该语句。左右两窗格环境是相通的，调试程序非常方便。

Spyder常用快捷键见表1.5。

表1.5　Spyder常用快捷键

快　捷　键	功　　能
↓ ↑	控制台中快速输入运行过的交互语句
Alt+ ↓ ↑	向上或向下移动当前语句块
Ctrl+ Alt+ ↓	向下复制当前语句块
Ctrl+ Alt+ ↑	向上复制当前语句块
Ctrl+D	删除当前语句块
Ctrl+Z	撤销上一步操作
Tab	增加缩进
Shift+Tab	减小缩进

1.6　应用案例

以Anaconda开发平台的Spyder开发环境为例，录入、编辑Python代码并调试运行代码。

1.6.1　案例1：编程计算

要求：已知圆的半径为10，计算并输出圆的周长和面积。分别以交互方式和文件方式运行程序。

1. 交互方式

打开Spyder开发环境，在IPython控制台语句提示符后输入以下语句，每输入一条语句按【Enter】键。

```
In[3]r=10
In[4]L=2*r*3.14
In[5]s=r*r*3.14
In[6]print(L,s)
```

输出结果：

```
62.800000000000004 314.0
```

2. 文件方式

打开Spyder开发环境，在文件编辑窗口输入以下代码，每输入一条语句按【Enter】键。

```
r=10                          # 定义变量 r 表示半径，并赋值
L=2*r*3.14                    # 计算周长
s=r*r*3.14                    # 计算面积
print(L,s)                    # 输出周长和面积
```

保存文件到本地磁盘，文件名为area.py，单击工具栏中的▶"执行文件"按钮执行代码，输出结果：

```
62.800000000000004 314.0
```

1.6.2 案例 2：绘制图形

要求：使用turtle库绘制红色五角星。

说明：turtle库是Python内置的标准库，用来绘制图形，在2.7节有较为详细的介绍，此处略。

代码如下：

```
from turtle import *          # 导入 turtle 绘图库所有函数
color('red')                  # 设置画笔与填充色为红色
begin_fill()                  # 开始填充
for i in range(5):            # 循环控制 5 次画五角星
    forward(100)              # 向前画一条直线
    right(144)                # 右转 144°
end_fill()                    # 结束填充
done()                        # 结束绘制
```

保存代码到本地磁盘，文件名为star.py，运行代码输出结果如图1.25所示。

图1.25　五角星

小知识

1. 关于 Anaconda 的下载

清华大学开源软件镜像站提供了下载资料，下载速度快。下载方法：打开网站，单击 Anaconda 超链接打开页面，单击 archive 超链接，然后根据自己的操作系统版本下载相应版本的 Anaconda 并进行安装。

2. 安装各种 Python 第三方包 whl 文件

当使用“pip insall Python 包名”在线安装不成功时，也可以下载 whl 安装包进行离线安装，方法：

（1）下载 whl 文件

打开 https://pypi.org 官网，在搜索框中输入要查找的扩展包名，例如，WordCloud，单击查找到的 WordCloud 超链接，打开相关的下载超链接。根据计算机的操作系统版本情况下载相应版本的安装包。

（2）离线安装 whl 文件

在计算机上安装软件。例如，在 Windows 操作系统中安装 whl 文件，方法是：按住【Shift】键，在 whl 文件所在文件夹空白处右击，选择“在此处打开命令窗口”命令，在 cmd 命令窗口输入命令“pip install 第三方包文件名 .whl”按【Enter】键进行离线安装。

3. 下载第三方包源码

从第三方包的官网上可以直接下载第三方包，也可以从 https://github.com/ 网站下载源码，在源码的安装文件 setup.py 所在文件夹空白处按住【Shift】键右击，在右键菜单中选择“在此处打开命令窗口”命令打开 cmd 命令窗口，输入命令“Python setup.py install”按【Enter】键进行安装。

小　结

本章首先介绍了程序设计语言的基础知识，包括计算思维、计算机程序、程序设计语言等概念，然后介绍了算法的概念和算法描述工具、算法的三种逻辑结构、算法特性和算法评价等，介绍了编程基本方法IPO，之后介绍了Python语言，包括Python语言的诞生与发展、特点和应用领域，介绍了Python程序的运行方式，介绍了Windows下Python开发环境，包括Python解释器的安装与使用、Anaconda平台的安装和Spyder开发环境的使用等，最后给出两个应用案例。通过本章的学习，使读者对Python语言有一个初步的认识，能够在开发环境中调试、运行程序。

思考与练习

一、单选题

1. Python语言是一种________。

A. 编译语言　　B. 解释语言　　C. 机器语言　　D. 汇编语言

2. 以下说法中错误的是________。

A. Python语言与平台有关，可移植性差

B. Python语法简洁，通用灵活

C. Python既可以面向过程编程，也可以面向对象编程

D. Python语言开源，功能强大

3. 下列选项中，________不是Python的应用领域。

A. Web开发　　B. 科学计算　　C. 游戏开发　　D. 操作系统开发

4. 下列关于Python的说法中，错误的是________。

A. Python是面向应用的高级语言　　B. Python是一种高级计算机语言

C. Python只能编写面向过程的程序　　D. Python程序的运行效率比C程序的效率低

二、填空题

1. 算法特性有________、________、________和________。

2. 高级语言程序运行方式有________方式和________方式。

3. 编程模式IPO，I代表________，P代表________，O代表________。

三、判断题

1. Python程序有两种运行方式，分别是交互方式和文件方式。 (　　)

2. 算法有三种基本逻辑结构，分别是顺序结构、选择结构和循环结构。 (　　)

3. Python 3.x完全兼容Python 2.x。 (　　)

4. 运行Python代码必须使用Python解释器。 (　　)

5. Spyder是Python的集成开发环境。 (　　)

四、简答题

1. 简述Python语言特性。

2. Python有哪些应用领域？

3. 简述Python程序运行方式。

五、编程题

请在Python开发环境中输入并运行以下程序，查看程序运行结果。

1. 输入自然数*n*，计算1～*n*的自然数之和，代码如下：

```
s=0
n=input('请输入一个正整数：')
n=eval(n)
for i in range(1,n+1):
    s=s+i
print('1到{}的自然数之和为{}'.format(n,s))
```

2. 输入三个数，把它们由小到大排序输出，代码如下：

```
a,b,c=eval(input('请输入3个数，数中间用逗号分隔：'))
if a>b:
    a,b=b,a
if a>c:
    a,c=c,a
if b>c:
    b,c=c,b
print('3个数由小到大输出为{}，{}，{}'.format(a,b,c))
```

3. 使用turtle库绘制如图1.26所示太阳花，代码如下：

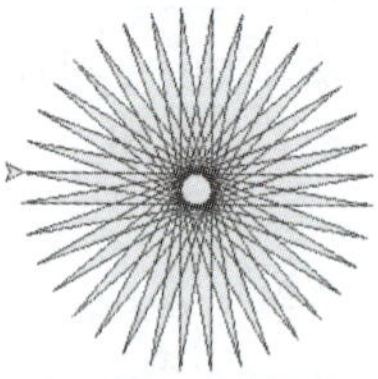

图1.26　太阳花

```
from turtle import *
color('red','yellow')
begin_fill()
while True:
    forward(200)
    right(170)
    if abs(pos())<1:
        break
end_fill()
done()
```

第2章 Python语法基础

编程语言都有自己的语法特点，Python语法简洁、优雅、明确。本章将结合一个Python绘图实例，引领读者了解Python基本语法，熟悉Python程序的基本元素与基本结构，掌握程序设计的基本步骤。

知识导图

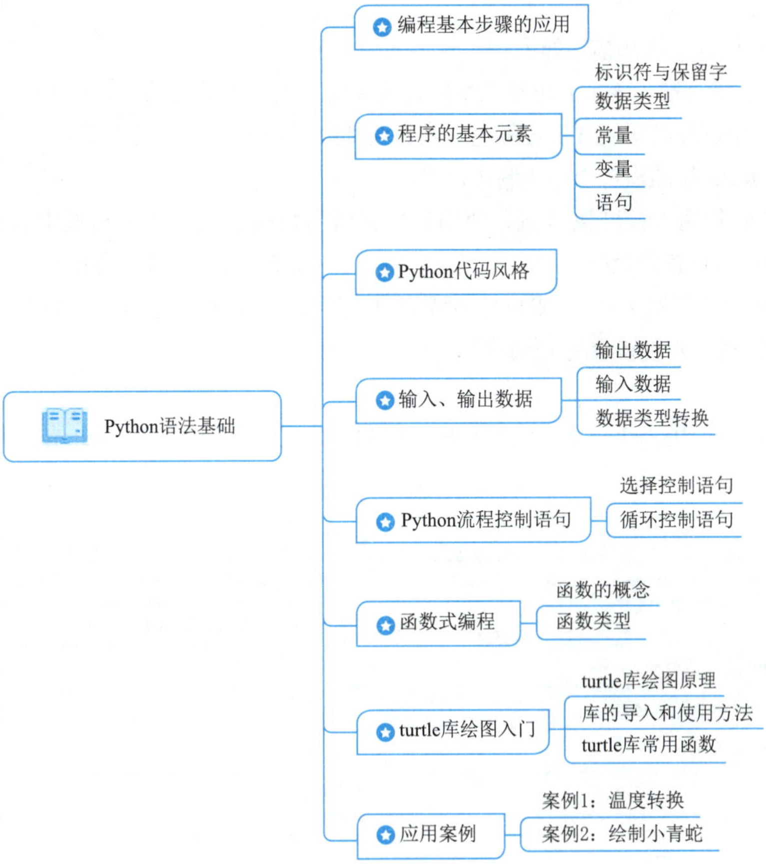

学习目标

- **了解**：了解程序的选择控制结构和循环控制结构、函数式编程和绘图库turtle的应用。
- **理解**：编程基本步骤和Python代码风格。

- **应用：** 掌握标识符、常量表示、变量赋值、输入输出函数，能进行简单的顺序结构编程。
- **分析：** 仿照本章提供的Python实例和例题，学会使用turtle库进行绘图。
- **养成：** 编程语言各有其语法规则，如同一个国家的法纪法规，必须知法、守法。

2.1 编程基本步骤的应用

Python语言简洁易学，具有强大的计算生态库，使其功能如虎添翼，应用领域广泛。Python解释器中内置了许多专用功能的标准库，其中turtle库提供了大量的、简单的绘图函数，可以用来绘制图形。下面以“绘制红色五角星”为例，介绍Python程序的设计步骤。

结合第1章中介绍的程序设计基本步骤，将绘制红色五角星的编程分为四个步骤。

1. 问题分析

对绘制五角星这一问题进行分析，得出解决此问题最简单的方法是使用turtle绘图库中的函数来绘制。

2. 算法设计

采用IPO编程模式，算法描述如下：

① 输入：通过键盘输入表示五角星大小的直线长度（无输入则为默认长度）。

② 处理：使用turtle绘图函数设置颜色，画直线和改变画笔方向重复执行5次。

③ 输出：在turtle绘图窗口中边绘制边输出。

使用input()语句输入长度像素值，使用if分支语句根据输入设置五角星中直线的长度。使用turtle库的color()函数设置画笔颜色和填充颜色，使用forward()函数（简写为fd()）绘制指定像素长度的直线，right()函数（简写为rt()）或left()函数（简写为lt()）调整画笔方向。另外，使用for循环控制语句来重复调整画笔方向和绘制5条直线。

3. 编写程序

根据算法设计，使用Python语言编写程序。绘制红色五角星程序e2_1_star.py，见表2.1。

表2.1 绘制红色五角星程序

序　号	程　序	
1	`# -*- coding: utf-8 -*-`	#注释，文本编码为utf-8
2	`"""`	#文档注释，也是多行注释
3	`Created on Thu Aug 30 10:46:52 2023`	
4	`@author: Administrator`	
5	`"""`	
6	`#e2_1_star.py`	#注释
7	`from turtle import  *`	#导入turtle库中所有函数
8	`color('red')`	#设置颜色，画笔与填充色相同
9	`h=input('五角星大小：')`	#输入数据，返回字符串类型数据赋给h
10	`if  h=='':`	#判断输入值是否非空
11	`    h=200`	#默认直线长度200

续表

序　号	程　序	
12	else:	
13	h=eval(h)	#用输入值表示五角星中的直线长度
14	print("五角星大小按{}像素绘制".format(h))	#输出五角星直线长度
15	begin_fill()	#设置五角星开始填充位置
16	for i in range(5):	#循环5次，绘制出五角星
17	forward(h)	#画直线
18	rt(144)	#改变画笔方向
19	end_fill()	#结束填充
20	done()	#结束绘制

打开Anaconda开发平台中的Spyder开发环境，新建一个空白文件，输入上述代码，以文件名e2_1_star.py保存文件，扩展名“.py”表示此文件为Python程序。

4. 调试、运行程序

单击Spyder工具栏中的“运行”按钮或者按【F5】功能键执行程序，根据不同输入，绘制不同大小的五角星。

① 执行程序后输入100并按【Enter】键：

```
请输入五角星大小：100
五角星大小按100像素绘制
```

绘制的五角星如图2.1所示。

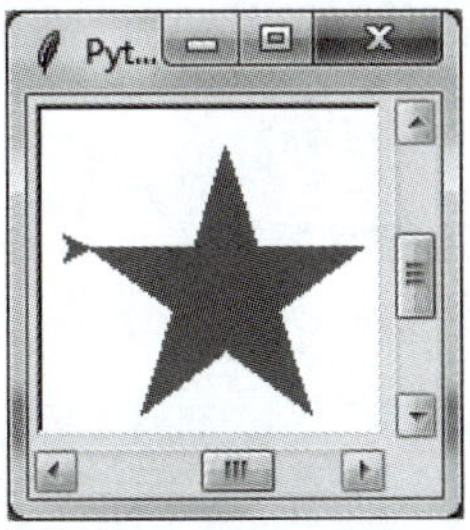

图2.1　五角星

② 执行程序后若直接按【Enter】键，则以默认大小绘制五角星。

```
请输入五角星大小：
五角星大小按200像素绘制
```

按200像素绘制的五角星大小是图2.1中的五角星的两倍。

若在程序运行过程中出现错误，需要修改程序，并再次运行程序，直到程序能正常运行为止，这个过程称为程序调试。

2.2 程序的基本元素

2.2.1 标识符与保留字

1. 标识符

在程序中，变量、函数等都要有一个名称来标识，这个名称称为标识符。

Python语言规定，标识符由英文字母（也可以是中文）、下划线和数字组成，且第一个字符不能是数字。例如，合法的标识符：to_tal，avg，TRUE，A_1，S2，_sum。不合法的标识符：1a，x-y，True，a#y。标识符的长度没有限制，但尽量短而且见名知义。

需要特别注意的是：Python标识符对大小写敏感，例如A与a是两个不同的标识符。另外，用户标识符不能使用系统保留字。

2. 保留字

保留字也称为关键字，是程序设计语言内部预定义的具有特殊含义的标识符。每种编程语言都有一套保留字，用来构成程序整体框架、表达关键值和具有结构性的复杂语义等。掌握一门编程语言要熟记其保留字的用法。

Python 3.7共有35个保留字，见表2.2。

表2.2 保留字（Python 3.7）

False	None	True	and	as	assert	async
await	break	class	continue	def	del	elif
else	except	finally	for	from	global	if
import	in	is	lambda	nonlocal	not	or
pass	raise	return	try	while	with	yield

小知识

在Python解释器中可以查看系统保留字，查看语句如下：

```
>>>import keyword
>>>print(keyword.kwlist)
```

说明：“>>>”是Python解释器的语句提示符，在其后输入语句后按【Enter】键，该语句就会被解释器解释并执行，若语句有语法错误会输出错误信息。为方便介绍，本书使用“>>>”表示交互式执行语句。

2.2.2 数据类型

数据是计算机程序处理的所有信息的总称，例如整数、实数、一个单词、一篇文章、一幅图片等都是数据。通常，程序设计语言将各种数据分为不同的数据类型进行存储和施加不同的运算，这样既可以节省内存空间，也可以简化解释程序或编译程序的实现。

Python数据类型丰富，它将数据分为两大类：一类是基本数据类型，包括数字类型、字符串类型和布尔类型三种数据类型，另一类是组合数据类型，包括序列类型、集合和映射三种数据类型。数据类型如图2.2所示。

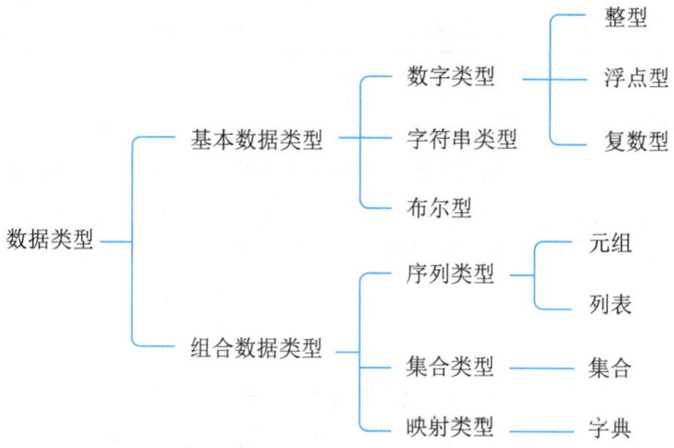

图2.2　数据类型

注意：字符串类型既属于基本数据类型，也属于组合数据类型中的序列类型，是在数据处理中非常重要的一种类型。

2.2.3　常量

常量是在程序运行过程中不变的量。例如，e2_1_star.py第10行h=200中，200就是一个常量，而且是一个整型常量。

在程序中，还经常用到字符串常量。字符串是由多个字符构成的字符序列。在Python中可以使用一对英文单引号、双引号和三引号括起来构成一个字符串常量。例如，'hello world!'、"hello world!"、'''hello world!'''，其中，三引号既可以是三个单引号也可以是三个双引号，可以用来表示多行字符串。

例如，在程序e2_1_star.py中，第8～10行和第14行使用了字符串常量，分别用来设置颜色、输入的数据、提示信息和输出的结果等。

不同的数据类型都有其对应的常量，其表示形式见表2.3。

表2.3　常量表示

数据类型		常量表示	举　例
数字	整型	由数字、正负号组成，可以表示为十进制、二进制、八进制、十六进制等	十进制：12，-123，+56； 二进制：0b10，0b111； 八进制：0o10，0o27； 十六进制：0x10，0Xaf
	浮点型	带小数点的数，有一般表示法和指数表示法	一般表示：12.45，-2.，.26 指数表示：1.21e2，-3.4E-1
	复数型	类似数学上的复数，由实部、虚部组成	12+2j，-3.45+6J
布尔型		属于整型的子类，True相当于1，False相当于0，布尔表达式即条件判断的别名，支持短路运算，结果类型取决于最后运算量的类型	4>3结果为True， True and 7结果为7，1 or 0为1
字符串		由0～n个字符组成的字符序列，用单引号、双引号或三引号作为定界符	'hello'，"Python"，"""123"""，'''abc'''
元组		由0～n个数据元素组成的固定序列，用圆括号()作为定界符	()，(1,)，(1,5,3)，('a',3)

续表

数据类型	常量表示	举　例
列表	由0～n个数据元素组成的可变序列，用方括号[]作为定界符	[]，[1,5,3]，['a',3]
集合	由0～n个不重复的数据元素组成的无序组合，用花括号{}作为定界符	{3,2,6}，{'red','yellow'}
字典	由0～n个以键值对为数据元素的无序组合，用花括号{}作为定界符	{'姓名':'张明','年龄':17}

2.2.4 变量

程序在执行过程中将一些需要处理的数据和临时数据保存在计算机内存单元中。为了区分这些存放了数据的内存单元，同时方便访问和修改这些数据，Python提供了变量，使用不同的变量名标识不同的内存区域，通过变量名访问和修改这些内存中存放的数据。

Python语言是一种弱数据类型语言，即变量不需要预先定义数据类型，在程序运行过程中变量的数据类型和值都可以改变。例如e2_1_star.py中的h就是一个变量，一开始它是字符串类型，后来变成了数字类型。

1. 变量的赋值

将数据保存到变量名所代表的内存区域中，称为变量的赋值。使用赋值语句对变量赋值，初次赋值称为变量的定义。赋值语句语法格式如下：

```
变量名 = 表达式
```

赋值语句的功能是首先计算“=”右侧表达式的值，然后将计算结果赋给左侧的变量。例如，h=x表示将x保存到h中，x的值不变。

注意：“=”是赋值符号，具有单向性。例如，x=x+1表示x的值增1后再保存到x代表的内存区域中。如果写为x+1=x，就错了，因为x+1不能作为变量名。

2. 变量的数据类型

变量的类型是赋给的值的类型，随着程序运行，变量的类型也可以改变。

例如，e2_1_star.py程序的第9行，是将input()函数的返回值（字符串类型）赋给变量h，h为字符串类型；第11行，将数字200赋给h，h变成了数字类型；第13行，h值由字符串类型转换为数字类型。

使用内置函数type()可以查看数据的数据类型。type()函数语法格式为

```
type(表达式)
```

它的功能是首先计算表达式的值，然后返回计算结果的数据类型。

例如，type(5)返回int，type(5.2)返回float，type('hello')返回str，其中int、float、str分别是整型、浮点型和字符串型的类型标识符。

Python中数据类型标识符也是类型转换函数名。

2.2.5 语句

Python语句分为两类：一类是可执行语句，另一类是不可执行语句。例如，在e2_1_star.py程序

中，第1～6行为不可执行语句，其中第1行为声明语句，第2～5行为多行注释，第6行为单行注释。其他各行都是可执行语句，其中第10～13行为选择控制语句、第16～18行为循环控制语句，它们为复合语句，由多个子句组成，其中的代码段要右缩进。

可执行语句以英文分号结尾，通常分号省略。

2.3 Python代码风格

编程时，为了提高程序可读性，良好的程序书写风格是非常重要的。

1. 语句行

① 一行一句。通常一个语句行写一个语句。

② 一行多句。如果前后语句比较短，也可以一行写多个语句，但语句之间要用英文分号分隔。

③ 一句多行。如果一个语句比较长，写在一个程序行上可读性差，这时可以把这个语句写在多行上，但在分行处要使用续行符“\”来连接下一行。若在括号（包括圆括号()、中括号[]、大括号{}）的中间分行，则续行符“\”可以省略。

2. 强制缩进

缩进是指在语句前面有若干空格。Python语言采用强制缩进来表示程序的控制结构、层次关系等。普通语句不缩进，每条语句左侧不能有空格。控制结构、函数定义等表示层次关系中的代码块默认缩进4个空格，也可以改变缩进空格的个数。同一语句块缩进的空格个数必须相同，不同语句块的缩进可以不同。缩进开始表示语句块的开始，缩进结束表示语句块的结束；相同的缩进表示同级别语句块。

例如，e2_1_star.py 中，第10～13行是if...else双分支语句，第11、13行要右缩进；第16～18行是一个for循环语句，第17～18行为循环体，需要右缩进。

Python的强制缩进特性，既控制了代码的层次关系，也使代码简洁、优雅，提高了可读性。因而，普通语句不能缩进，即普通语句前面不能加空格。

3. 注释

注释是帮助阅读程序的人理解程序，提高程序的可读性。注释可以放在程序的开始或关键位置。在Python语言中有两种注释：

（1）单行注释

单行注释以#开头，后跟注释信息，其格式如下：

```
#说明信息
```

单行注释可以放在一条语句的后面或者单独占一行，如程序e2_1_star.py的第1、6行是单行注释，第6～20行语句后面使用了注释，其中第1行也是一个声明语句，指明程序使用UTF-8编码。

（2）多行注释

多行注释也称为块注释，是使用一对三引号（3个单引号'''或3个双引号"""）括起来的一行或多行说明文字，多行注释格式为

```
'''
  这里是用在 Python 程序中
  的多行注释
'''
```

例如，在e2_1_star.py程序中的第2～5行为多行注释，说明程序的创建时间和程序员。

如果多行注释放在程序开头或自定义函数体的开头，则可称为文档注释，即程序以模块方式导入时，使用help(模块名)可以显示出包含文档注释在内的模块说明书。

2.4 输入、输出数据

2.4.1 输出数据

在Python中，输出数据最常用的方法是使用内置函数print()，将各种类型的数据输出到控制台。

print()函数用来将数据输出到控制台或打印到文件中，其语法格式如下：

```
print(value, ..., sep=' ', end='\n', file=sys.stdout, flush=False)
```

功能：将一组数据values,……默认输出到标准输出设备（一般是控制台），也可以输出到流（如外存文件）中。

参数说明：

① sep（分隔符）：输出数据之间的分隔符，默认值为空格。

② end（结束符）：输出数据结束后要输出的字符，默认为换行符“\n”。

③ file（文件）：默认当前输出设备（sys.stdout，控制台）或类似文件的流对象。

④ flush：是否强制刷新流缓存区，如果flush=True，则数据输出到流时，强制将缓存区中数据送入流（文件）中，否则当流关闭时才保存到流（文件）中，默认值为False。

例如，e2_1_star.py程序的第14行，如果h为200，则在控制台输出“五角星大小按200像素绘制”。

例2_1 已知圆的半径为10，计算圆的周长与面积并输出。

源代码如下：

```
#e2_2_area.py
r=10
L=2*r*3.14159
s=r*r*3.14159
print('周长',L,sep=':',end='   ')
print('面积',s,sep=':')
```

保存并执行程序，输出结果为

```
周长:62.8318   面积:314.159
```

2.4.2 输入数据

在程序运行过程中，当需要处理的数据来自键盘输入时，通常使用input()函数来完成输入，其语法格式为

```
input(prompt='')
```

功能：当程序运行到该函数时，就暂停程序的运行，用户从键盘输入数据并按【Enter】键后，输入数据以字符串类型作为函数值返回，程序继续运行。参数prompt为提示信息，默认为空字符串。可以将返回的字符串赋给一个变量保存起来以便进一步处理，格式为

```
变量=input([<prompt=''>])
```

例如，e2_1_star.py实例代码中第9行：h=input('五角星大小:')，当执行到该语句时，会暂停程序的执行，输入300并按【Enter】键后，继续执行程序，h='300'，就将字符串'300'存储到变量h中。如果没有输入数据直接按【Enter】键，则执行h=''，即h为空字符串。

由于input()函数的返回值是字符串类型“str”，所以需要从键盘输入数字类型数据时，要将输入的数据使用eval()、int()或float()等函数进行数据类型的转换。

2.4.3 数据类型转换

在程序中经常需要将数据从一种数据类型转换为另一种数据类型，例如，使用input()函数从键盘输入200时，返回的是字符串类型“200”，如果需要进行算术运算，就要将它转换为数字类型200，通常使用eval()函数将字符串类型转换为数字类型。

eval()函数用来计算表达式的值，其基本语法格式为

```
eval(<表达式字符串>)
```

功能：去掉字符串定界符得到一个表达式，计算表达式的值并作为函数值返回。

例如，在e2_1_star.py的第9行，执行h=input('五角星大小：')语句时，如果输入的是300，则h='300'，第13行执行h=eval(h)后，得到h=300，h由字符串类型转换成了数字类型。

例2_2　修改例2_1增强功能，要求圆的半径通过键盘输入。

修改后的源代码下：

```
#e2_2_area.py
r=eval(input('请输入圆的半径：'))
L=2*r*3.14159
s=r*r*3.14159
print('周长',L,sep=':',end='  ')
print('面积',s,sep=':')
```

保存并执行程序，其结果如下：

```
请输入圆的半径：5
周长:31.4159   面积:78.53975
```

2.5 Python流程控制语句

程序的逻辑控制结构分为三种：顺序控制结构、选择控制结构和循环控制结构。不管多么复杂的程序都采用这三种结构编程，即结构化程序设计。

例2_1和例2_2中的程序，就是顺序结构程序，执行程序时，按语句的书写顺序依次执行每一条语句。不需要额外的语句控制顺序结构程序的执行。

2.5.1 选择控制语句

e2_1_star.py程序的第10～13行是一个分支语句，其功能为如果h为空串，即执行第11行语句“h=200”，然后跳过第12～13行语句执行第14行直到程序结束；如果h的值不为空串，则跳过第11行语句，执行else子句中的第13行语句并继续向下运行直到程序结束。

在Python中，提供了if分支控制语句，其基本格式如下：

```
if 条件表达式1:
    语句组1
elif 条件表达式2:
    语句组2
elif 条件表达式3:
    语句组3
…
elif 条件表达式n:
    语句组n
else:
    语句组n+1
```

其中，elif子句可有0～n个，else子句可有0个或1个，根据具体情况而定。

2.5.2 循环控制语句

当程序中有一段语句需要重复执行，可以用循环控制语句实现。例如，e2_1_star.py中第16～18行是一个循环控制语句，"for i in range(5):"表示i依次取0～4之间的5个自然数0，1，2，3，4；每取到一个数，就执行一次循环体，循环体是其后面向右缩进的两句“forward(200)”和“rt(144)”，右缩进形式表示控制关系。

循环控制语句有两种：一种是for语句；另一种是while语句，其格式见表2.4。

表2.4 循环控制语句格式

for遍历循环	while条件循环

for 循环变量 in 可遍历结构:
    循环体
	while 条件表达式:
	    循环体

while是当条件表达式的值为True时，执行循环体，然后再次计算条件表达式的值，如果为True继续执行循环体，……如此往复，直到条件表达式的值为 False，则终止循环跳转到循环语句后面的语句向下运行。

例2_3 使用turtle库绘制一个太阳花。

源代码和运行结果见表2.5。

表2.5 绘制太阳花

序　号	程　序	运行结果
1	`from turtle import *` #导入turtle库所有内容	
2	`color('red','yellow')` #轮廓红色，填充黄色	
3	`begin_fill()` #开始填充	
4	`while True:` #无限循环语句	
5	`    fd(200)` #画200像素的直线	
6	`    rt(170)` #右转170°	
7	`    if abs(pos())<1:` #画笔若回到原点	
8	`        break` #结束循环	
9	`end_fill()` #结束填充	
10	`done()` #绘制结束	

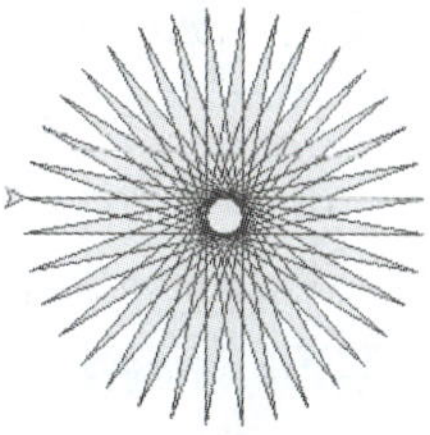

2.6 函数式编程

2.6.1 函数的概念

函数是具有特定功能的已命名的独立代码段，通过函数名来调用。例如，可以把e2_1_star.py程序画五角星的代码抽取出来，进行简单的封装，就可以形成一个独立的函数，可以通过函数名被多次调用，函数定义代码和调用代码见表2.6。

表2.6 函数示例代码

序　号	函数的定义和调用	运行结果
1	#五角星函数	
2	`from turtle import *` #导入turtle库	
3	`def fivestar(h):` #定义画五角星的函数	
4	`    color('red')` #轮廓与填充色为红色	
5	`    begin_fill()` #开始填充	
6	`    for i in range(5):` #循环5次	
7	`        forward(h)` #画h像素的直线	
8	`        rt(144)` #右转144°	
9	`    end_fill()` #结束填充	
10	`fivestar(200)` #函数调用绘制五角星	
11	`done()` #结束	

将一个复杂的问题分解为多个函数来实现，每一个函数实现一个简单的功能，即函数式编程，可以降低问题求解的复杂性，提高代码的可读性、可重用性。

2.6.2 函数类型

在Python中有内置函数、标准库函数、第三方库函数和自定义函数。

1. 内置函数

内置函数是Python解释器的组成部分，安装解释器后可以直接被调用，即Python解释器中可以直接使用的函数（C语言编写）。例如，print()输出函数、input()输入函数在代码中直接可以使用。

2. 标准库函数

把函数等根据功能分类，每类放到一个文件中，文件扩展名为.py，该文件就称为库（module），文件名就是库名。由库文件组成包（package），具有某些功能的模块和包都可以称作库。

库由诸多函数组成，包由诸多模块结构化组成，库中也可以包含包、模块和函数。

标准库随Python解释器一起安装，使用时不需要安装，直接导入即可使用。

3. 第三方库函数

第三方库需要安装、导入才能使用，通常是开源的。例如，jieba中文分词库、wordcloud词云、matploylib可视化输出库、pandas数据分析库等都是第三方库。

Python计算生态=标准库+第三方库。

2.7 turtle库绘图入门

turtle库是Python内置标准库，用来绘制图形。

2.7.1 turtle 库绘图原理

turtle库会创建一个内含直角坐标系的绘图窗口，窗口的中心点为坐标原点(0,0)，水平向右方向为x轴，垂直向上方向为y轴，画笔（称为turtle，小海龟）起始位置在坐标原点、方向水平向右，小海龟接受函数指令的控制，在这个平面坐标系中移动，从而在它爬行的路径上绘制出图形。

2.7.2 库的导入和使用方法

turtle是标准库，不需要安装，但需要导入才能使用。可以使用两种方式导入库：

方式一：import <函数库名> [as 库别名]

方式二：from <函数库名>import *| 函数名表

以第一种方式导入，使用库中函数时，格式为

```
<库名>|<库别名>.<函数名>(<参数表>)
```

以第二种方式导入时，既可以使用“*”导入库中所有的函数，也可以只导入指定的函数，多个函数之间用逗号分隔，使用库中函数时，函数名前面不需要加函数库名，格式为

```
<函数名>(<参数表>)
```

例如，使用turtle库中的circle()函数画半径为80（像素）的圆，导入库和使用其中的函数方法如下：

方式一：

```
>>>import turtle
>>>turtle.circle(80)
```

方式二：

```
>>>from turtle import *    #或使用 from turtle import circle 只导入 circle() 函数
>>>circle(80)
```

库导入方式一使用烦琐，但不易与同名的内置函数或其他库函数混淆；方式二使用简洁，但容易与其他同名函数混淆。

2.7.3 turtle 库常用函数

turtle库常用函数见表2.7。

表2.7 turtle库常用函数

分类	函数名	功能	分类	函数名	功能
画笔	pendown() |pd() |down()	落笔	海龟运动	forward(d)|fd(d)	向前爬行 d 距离
	penup()|pu() |up()	抬笔		backward(d)|bk(d)|back(d)	向后爬行 d 距离
	pensize(wid)|width(wid)	设置画笔粗细		right(ag)|rt(ag)	画笔方向右转ag度
	pencolor(pencolor)	画笔颜色		left(ag)|lt(ag)	画笔方向左转ag度
	color(pcolor,fcolor)	画笔颜色、填充色		setheading(to_ag)|seth()	设置画笔绝对方向
	begin_fill() |end_fill()	开始……结束填充		position()|pos()	返回画笔位置
	showturtle()|st()	显示画笔		setposition(x,y)|setpos(x,y)	画笔移动到 (x,y) 处
	hideturtle()|ht()	隐藏画笔		goto(x,y)	画笔移动到 (x,y) 处
画笔	isvisible()	画笔是否显示	海龟运动	circle(radius,extend,steps)	画圆、弧或多边形
海龟运动	home()	画笔回到原点		dot(size,*color)	画点
	undo()	撤销最后一步操作		speed(speed)	设置画笔速度
	done()	画图结束		towards(x,y)	画笔与 (x,y) 点方向
	setx(x) sety(y)	设置 x、y 坐标		distance(x,y)	画笔与 (x,y) 距离

小知识

假设现在已经以方式一导入了 turtle 库，则使用内置函数 dir() 可以查看库中所有函数，语句为

```
>>>dir(turtle)
```

如果要查看库中某个函数的帮助手册，语句为

```
>>>turtle.circle?
```

或

```
>>>help(turtle.circle)
```

例2_4 画出半径为20、40、60和80像素的同切圆，如图2.3所示。

代码如下：

```
from turtle import *
circle(20)
circle(40)
circle(60)
circle(80)
done()
```

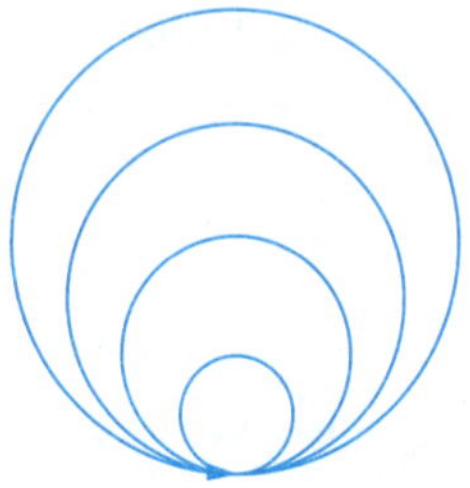

图2.3 同切圆

例2_5 画出三角形、正方形、五边形、六边形，如图2.4所示。

图2.4 多边形

代码如下：

```
from turtle import *
n=(3,4,5,6)                                  # 设置图形边数
x=(-300,-100,100,300)                        # 设置 x 轴坐标
clr=('red','blue','yellow','green')          # 设置图形颜色
for i in range(4):                           # 循环 4 次，每次画一个图形
    up()                                     # 抬笔
    goto(x[i],0)                             # 画笔移到指定坐标处
    down()                                   # 落笔
    color(clr[i])                            # 设置画笔和填充色
    begin_fill()                             # 填充开始位置
    for j in range(n[i]):                    # 循环画图形
        fd(100)                              # 画线
        lt(360/n[i])                         # 左转多少度
    end_fill()                               # 填充结束位置
done()
```

例2_6 绘制螺旋线，如图2.5所示。

代码如下：

```
from turtle import *
for i in range(100):
    fd(i*3)
    rt(91)
done()
```

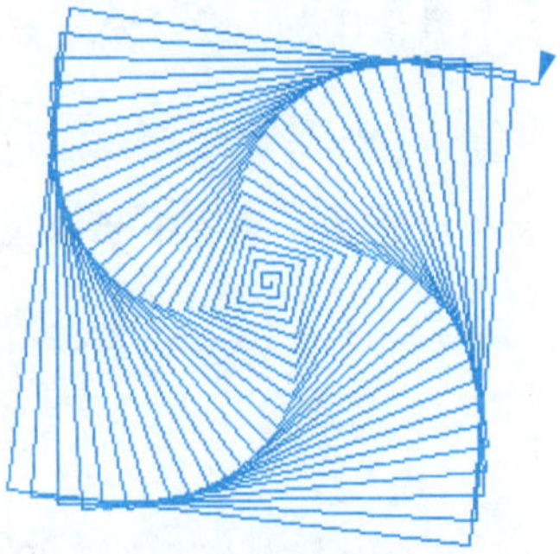

图2.5 螺旋线

2.8 应用案例

2.8.1 案例1：温度转换

温度的表示有两种不同的体系：华氏温度和摄氏温度。摄氏温度是以1标准大气压下水的结冰点为0度，沸点为100度，将两个温度区间进行100等分后确定1度所代表的温度区间，进而表示温度值。华氏温度是以1标准大气压下水的结冰点为32度，沸点为212度，将两个温度区间进行180等分后定义为1度区间。不同国家可能采用不同的温度表示方法。例如，我国采用摄氏温度，而美国采用华氏温度，这样就要对摄氏温度和华氏温度相互转换，以便适应不同国家人们的需要。

根据第1章介绍的IPO编程模式和第2章介绍的程序设计步骤进行程序设计。

1. 分析问题

原始温度的输入方法有多种，最基本、最简单的方法是键盘输入法。使用input()函数输入温度，然后根据摄氏温度（表示为C）和华氏温度（表示为F）的关系使用公式来进行转换。如果是摄氏温度转换为华氏温度，公式为

$$F=1.8C+32$$

反之，华氏温度转换为摄氏温度的公式为

$$C=(F-32)/1.8$$

转换后的温度值需要输出。输出数据的方法有很多，最基本最简单的方法是使用print()函数将数据输出到控制台。

2. 算法设计

采用IPO编程模式，算法描述如下：

① 输入数据：使用input()函数输入数据，温度值后面加字符c表示摄氏温度，加f表示华氏温度。

② 数据处理：从输入数据里取出最后一个字符flag和温度值temp，若flag为c则根据公式F=temp*1.8+32，将摄氏温度转换为华氏温度F，若flag为f则根据公式C=(temp−32)/1.8，将华氏温度转换为摄氏温度。

③ 输出数据：将计算结果使用print()函数输出。

程序流程图如图2.6所示。

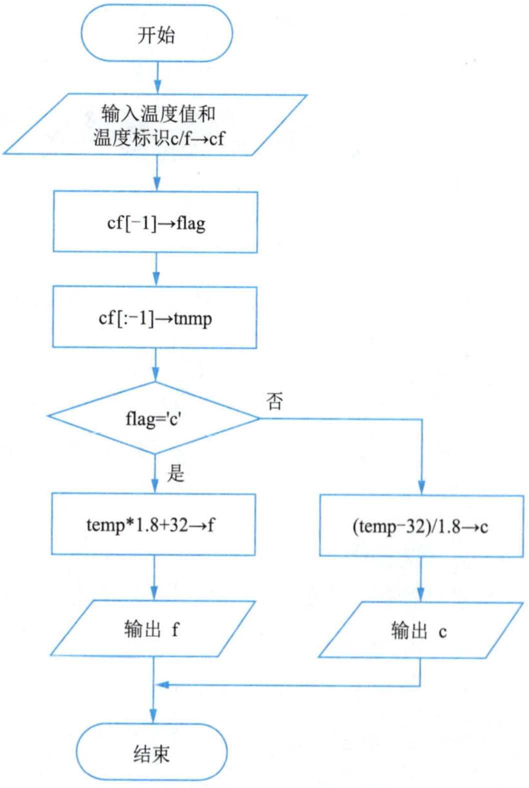

图2.6 温度转换算法流程图

3. 编写程序

```
cf=input('请输入温度值及温度标志：')
flag=cf[-1]
temp=eval(cf[:-1])
if flag=='c':
    f=temp*1.8+32
    print('摄氏度转换为华氏度为：',f)
```

```
else:
    c=(temp-32)/1.8
    print('华氏度转换为摄氏度为：',c)
```

打开Spyder开发环境，录入上述代码，并保存到本地磁盘，文件名为“e2_案例1.py”。

4. 调试、运行程序

运行程序，输入数据：

```
请输入温度值及温度标志：32c
```

按【Enter】键输出：

```
摄氏度转换为华氏度为： 89.6
```

再次运行程序，输入数据：

```
请输入温度值及温度标志：99f
```

按【Enter】键输出：

```
华氏度转换为摄氏度为： 37.22222222222222
```

2.8.2 案例2：绘制小青蛇

绘制小青蛇，如图2.7所示。

图2.7 小青蛇

1. 问题分析

小青蛇简化设计图，如图2.8所示。小青蛇的身体使用circle()函数画弧，每次画两段弧且重复绘制5次，最后画出蛇的脖子和头部。

图2.8 小青蛇设计图

2. 算法设计

设计绘制小青蛇的算法，其流程图如图2.9所示。

3. 编写程序

根据算法流程图编写代码如下：

```
from turtle import *
pensize(30)
```

```
pencolor('darkgreen')
up()
back(300)
down()
rt(40)                    # 角度
for i in range(5):        # 长度
      circle(40,80)       # 半径，弧度
      circle(-40,80)
circle(40,80/2)
fd(40/2)
circle(40/2,180)
fd(40/3)
done()
```

打开Spyder开发环境，录入上述代码，并保存到本地磁盘，文件名为“e2_案例2.py”。

4. 调试、运行程序

运行程序，在turtle绘图窗口绘制的小青蛇见图2.7。

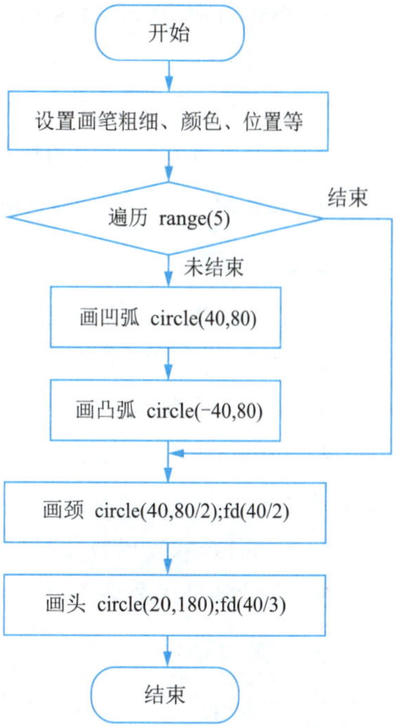

图2.9 绘制小青蛇的算法流程图

小　结

本章通过绘制红色五角星实例程序，介绍了Python程序基本组成元素和语法。通过本章的学习，使读者能够掌握Python代码基本组成元素，包括标识符与保留字、数据类型、常量表示和变量的定义与赋值；理解Python代码风格，包括语句、缩进、注释等；掌握输出、输入和求值函数的用法，包括print()函数、input()函数和eval()函数等；了解实现Python流程控制的选择控制语句和循环控制语句；了解函数化编程、Python函数分类等，能够使用turtle绘制简单图形。

思考与练习

一、单选题

1. 下列关于Python语言的说法，不正确的是________。

A. 代码采用缩进形式表示层次关系

B. 普通语句必须左对齐，不能缩进

C. 相同层次的代码块只能缩进4个空格

D. 不同的代码块可以缩进不同数目的空格

2. Python中使用________符号表示单行注释。

A. //　　　　B. #　　　　C. &　　　　D. @

3. 下列选项中，不属于保留字的是________。

A. import　　　　B. if　　　　C. name　　　　D. in

4. Python中多行注释使用________符号。

A. 单引号　　B. 3个引号（单引号或双引号）

C. 双引号　　D. /*…*/

5. 下列选项中，合法的标识符是________。

A. name#　　B. from　　C. a-2　　D. heigh

二、填空题

1. Python中默认使用________个空格表示一级缩进。

2. 使用________函数可以查看数据的类型。

3. input()函数返回从键盘输入的数据，该数据是________数据类型。

4. print()函数一次可以输出多个数据，数据之间默认使用________分隔，________参数可以改变分隔符。

5. eval()函数可以将数字字符串转换为________类型。

6. 变量赋值语句格式为________，初次________称为变量的定义。

三、判断题

1. Python中可以使用保留字作为变量名。（　　）

2. Python的标识符不区分大小写。（　　）

3. 复数类型的实数部分可以为0。（　　）

4. Python中分支控制结构使用for语句来实现。（　　）

5. Python可以采用函数化编程。

6. turtle库可以使用“import turtle”和“from turtle import 函数名表”两种导入方式。（　　）

四、简答题

1. 简单介绍Python中的数据类型。

2. 简述Python标识符的命名规范。

3. 简述Python分支结构和循环结构的执行过程。

五、编程题

1. 编写程序，要求程序能够根据用户输入的圆的半径计算圆的周长和面积并输出。

2. 使用turtle绘制太阳花。

3. 使用turtle绘制红色螺旋线。

第3章 基本数据类型

Python数据类型丰富，其中基本数据类型包括数字类型和字符串类型。数字类型能够进行算术运算，字符串类型能够进行文本处理。本章针对数字类型主要介绍其分类、各种数字类型的表示方法、数字运算符、常用数字函数和math数学库中的常用函数及其应用；针对字符串主要介绍其常量的表示方法、字符串格式化方法、字符串操作符和常用字符串处理函数和方法，学会对数字类型和字符串类型的基本处理进行编程实现。

知识导图

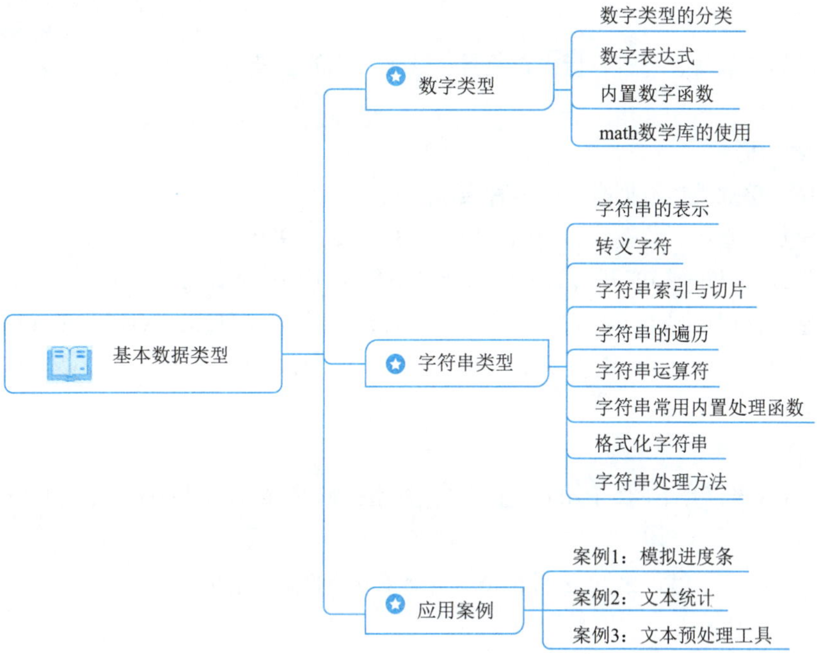

学习目标

- **了解：** 了解math库中定义的常数和常用函数，能进行较为复杂的数学运算；字符串对象的常用处理方法。
- **理解：** 区分数字类型和字符串类型，理解数字类型的分类、常量表示、算术运算符及优先级，以及字符串的表示方法、转义字符、字符串索引、字符串加法、字符串乘法运算和字符串处理函数。

- **应用：** 能够使用算术表达式、数值运算函数进行数字处理编程；通过字符串索引访问单个字符和字符串切片，使用字符串格式化方法进行格式化输出。
- **分析：** 对基本的数据计算与处理问题进行分析，设计解决问题的算法并进行程序设计。
- **养成：** 利用计算机编程进行计算思维训练，使计算思维成为每一位现代青年的基本素养。

3.1 数字类型

3.1.1 数字类型的分类

在Python语言中，数字类型即数学上所说的数，能进行算术运算。数字类型又分为整型、浮点型和复数型三种类型，如图3.1所示。

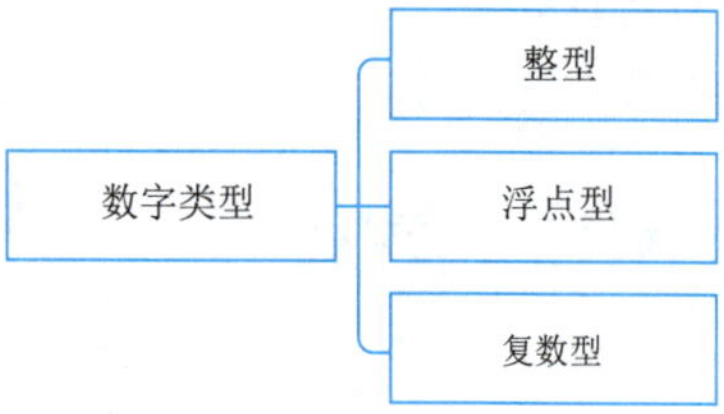

图3.1 数字类型分类

Python语言是一种弱类型语言，即各种数据类型，并不需要定义其存储空间，Python根据变量的取值，自动为其分配存储空间，数值1和数值1000000000000000，对于Python而言，尽管都是整型数据，但存储占用的空间是不一样的。

1. 整型

整型与数学的整数概念一致，指由正负号、数字组成的不带小数点的数。

（1）整数表示形式

在Python中，整数类型数据有以下四种表示形式：

- 十进制整数，直接写的整数。例如，12，-23，125，-900等。
- 二进制整数，以0b或0B开头的由0、1组成的数。例如：0b101，0B11，-0b111等。
- 八进制整数，以0o或0O开头的由0～7组成的数。例如：0o123，0O45，-0o17等。
- 十六进制整数，以0x或0X开头的由0～9、a～f（或A～F）组成的数。例如0x9a，-0X9Bf，0xabF等。

（2）整数取值范围

与C语言、VB语言等不同，Python语言中，整型数据的取值范围从理论上讲是(-∞，∞)，实际受限于内存大小。

例3_1 试计算2^{10}、2^{20}、2^{100}、$2^{1\,000}$的值，并查看$2^{2^{20}}$的值有多少位。

分析：

在Python中，解决此问题，可以使用内置函数pow()、str()、len()，其功能见表3.1。

表3.1 常用内置函数

函　数	功　能
pow(x,y[,z])	返回x^y，若有第三个参数z，则计算x^y并除以z返回其余数，相当于$x^y\%z$
str(x)	返回x的字符串形式
len(s)	返回s字符串的长度，即s包含的字符个数

① 计算2^{10}：

```
>>> pow(2,10)
1024
```

② 计算2^{20}：

```
>>> pow(2,20)
1048576
```

③ 计算2^{100}：

```
>>> pow(2,100)
1267650600228229401496703205376
```

④ 计算$2^{1\,000}$：

```
>>>pow(2,1000)
10715086071862673209484250490600018105614048117055336074437503883703510511249
361224931983788156958581275946729175531468251871452856923140435984577574698574
8039345677748242309854210746050623711418779541821530464749835819412673987675591655
43946077062914571196477686542167660429831652624386837205668069376
```

⑤ 查看$2^{2^{20}}$的值的位数：

```
>>>len(str(pow(2,pow(2,20))))
315653
```

上述程序可以在一般计算机上运行并输出运算结果，pow(2,pow(2,20))的结果是一个315 653位的整数。增加程序中第二个pow()函数的幂会获得更大的输出结果，例如，将数值20改为21，这会消耗更长的计算时间并占用更多的计算机内存。

```
>>> len(str(pow(2,pow(2,21))))
631306
```

即$2^{2^{21}}$的值是一个631 306位的整数。

2. 浮点型

浮点型与数学中实数的概念一致，表示带有小数点的数值。Python语言要求所有浮点数必须带有小数点，这种设计可以用来区分浮点数和整型数。

（1）浮点数的表示形式

浮点数有两种表示形式：一般形式和指数形式。

浮点数的一般形式是直接书写的带小数点的数。例如，12.34，-56.78，-2.，.123等。

数学上用科学计数法表示的数形如$a\times10^{b}$，在Python中可以写为aeb或aEb的指数形式。例如，2.34e5的值为2.34×10^{5}，-31.9E-2的值为-31.9×10^{-2}。

注意：

① aeb中的三部分缺一不可。错误的表示如e2，3e，等等。

② *aeb*中*a*是浮点数类型，*b*是整数类型。错误的表示如2.e5.，-3E-2.5等。

（2）浮点型的数值范围

浮点数类型与整数类型由计算机的不同硬件单元执行，处理方法不同，需要注意的是，尽管浮点数0.0与整数0值相同，但它们在计算机内的表示不同。

Python浮点数的数值范围和小数精度受不同的计算机系统的限制，sys_float_info详细列出了Python解释器所运行系统的浮点数的各项参数，例如：

```
>>> import sys
>>> sys.float_info
sys.float_info(max=1.7976931348623157e+308, max_exp=1024, max_10_exp=308, min=2.2250738585072014e-308, min_exp=-1021, min_10_exp=-307, dig=15, mant_dig=53, epsilon=2.220446049250313e-16, radix=2, rounds=1)
```

参数的含义见表3.2。

表3.2　浮点数基本信息

参　数	含　义	数　值
max	最大值	1.7976931348623157e+308
min	正数最小值	2.2250738585072014e-308
max_exp	基数2时指数法表示最大值的幂	1 024
min_exp	基数2时指数法表示最小值的幂	-1 021
max_10_exp	指数法表示时最大值的指数	308
min_10_exp	指数法表示时最小值的指数	-307
dig	能精确计算的浮点数最大数字个数	15
mant_dig	指数法表示时尾数a的最大精度	53
epsilon	计算机所能分辨的两个相邻浮点数的最小差值	2.220446049250313e-16

浮点数类型直接表示或指数法表示aeb中的尾数a最长可输出16个数字，浮点数运算结果中最长可输出17个数字。然而根据sys.float_info，计算机只能够提供15个数字（dig）的准确度，浮点数在超过15个数字计算中产生的误差与计算机内部采用二进制运算有关，使用浮点数无法进行极高精度的数学运算。例如：

```
>>> 1.2345678901234567890
1.2345678901234567
```

常量共有17个数字，只有前15个是准确的。

```
>>> 1.2345678901234567890*3.1415926
3.8785093478094645
```

运算结果共有17个数字，只有前15个数字是准确的。

```
>>> .1234567890123456789*3.1415926
0.3878509347809465
```

运算结果共有16个数字，只有前15个数字是准确的。

(3) 浮点数的高精度运算

方法一：将浮点数类型转化为整数类型。

因为整数类型的数值范围仅受内存的影响，如果将两个数扩大到整数进行运算，然后再将结果缩小到扩大的倍数，则可以进行浮点数的精确运算，例如上述浮点数的运算转化为整数运算：

```
>>> 1234567890123456789*31415926
38785093478094649347421614
```

方法二：将浮点类型转换为高精度浮点运算类型。

Python通过标准库decimal提供了一个更精确的数字类型Decimal，这个类型通过利用上文所介绍的整数运算方法提供高精确度的浮点数运算，并可以使用getcontext().prec参数自定义浮点数精度的位数。例如：

```
>>> import decimal
>>> a=decimal.Decimal('1.234567890123456789')
>>> b=decimal.Decimal('3.1415926')
>>> decimal.getcontext().prec          # 查看默认浮点数精度的位数
28

>>> a*b
Decimal('3.878509347809464934742161 4')

>>> decimal.getcontext().prec=20       # 设置浮点数精度的位数为 20
>>> a*b
Decimal('3.8785093478094649347')

>>> a=decimal.Decimal('123456.7890123456789')
>>> a*b
Decimal('387850.93478094649347')
```

设置10位有效数字：

```
>>> decimal.getcontext().prec=10
>>> a=decimal.Decimal('0.01234567890123456789')
>>> b=decimal.Decimal('0.31415926')
>>> a*b
Decimal('0.003878509348')              # 有效数字 10 位
```

3. 复数型

复数型可以表示数学中的复数。

18世纪，数学家发明了“虚数单位”，记为j，并规定$j=\sqrt{-1}$，围绕这个特殊数字出现了新的数学分支，产生了“复数”。对于一个实数n，根据上述定义：$n\times j\times j=-n$。在图3.2中给出了对虚数单位j的表示，如果将实数看成一个数轴，虚数看成与实数垂直的正交数轴，j表示“逆时针旋转

90° ”，或者“逆时针旋转 π/4”。

$z=a+bj$，a和b都是浮点类型，虚数部分用j或者J标识。

复数可以看成二元有序实数对（a,b），表示$a+bj$，其中a是实数部分，简称实部，b是虚数部分，简称虚部。根据图3.2，复数是实数在二维平面空间旋转的一种表示。例如，12.3+4j，−5.6+7J，1.23e3+4.56e−2j。

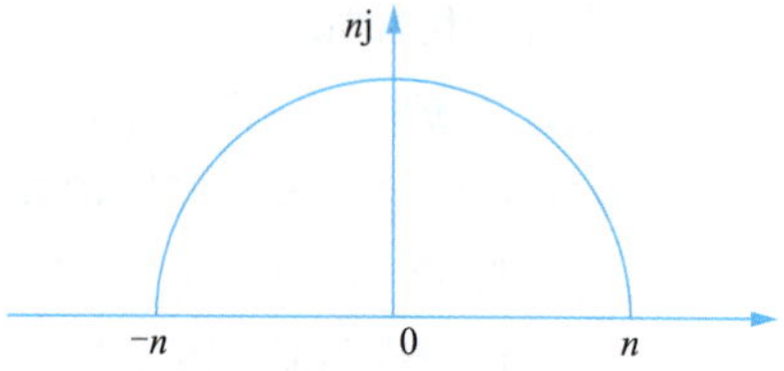

图3.2　虚数单位j的表示

复数类型中实部和虚部的数值都是浮点数类型。对于复数z，可以通过z.real和z.imag分别获得它的实部和虚部。

例3_2　若已知z =1.23e−4+5.6e+89j，则z的实部和虚部分别是多少？若z=3+4j，计算在复平面内z到原点的距离。

解答：

```
>>> z =1.23e-4+5.6e+89j
>>> z.real
0.000123
>>> z.imag
5.6e+89
>>> z=3+4j
>>> abs(z)
5.0
```

其中，内置绝对值函数abs(x)，若x为实数，则返回x的绝对值；若x为复数，则返回复平面内x点到原点的距离。

3.1.2　数字表达式

Python中数字类型数据能进行算术运算，解释器内置了加减乘除幂等运算。

1. 运算符

Python提供了9个基本的数值运算操作符，见表3.3，这些操作符由Python解释器直接提供，不需要引用库，也称为内置操作符。

表3.3　数字类型运算符

优先级(由低到高)	操　作　符	描　　述	示　　例
4	x + y	和	4+3.2结果为7.2
	x−y	差	4−3.2结果为0.8
3	x * y	积	4*3.2结果为12.8
	x / y	商	5/4结果为1.25
	x // y	x与y之整数商	14//4结果为3
	x % y	商的余数，模运算	14%4结果为2
2	−x	x的负值，即x*(−1)	−6
	+x	x本身	+6
1	x**y	x的y次幂，即x^y	2**3结果为8

例3_3　输入一个100～999的整数，然后反序显示这个数，例如，输入123，则输出321。

分析：

① 对于一个三位数，需要取出每一位数字，假设个位数字、十位数字、百位数字分别是a，b，c，则这个三位数的反序数可以转换为表达式a*100+b*10+c。

② 使用//和%运算符可以提取数中的每位数字。

代码如下：

```
# 三位数反序输出
n=int(input('n='))
m=n
a=m%10
m=m//10
b=m%10
c=m//10
m=a*100+b*10+c
print('原数：{}\t反序数：{}'.format(n,m))
```

保存代码并运行，运行结果为

```
n=123
原数：123  反序数：321
```

2. 运算符优先级

运算符的优先级是指当操作数前后都有运算符时，操作数优先与哪一个操作数结合进行运算的问题。数字运算符的优先级从高到低依次是：

幂运算（**）→正、负号（+、-）→乘、除、整除、取余（//、%、/、*）→加、减（+、-）

可以使用圆括号“( )”改变运算符的优先级。算术表达式中若运算符的优先级相同，则从左向右运算（称为左结合）。

例3_4　计算表达式的值-4**2*2+-5//-2*2/4+1。

-4**2*2+-5//-2*2/4+1

=-16*2+2*2/4+1

=-32+1+1

=-30

-4**2*2+-5//-2*2/4+1相当于：-(4**2)*2+(-5)//(-2)*2/4+1

例3_5　把一个人的当前能力值看作1，如果他每天提高或降低一点点，如1%，那么一年（按365天计算）后，他的能力会提高或降低多少？

分析：

① 如果每天提高1%，则

第1天后能力：1+1%

第2天后能力：$(1+1\%)^2$

第3天后能力：$(1+1\%)^3$

……

第365天后能力：$(1+1\%)^{365}$

② 如果每天降低1%，则365天后的能力降为$(1-1\%)^{365}$

代码如下：

```
p=eval(input('请输入提高或降低的数值：'))
#使用运算符计算
d365_1=(1+p)**365
#使用pow()内置函数计算
d365_2=pow(1+p,365)
print(d365_1)
print(d365_2)
```

保存程序，假设每天提高1%，运行程序结果为

```
请输入提高或降低的数值：0.01
37.78343433288728
37.78343433288728
```

假设每天降低1%（程序运行输入-0.01），一年后的能力值是多少呢？请读者自己运行程序查看结果。

3. 运算结果的数据类型

Python的九种数字操作符与数学习惯一致，运算结果也符合数学意义。操作符的运算结果可能改变数字类型。三种类型存在一种逐渐“扩展”的关系：

整数→浮点数→复数（宽度越来越宽）

即整数可以看作浮点数的特例，浮点数可以看作复数的特例。数字类型之间混合运算的结果是“更宽”的类型，基本规则如下：

① 整数间运算，若数学意义上的结果是小数，结果是浮点数。例如，3/2=1.5。

② 整数间运算，若数学意义上的结果是整数，结果是整数。例如，15//6=2。

③ 整数和浮点数混合运算，输出结果是浮点数。例如，2+3.2=5.2。

④ 整数或浮点数与复数运算，输出结果是复数。例如，1.2+2+3j=3.2+3j。

例3_6 运算符及运算结果示例。

```
>>> 10/3
3.3333333333333335
>>> 10//3
3
>>> 123+4.0
127.0
>>> 10-1+2j
(9+2j)
```

4. 增强赋值操作符

所有的二元数字操作符（**，*，/，//，%，+，-）都可以与赋值操作符结合构成对应的增强操作符（**=，*=，/=，//=，%=，+=，-=）。如果用op表示二元数值操作符，则下面两个赋值操作等价：

```
x op=y
```

等价于：

```
x=x op y
```

注意，op和赋值操作符之间没有空格。

例如：

```
>>> x=2
>>> x**=3
>>> x
8
```

3.1.3 内置数字函数

1. 运算函数

Python提供了一些内置的函数，其中与数值运算相关的函数有六个，见表3.4。

表3.4　内置数字函数

函　数	功　能	示　例
abs(x)	返回x的绝对值，相当于|x|	abs(-3.45)结果为3.45
divmod(x,y)	返回（x//y,x%y）二元组形式	divmod(15,6)结果为(2,3)
pow(x,y[,z])	返回x^y，若有第3参数，则返回x^y%z	pow(2,3)结果为8 pow(2,3,5)结果为3
round(x[,ndigits])	四舍五入，ndigits指定保留的小数位数，若为负数表示向左取整，默认保留为整数	round(4.57)结果为5　round(4.57,1)结果为4.6 round(136,-1)结果为140 round(-235,-2)结果为-200
max(x_1,x_2,...,x_n)	返回一组数的最大值	max(1,2,6,2,-2,0)结果为6
min(x_1,x_2,...,x_n)	返回一组数的最小值	min(1,2,6,2,-2,0)结果为-2

注意：

① 对于函数的参数，[...]表示该参数可以省略。

② 对于round()函数，若小数部分是0.5的浮点数，如4.5或13.5，若要保留整数，则要看整数部分是偶数还是奇数，若整数部分为偶数，则0.5舍去；否则0.5入上，使整数部分由奇数变为偶数。例如：

```
>>>round(4.5,0)
4
>>>round(13.5)
14
```

③ 对于abs()函数，如果参数是一个复数，则返回在复平面内这个复数到原点的距离。例如：

```
>>>abs(3+4j)
5.0
```

例3_7 计算3的3^{999}次幂的最后4位。

如果先计算pow(3,pow(3,999))，然后将结果除以10 000取余数，即pow(3,pow(3,999))%10000，则由于pow(3,pow(3,999))运算结果巨大，一般计算机上无法完成。可以使用内置函数pow(x,y,z)快速完成运算，在进行幂运算的同时会进行模运算，很快得到运算结果。

```
>>> pow(3,pow(3,999),10000)
4587
```

2. 类型转换函数

数值运算操作符可以隐式地转换计算结果的数字类型。例如，两个整数采用运算符“/”的除法将输出浮点数结果。此外，可以通过内置的数字类型转换函数（见表3.5）显式地在数字类型之间进行转换。

表3.5 数字类型转换函数

函　数	功　能	示　例	
int(x)	将x转换为整数，x可以是浮点数、字符串	>>> int(3.56) 3 （去掉小数部分）	>>> int("56") 56（去掉定界符）
float(x)	将x转换为浮点数，x可以是整数、字符串	>>> float("5.67") 5.67（去掉定界符）	>>> float(5) 5.0（增加小数部分）
complex(re[,im])	生成复数re+imj，re可为整数、浮点数或字符串（无第2个参数），im可为整数、浮点数，但不能为字符串	>>> complex(3,4) (3+4j)	>>> complex("3") (3+0j)

浮点数类型转换为整数，小数部分会被舍弃（不进行四舍五入），复数不能直接转换为其他数值类型，可以通过real和imag获取复数的实部和虚部。

例3_8 从键盘输入圆的半径，计算圆的周长和面积并输出，保留2位小数。

程序如下：

```
#e3_8.py
r=float(input('r='))
L=2*3.14*r
s=3.14*r**2
print(round(L,2),round(s,2))
```

保存源程序的名称为e3_8.py，运行该程序，其结果如下：

```
r=10
62.8 314.0
```

使用内置函数type(x)可以判断x的数据类型。例如：

```
>>> type(3)
<class 'int'>
>>> type(3.45)
<class 'float'>
>>> type(4+0j)
<class 'complex'>
>>> type('123')
<class 'str'>
```

3.1.4　math 数学库的使用

利用函数库编程是Python语言最重要的特点，也是Python计算生态环境的意义所在。本书不区分函数库和模块，对于所有需要用import 导入的代码统称为函数库，这种利用函数库编程的方法称为模块编程。标准函数库又称内置函数库，是指Python默认支持的不需要安装直接导入即可使用的函数库；第三方函数库是由第三方提供的需要先下载安装，然后导入才能使用的函数库。Anaconda开发平台已提供了上百个常用第三方函数库，能够满足大部分数据处理的需要。

1. math 库常用常数和函数

Python用于数学计算的标准函数库math提供了4个数学常数和44个函数，常用的常数与函数见表3.6。

表3.6　math库中常用常数和函数

常数或函数		数学符号	含　义	示　例
常数	math.pi	π	圆周率，值为3.141592653589793	
	math.e	e	自然常数，值为2.718281828459045	
	math.inf	∞	正无穷大，负无穷大为-math.inf	
数值运算函数	math.sqrt(x)	$\sqrt{x}$	返回x的算术平方根	sqrt(9)，返回值3
	math.pow(x,y)	x^y	x的y次幂	pow(2,3)，返回值8
	math.fabs(x)	$\|x\|$	x的绝对值	abs(-2)，返回值2
	math.fmod(x, y)	$x \% y$	x与y的模	fmod(15,6)，返回值3
	math.fsum([x,y,···])	$x+y+\cdots$	精确求和，参数为浮点数列表或元组	fsum([1,2,3])，返回值6
	math.ceil(x)	$\lceil x \rceil$	向上取整，返回不小于x的最小整数	ceil(4.4)，返回值5
	math.floor(x)	$\lfloor x \rfloor$	向下取整，返回不大于x的最大整数	floor(3.67)，返回值3
	math.factorial(x)	$x!$	返回x的阶乘，x是整数	factorial(3)，返回值6
	math.gcd(a, b)		a与b的最大公约数	gcb(12,8)，返回值4
	math.modf(x)		x的小数和整数部分	modf(2.56)，返回值(0.56,2.0)
	math.trunc(x)		x的整数部分	trunk(5.67)，返回值5
三角函数	math.degrees(x)		角度x的弧度值转角度值	degrees(math.pi)，返回值180.0
	math.radians(x)		角度x的角度值转弧度值	radians(180)返回值3.141592653589793
	math.hypot(x,y)		(x,y)坐标到原点(0,0)的距离	hypot(3,4),返回值5.0

续表

常数或函数		数学符号	含　义	示　例
三角函数	math.sin(x)	sin *x*	*x*的正弦函数值，*x*是弧度值	sin(math.pi/6) 返回值0.49999999999999994
	math.cos(x)	cos *x*	*x*的余弦函数，*x*是弧度值	math.cos(math.pi/3) 返回值0.5000000000000001
	math.tan(x)	tan *x*	*x*的正切函数值，*x*是弧度值	math.tan(math.pi/4) 返回值0.9999999999999999
	math.asin(x)	arcsin *x*	*x*的反正弦函数弧度值	math.degrees(math.asin(0.5)) 返回值30.000000000000004

本书只介绍几个最常用的函数，若读者对其他函数有兴趣，可以参考网站或使用以下方法来查看math库的内置电子手册。

（1）查看 math 库中函数

```
>>> import math
>>> print(dir(math))
['__doc__', '__loader__', '__name__', '__package__', '__spec__', 'acos',
'acosh', 'asin', 'asinh', 'atan', 'atan2', 'atanh', 'ceil', 'copysign', 'cos',
'cosh', 'degrees', 'e', 'erf', 'erfc', 'exp', 'expm1', 'fabs', 'factorial', 'floor',
'fmod', 'frexp', 'fsum', 'gamma', 'gcd', 'hypot', 'inf', 'isclose', 'isfinite',
'isinf', 'isnan', 'ldexp', 'lgamma', 'log', 'log10', 'log1p', 'log2', 'modf',
'nan', 'pi', 'pow', 'radians', 'sin', 'sinh', 'sqrt', 'tan', 'tanh', 'trunc']
```

（2）查看函数的电子帮助

```
>>> math.floor?                                    # 查看floor()函数的帮助
Help on built-in function floor in module math:   # 关于math库中的内置函数floor()的帮助
floor(...)
    floor(x)
    Return the floor of x as an Integral.          # 返回小于x的最大整数
    This is the largest integer <= x.
```

2. math 库的应用

例3_9 已知一元二次方程$ax^2+bx+c=0$的三个系数a、b、c，计算方程的实根。

分析：

① $ax^2+bx+c=0$中，$\Delta=b^2-4ac$，若$\Delta\geqslant 0$，则有实根。在本例中，直接假设方程有实根而不再判断Δ是否大于0。

② 求实根时需要用到平方根函数，可以调用math库的sqrt()函数来实现。

编写代码如下：

```
# 一元二次方程的实根
import math
a=eval(input('a='))
```

```
b=eval(input('b='))
c=eval(input('c='))
d=b**2-4*a*c
x1=(-b+math.sqrt(d))/(2*a)
x2=(-b-math.sqrt(d))/(2*a)
print('x1={:.2f},x2={:.2f}'.format(x1,x2))
```

保存文件并运行，运行结果为

```
a=2
b=3
c=1
x1=-0.50,x2=-1.00
```

例3_10　使用turtle库画[0°,360°]间正弦曲线。

分析：

① turtle绘图窗口中央为坐标原点，水平向右方向为x轴，垂直向上方向为y轴，以正弦曲线的度数作为x轴，正弦值作为y轴画正弦线，x轴放大$180/\pi$倍。

② 由于$\sin x$的值在[-1,1]之间，需要将值放大才能在图形界面中看到正弦曲线的效果，与x轴放大倍数相同。

③ 使用math库的sin(x)函数计算正弦值，注意x的单位为弧度，需要进行转换。

编写代码：

```
#画正弦线
from turtle import*
from math import pi,sin,radians
n=180/pi
for x in range(360):
    y=n*sin(radians(x))
    up()
    goto(x,y)
    down()
    dot()
done()
```

保存代码并运行，结果如图3.3所示。

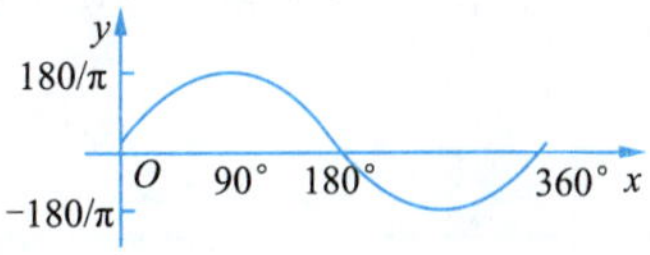

图3.3　绘制的正弦线

3.2 字符串类型

在Python中，字符串是用引号括起来的0个或多个字符序列。

3.2.1 字符串的表示

在Python中，字符串是使用一对单引号、双引号或者一对三引号（三个单引号或三个双引号）括起来的字符序列，这些引号称为定界符。如果定界符中没有字符，字符串就称为空串；如果只有一个字符，此字符串也称为字符。

例如：

```
>>> s1='hello Python!'                    # 单引号作定界符
>>> s2="hello Python!"                    # 双引号作定界符
>>> s3="""hello Python!"""                # 三个双引号作定界符
>>> s4='''hello Python!'''                # 三个单引号作定界符
```

用print()函数输出这四个字符串变量的结果，都是“hello Python!”。

使用三引号可以表示多行字符串。例如：

```
>>> s5='''hello
Python!'''
>>> print(s5)
hello
Python!
```

字符串有三种表示方式，使得在字符串中引号可以当作普通字符出现。例如：

```
>>> s6="I'm student!"                     # 字符串中的单引号为普通字符
>>> s7='He said:"I love Python!"'         # 字符串中的双引号为普通字符
>>> print(s6)
I'm student!
>>> print(s7)
He said:"I love Python!"
```

注意：同一个字符串，其定界符与字符串中的普通字符不能是同一种引号。

3.2.2 转义字符

在Python中，转义字符是由“\”开头和一个特殊字符组成的，相当于一个字符，输出时是其转义后的字符。常用转义字符见表3.7。

表3.7 转义字符表

转义字符	含　义	转义字符	含　义
\n	换行	\（在行尾时）	续行符
\v	纵向制表符	\\	反斜杠符号

续表

转义字符	含　义	转义字符	含　义
\t	横向制表符	\'	单引号
\r	回车	\"	双引号
\f	换页	\a	响铃
\yyy	yyy为八进制数，表示以yyy为Unicode编码的字符。 例如，'\012'代表换行	\b	退格（Backspace）
\xyy	yy为十六进制数，表示以yy为Unicode编码的字符。 例如，'\x0a'代表换行	\000	空
\other	其他的字符以普通格式输出		

示例：

```
>>>print('{}\t{}\t{}'.format('姓名','性别','年龄'));
\print('{}\t{}\t{}'.format('张小明','男','19'))
姓名            性别            年龄
张小明          男              19
>>>print(123,'abcd',sep='\t')     # sep参数指定输出的数据间用制表符分隔，默认为空格
123   abcd
>>>print('Hello\nPython!')         # 分行显示字符串内容
Hello
Python!
>>> print('\101','\x61'))          # 输出用八进制和十六进制表示的Unicode编码的对应字符
A a
>>>print("\\,.!\"\'")              # 输出英文标点符号
\,.!"'
```

例3_11　通过键盘输入一个姓名并保存到变量中，然后输出这个变量的内容。

```
>>> name=input('请输入姓名：')       #name为字符串类型
请输入姓名：张小明
>>> print(name)
张小明
```

3.2.3　字符串索引与切片

1. 字符串索引

字符串是由多个字符组成的有序序列，每个字符在字符串的位置编号称为该字符的索引，也称为字符的序号。

Python中的字符串包括两种索引体系，分别是正向递增索引和反向递减索引。假设字符串长度为L，正向递增索引是从字符串的首字符以0开始编号，向后依次递增，则第二个字符的索引为

1……最后一个字符的索引为L-1；反向递减索引是从字符串的末尾字符以-1开始编号，向前依次递减，则右侧第二个的索引为-2……首字符则为-L。这两种索引可以在一个表示中混合使用。例如，"Hello Python!"字符串的两种索引体系见表3.8。

表3.8 字符串索引

正向递增索引	0	1	2	3	4	5	6	7	8	9	10	11	12
字符串	H	e	l	l	o		P	y	t	h	o	n	!
反向递减索引	-13	-12	-11	-10	-9	-8	-7	-6	-5	-4	-3	-2	-1

注意：一个汉字相当于一个字符。

Python中通常使用方括号"[]"运算符和索引访问字符串中单个字符或字符串切片。

2. 访问单个字符

使用方括号"[]"运算符访问单个字符的语法格式为

```
<字符串>[<索引>]
```

例如：

```
>>> s='Hello Python!'
>>> s[8]          #访问索引为8的字符，即第9个字符
't'
>>> s[-7]         #访问索引为-7的字符，即倒数第7个字符
'P'
```

3. 字符串切片

字符串切片即截取字符串的子字符串。使用方括号"[]"运算符对字符串切片的语法格式为

```
<字符串>[<M>:<N>]
```

访问字符串中索引从M到N-1（不包含N）的子字符串，M、N表示字符的索引，可以混合使用正向递增索引和反向递减索引。

例如：

```
>>> s='Hello Python!'
>>> s[3:7]        #截取第4～7之间的所有字符组成的子串。正向递增索引
'lo P'
>>> s[1:-8]       #从第2个字符截取到倒数第9个字符组成的子串。正向递增与反向递减混合索引
'ello'
>>> s[-7:]        #截取右侧7个字符。结束索引省略表示取到最后一个字符
'Python!'
>>> s[:5]         #截取左侧5个字符。开始索引为0可以省略
'Hello'
>>> s[-8:2]       #开始索引所指的字符在结束索引所指字符的后面时，得到空串
''
```

Python中字符串以Unicode编码存储，中文文字如同英文字符都算作1个字符，例如：

```
>>> name='Python 语言与程序设计 '
>>> name[:8]
'Python 语言 '
>>> name[-4:]
' 程序设计 '
```

例3_12　将月份的英文缩写“Jan.Feb.Mar.Apr.May.Jun.Jul.Aug.Sep.Oct.Nov.Dec.”保存到一个字符串，通过键盘输入一个月份数字（1～12），输出该月份的英文缩写。

（1）算法设计

本题的关键是：数字月份n与字符串中英文缩写开始索引p存在怎样的关系呢?

表3.9是月份n与开始索引p的对应关系，可以得出月份n与英文缩写的开始索引p之间的关系是p=(n-1)*4。

采用IPO编程模式设计算法：

① 基础数据存入变量months，months=' Jan.Feb.Mar.Apr.May.Jun.Jul.Aug.Sep.Oct.Nov.Dec.'。

② 输入：输入月份的数字形式（1-12），存入变量n中：n=eval(input('月份（1-12）：'))。

③ 处理：根据n计算出月份的英文缩写在month的位置p，截取子串：months[p:p+4]。

④ 输出：输出月份的英文缩写。

表3.9　月份n与英文缩写对应关系

英文缩写	月份n	开始索引p
Jan.	1	0
Feb.	2	4
Mar.	3	8
Apr.	4	12
…	…	…

（2）编码实现

根据月份获取英文缩写的代码如下：

```
months='Jan.Feb.Mar.Apr.May.Jun.Jul.Aug.Sep.Oct.Nov.Dec.'
n=eval(input('请输入月份 (1-12) :'))
p=(n-1)*4
s=months[p:p+4]
print('英文缩写为：',s)
```

3.2.4　字符串的遍历

遍历字符串即访问字符串中每一个字符，以便对单个字符进行处理。遍历字符串通常使用for...in循环语句，语法格式如下：

```
for 单字符变量 in 字符串：
```

```
    代码段
```

语句的执行过程：从头到尾读取字符串中每个字符，每访问到一个字符就把它存储到单字符变量中，然后执行代码段，执行完代码段再读取字符串中的下一个字符，并把它存储到变量中……直到处理完最后一个字符，遍历结束。

例如，下面代码段遍历字符串"abc123"中每个字符并输出，字符之间用制表符"\t"分隔。

```
for c in 'abc123':
    print(c,end='\t')
```

运行代码输出结果：

```
a       b       c       1       2       3
```

3.2.5 字符串运算符

Python程序设计中，除[]运算符外，还经常用到加号“+”（连接符）、乘号“*”（复制符）、关系运算符和成员判断运算符等四种操作符，见表3.10。

表3.10 基本字符串运算符

运算符	含义	示例
s1+s2	连接两个字符串s1与s2，得到连接后的新字符串	'abcd'+'123' 结果为'abcd123'
s*n或n*s	复制*n*次字符串s得到一个新字符串	'abc'*3 结果为'abcabcabc'
>, <, >=, <=, ==, !=	关系运算符，对应位置的字符按照Unicode码大小比较	'ae'>'abcd'结果为True，'abfd'<='abf'结果为False
x in s	若x是s的子串，则返回True，否则返回False	'd5' in 'abcd523'结果为True；'x' in 'abc'结果为False

说明：

不同类型的数据进行比较大小时，会出现异常，但可以进行是否相等比较。例如，'ab'>123，出错；'a'==97结果为False，'Ab'!=65结果为True。

例3_13 字符串连接与复制运算示例。

```
name=input('请问你叫什么名字？ ')
print(30*'-')
print('\t欢迎你，'+name)
print(30*'-')
```

执行程序结果如下：

```
请问你叫什么名字？张小明
------------------------------
        欢迎你，张小明
------------------------------
```

3.2.6　字符串常用内置处理函数

Python内置函数中有六个与字符串处理有关，见表3.11。

表3.11　字符串处理函数

函　数	说　明	示　例
len(s)	返回字符串s的长度	len('我学Python') 结果为8
str(x)	将x转换为字符串	str(12.345) 结果为'12.345'
chr(code)	返回以code为Unicode码的字符	chr(65) 结果为'A'
ord(ch)	返回字符ch的Unicode码	ord('A') 结果为65
hex(x)	返回十进制数x对应的十六进制的字符串	hex(65) 结果为'0x41'
oct(s)	返回十进制数x对应的八进制的字符串	oct(65) 结果为'0o101'

提示：Unicode码兼容ASCII码，因此'A'的Unicode码为65，'a'的Unicode码为97，'0'的Unicode码为48。

例3_14　输入一个小写英文字母，将其转化为大写英文字母，最后输出原字母、转换后的大写字母。

（1）问题分析与算法设计

在Python中字符采用Unicode编码，其中小写英文字母和大写英文字母分别按顺序编码，'a'的编码为97，'A'的编码为65，两者相差32。

大小写字母的转换不能像C语言一样字符与整数进行混合运算，Python中可以使用ord()函数获取字符的Unicode码，经过进一步处理后最后使用chr()函数返回Unicode码对应的字符。

采用IPO编程模式设计算法：

① 输入：一个小写英文字母c1。

② 处理：将c1转换为大写字母c2，c2=chr(ord(c1)-ord('a')+ord('A'))或者c2=chr(ord(c1)-32)。

③ 输出：c1，c2。

（2）编程实现

源代码如下：

```
c1=input('请输入一个小写字母：')
c2=chr(ord(c1)-ord('a')+ord('A'))    #小写字母转换为大写字母
print('输入的小写字母：'+c1)
print('转换后的大写字母：'+c2)
```

在开发环境中录入代码，保存代码并执行，运行结果为

```
请输入一个小写字母：e
输入的小写字母：e
转换后的大写字母：E
```

3.2.7　格式化字符串

格式化字符串是指将字符串转换为指定格式的字符串，主要是为了实现常量与变量值的混排。

Python中有三种格式化字符串的方法：字符串的format()方法、%操作符格式化方法和使f-string格式化方法。

1. 使用 format() 方法格式化字符串

内置的字符串方法format()是最常用的字符串格式化处理方法，可以在字符串中插入数字型数据、字符串型数据等，并且可以对插入的数据设置格式。

（1）format() 方法基本格式

format()方法基本语法形式：

```
<格式化模板字符串>.format(<参数表>)
```

其中，格式化模板字符串内嵌“{}”作为槽，相当于占位符，每个槽由参数表中的数据按顺序填充，也可以按指定填充数据的序号，并且在槽中可以对数据格式化。

①槽中数据按顺序自动编号填充。例如：

```
>>>print('我的家乡在{}，那儿有美丽的{}，雄伟的{}。'.format('山东','青岛','泰山'))
我的家乡在山东，那儿有美丽的青岛，雄伟的泰山。
```

②槽中数据按指定序号填充。注意，参数的序号从0开始编号。例如：

```
>>> print('我的家乡在{2}，那儿有美丽的{0}，雄伟的{1}。'.format('青岛','泰山','山东'))
我的家乡在山东，那儿有美丽的青岛，雄伟的泰山。
```

③自动序号与人工指定序号不能混合使用。例如，下面的语句是错误的：

```
>>> print('我的家乡在{}，那儿有美丽的{2}，雄伟的{1}。'.format('山东', '泰山','青岛'))
第 1 个槽使用了自动序号，第 2、3 槽使用了人工编号，错误！
```

（2）format() 方法的格式控制

format()方法的模板字符串中的槽除了包含参数序号外，还可以包括格式控制信息，此时，槽的语法形式如下：

```
{[<参数序号>][:[<格式控制标记>]]}
```

槽中的格式控制标记用来控制format()方法的参数显示时的格式。格式控制标记包括<填充>、<对齐>、<宽度>、<,>、<.精度>和<类型>等6个字段，这些字段都是可选的，可以组合使用，其含义见表3.12。

表3.12　格式控制标记

:	<填充字符>	<对齐方式>	<域宽>	,	<精度>	<数据类型>
引导符号	用于填充的单个字符，默认空格。需要与对齐方式标志联合使用	<左对齐 >右对齐 ^居中对齐 默认数字右对齐，字符串左对齐	输出数据的域宽	数字的千位分隔符	浮点数小数部分精度或字符串最大输出长度	整型：b，c，d，o，x，X 浮点型：f，e，E，%

说明：

① 槽中若有格式控制标记，则标记前面的冒号“:”不能省略。

② 对于输出宽度，若数字（小数点占一位）或字符串宽度小于输出宽度时，默认数字右对齐，字符串左对齐，使用空格填充；若超出指定输出宽度，则原样输出；否则，数字或字符串按指定格式输出。

③ 对于浮点数的精度，若浮点数的小数部分大于输出精度，则小数部分四舍五入；对于字符串的精度，是指输出字符串的最大长度。如果字符串长度大于指定输出长度，则字符串被截断，只显示前半部分。

④ 填充字段必须与对齐方式结合使用。

⑤ 类型字段中的整数类型b、c、d、o、x、X表示数据以二进制、字符、十进制、八进制、十六进制、十六进制整数输出，浮点数类型e、E、f、%表示数据以指数形式、一般形式、百分比形式输出。

例如：

```
>>> print('二进制{0:b},八进制{0:o},十进制{0:d},十六进制{0:x}'.format(12))
```

输出结果为：

```
二进制1100,八进制14,十进制12,十六进制c
>>> print('二进制{0:6b},八进制{0:<6o},十进制{0:^6d},十六进制{0:>6x}'.
format(12))
```

输出结果为：

```
二进制  1100,八进制14    ,十进制  12  ,十六进制     c
```

说明：输出的数字位数不足指定的域宽时，默认右对齐。

```
>>>print('{},{:4},{:2.5},{:d},{:6.1f},{:10.1%}'.format('Python','Python',
'Python',1,2,3))
```

输出结果为：

```
Python,Python,pytho,1,   2.0,    300.0%
```

说明：{:2.5}输出字符串时，格式控制标记中的小数部分5表示最多输出5个字符。

例3_15　通过键盘输入18位身份证号码，分别获取行政区划码、出生日期、性别（偶数为女，用0表示；奇数为男，用1表示）并输出。

（1）问题分析与算法设计

新版身份证号码有18位，各位数字的含义如下：

① 前2位表示省份，第3、4位表示城市，第5、6位表示区县，即前6位表示省市区划码。

② 第7～14位表示出生年月日。

③ 第15、16位表示辖区派出所。

④ 第17位表示性别：奇数代表男性，偶数代表女性。

⑤ 第18位是校检码：用来检验身份证的正确性。校检码可以是0～9的数字或X（尾号若是10，就用X代替）。

通过字符串的“[]”运算符访问子字符串，使用%进行模运算得到性别奇偶性。

采用IPO编程模式进行算法设计：

输入：身份证号码code

输出：行政区划码city=code[0:6]，出生日期birt=code[6:14]，性别码gene=code[16]

（2）编码实现

源代码如下：

```
code=input('身份证号：')
city=code[0:6]
birt=code[6:14]
gene=eval(code[16])%2
print('城市代码：',city)
print('出生日期：{}年{}月{}日'.format(birt[:4],birt[4:6],birt[-2:]))
print('性别：{}'.format(gene))
```

说明：

如果要根据行政区划码获取对应行政区名称，可以将全部的行政区划码与对应的行政区名称存放在字符串中，也可以存放在列表、字典、文件、数据库中，或者直接从网络上获取，进行更复杂、更实用的信息获取。

2. 使用%格式化字符串

Python中字符串的%格式符与C语言中的printf()函数的格式控制符类似，其语法形式如下：

```
'格式化字符串'%(参数表)
```

格式化字符串中包括三类字符：

① 使用%开头的后跟特殊的控制符，见表3.13，控制符用来控制参数表中数据的格式。

表3.13 格式控制符

控制符	含义	说明
%d或%i	十进制整数	数字的十进制数形式
%o	八进制整数	数字的八进制数形式
%x或%X	十六进制整数	数字的十六进制形式（小写或大写）
%u	无符号整数	数字的无符号整数形式
%f或%F	十进制浮点数	浮点数的一般形式
%e或%E	指数形式的浮点数	浮点数的指数形式（用小写e或大写E表示）
%g或%G	由系统选择浮点数形式	若指数小于-4或不小于精度，则使用e或E的指数形式，否则为一般形式
%c	单个字符	十进制数字（Unicode码）或单字符的字符形式
%s	字符串	使用str()函数转换成的字符串形式，面向用户，可读性高
%a	字符串	使用ascii()函数转换成的字符串形式
%r	字符串	使用repr()函数转换成的字符串形式，面向机器
%%	输出一个%	普通%字符

② 转义字符：转化后的字符，如“\t”输出一个制表符。

③ 普通字符：其他字符，如“圆的面积”。

例如：

```
>>> print(" 输出结果：%d\t%f\t%E\t%X\t%c\t%s"%(123,3.14,5,31,65,'Python'))
输出结果：123    3.140000      5.000000E+00   1F    A    Python
```

在使用%格式化字符串时，%与控制符之间可以加入辅助符号，实现更复杂的格式化。常用辅助符号见表3.14。

表3.14 %格式控制符的辅助符号

辅助符号	说明
m.n	*m* 是显示的最小总宽度，*n* 是小数点后的位数（如果可用的话）
-	用作左对齐
+	在正数前面显示加号（+）
0	显示的数字前面填充"0"而不是默认的空格
#	在八进制数前面显示0o，在十六进制前面显示"0x"或者"0X"（取决于用的是"x"还是"X"）
(var)	映射变量（通常用来处理字段类型的参数）

说明：

① 在"%"与控制符之间可以加一个整数或浮点数，整数部分表示输出宽度，小数部分如果是数字类型则表示输出数据的小数位数，实际数据的小数位数大于输出小数宽度则四舍五入；如果是字符串类型，则小数部分表示输出字符串的最大宽度。如果字符串实际宽度大于输出的最大宽度，则右侧多余字符截去。

② 如果输出宽度大于数据实际宽度，则右对齐。在表示输出宽度的数字之前加一个减号"-"表示左对齐；若输出宽度小于数据实际宽度，则原样输出。

例如：

```
>>>print(" 输出结果：%-6d,%-10.3f,%-10.2E%-5X,%-5c,%3.5s"%(123,3.14,5,31,65,'Python'))
输出结果：123   ,3.140     ,5.00E+00  1F   ,A    ,pytho
>>>r=10
>>>print(" 圆半径 %-7.2f 周长 %-10.2f 面积 %-10.2f"%(r,2*r*3.14159,r*r*3.14159))
圆半径 10.00  周长 62.80      面积 314.00
>>>print("%f  %2e  %g  %G"%(12.6,12.6,12345.56,1234567.56))
12.600000  1.260000e+01  12345.6  1.23457E+06
```

例3_16 %格式控制输出示例。

```
num=100
print("%d to hex is %x"%(num, num))
print("%d to hex is %X"%(num, num))
print("%d to hex is %#x"%(num, num))
print("%d to hex is %#X"%(num, num))
# 浮点数
f=3.1415926
print("value of f is: %.4f" %f)
```

```
# 指定宽度和对齐
w=10
stus =[{"name":"Jack","age":18}, {"name":"Marry","age":19}] # 定义元素为字典的列表
print(" 姓名 :%-10s 年龄 :%-10d"%(stus[0]["name"],stus[0]["age"])) # 指定宽度和对齐
print(" 姓名 :%-*s 年龄 :%0*d"%(w,stus[1]["name"],w,stus[1]["age"])) # 使用 * 和变量指定宽度
# 字典参数
for stu in stus:
    print("%(name)10s 的年龄是 %(age)5d 岁 " %stu)                # 根据键名获取其对应的值
```

代码运行结果如下：

```
100 to hex is 64
100 to hex is 64
100 to hex is 0x64
100 to hex is 0X64
value of f is: 3.1416
姓名 : Jack          年龄 : 18
姓名 : Marry         年龄 : 0000000019
      Jack 的年龄是    18 岁
     Marry 的年龄是    19 岁
```

3. 使用f-string格式化字符串

f-string是一种更为简洁的格式化字符串的方式，它在形式上以f或F引领字符串，在字符串中使用“{content}”标识被替换的真实数据和其所在位置。

（1）基本用法

f-string基本格式为

```
f"{content}"
F"{content}"
```

说明：

① f-string中使用大括号{}标明被替换的字段，content可以是变量、表达式或函数等。f-string在本质上并不是字符串常量，而是一个在运行时运算求值的表达式，大括号内部也可以调用函数。

例如：

```
>>>name=' 张小明 '
>>>age=20
>>>print(f' 姓名 :{name}, 年龄 :{age+1}')
姓名 :张小明 , 年龄 :21
>>>import math
>>> print(f' 圆周率为 {math.pi}')
圆周率为 3.141592653589793
```

② f-string可以是多行字符串。

例如：

```
>>>print(f''' 姓名：{name}
…年龄：{age}''')                # 注意开头三个点由系统自动产生
姓名：张小明
年龄：20
```

③ f-string字符串内部使用的引号不能与字符串定界符冲突，大括号外部可以使用转义字符，但大括号内部不能使用转义字符，可以将转义字符放到变量中。例如：

```
>>>print(f"I'm {name}")         # 此处字符串定界符可以使用双引号或三引号
I'm 张小明
>>>print(f'I\'m {name}')        # 使用转义字符
I'm 张小明
```

（2）自定义格式

f-string采用{content:format}设置格式，format是格式描述符。采用默认格式时不必指定{:format}，如上面例子所示只写{content}即可。f-string可以设置数据类型、宽度、精度、对齐方式和补零等格式，其中类型控制符见表3.15。

表3.15　f-string类型控制符

类型控制符	含　义	适应变量类型
d	数字的十进制数形式	整型
o或O	数字的八进制数形式（开头0o或0O）	整型
x或X	数字的十六进制形式（开头0x或0X）	整型
f或F	浮点数的一般形式，默认精度6位	浮点型、整型、复数型（自动转换为浮点型）
e或E	浮点数的指数形式（用e或E）	浮点型、整型、复数型（自动转换为浮点型）
g或G	通用格式，小数用f或F，大数用e或E	浮点型、整型、复数型（自动转换为浮点型）
c	字符形式	整型或字符
s	使用str()函数转换成的字符串形式，面向用户	字符串
%	百分比形式	浮点型、整型（自动转换为浮点型）
未指定控制符	原样显示	整型、浮点型、复数型、字符、字符串

例如：

```
>>>print(f'{12.45},{12.45:6.1},{12:f},{12.45:e},{12.125:g},{1234567.1234567:G}')
12.45, 1e+01,12.000000,1.245000e+01,12.125,1.23457E+06
>>>print(f'{0.34:%},{65:c},{"afbd"},{"a"}')
34.000000%,A,afbd,a
```

说明：

① 进制符是否显示。

使用#来控制进制符是否显示，只适用于整型数据。例如：

```
>>>x=0b1011;y=65
>>>print(f'{x},{x:b},{x:#b},{y:#X}')   # 整数默认为 d 十进制形式，浮点数默认指数 e 形式
11,1011,0b1011,0X41
```

② 宽度和精度控制符。

使用整数指定输出域宽，输出数据位数不足域宽默认以空格补齐，若宽度前加0则高位以0补齐，使用width.precision中的precision指定小数位数，超过部分四舍五入，不足时以0补齐。若有类型控制符，则宽度和精度控制符放在类型控制符前面。例如：

```
>>> print(f'{12.3457:010.2},{12.445:.1f},{133.35:7.1f},{13456.35:.1f}')
0001.2e+01,12.4,   133.3,13456.4
```

Python中浮点数在内存中以二进制形式存储，不能精确转换为二进制，会有误差，因此四舍五入就会受到影响。如本例中最后两个数，.05是舍去还是入上，要看在内存中的具体值。

③ 对齐方式。

使用<（左对齐，字符串默认对齐方式）、>（右对齐，数字默认对齐方式）、^（居中对齐）等符号控制对齐方式。例如：

```
>>> print(f'{12:5},{13456.35:<10.1f},{"abcd":6s},{"123456":>10s}')
   12,13456.4   , abcd  ,    123456
```

④ 正、负号是否显示。

对于数字类型，使用+使得正负数前面分别显示正号和负号，使用-使负数前显示负号，正数前不显示正号。使用空格则负数前面显示负号，正数前面显示空格。例如：

```
>>>print(f'{12: },{-1.3: },{-0b1011:-4},{1234:+}')
 12,-1.3, -11,+1234
```

f-string格式化字符串方式是在Python 3.6新加入的功能，在以前的版本中无此功能。在Python 3.6以后的版本中，字符串的格式化提倡使用f-string字符串。

3.2.8 字符串处理方法

1. 常用字符串处理方法

在Python解释器内部，所有数据类型都采用面向对象方式实现，将表示属性的数据和对数据的操作方法封装为一个类。字符串类型也是一个类，调用字符串对象的方法的语法格式为

```
<字符串>.<方法名>(<参数列表>)
```

字符串类型共包含43个方法，常用方法见表3.16（其中S为字符串表达式）。

表3.16　常用内置字符串方法

分　类	方　法	描　述
大小写转换	S.lower()	返回小写字符串
	S.upper()	返回大写字符串
	S.title()	返回一个英文单词首字母大写其余字母小写的新串
判断	S.islower()	判断字符串是否全为小写字母，若是则返回True，否则返回False
	S. isnumeric()	判断字符串是否全为数字
	S.istitle()	判断字符串中全部单词是否首字母为大写其他为小写字母，非字母不限
	S.isalpha()	判断字符串是否全为字母
	S.endswith(suffix[,start[,end]])	S[start: end] 以 suffix 结尾返回 True，否则返回 False
	S.startswith(prefix[, start[, end]])	S[start: end]（默认为整个串）以 suffix 开始返回 True，否则返回 False
统计个数	S.count(sub[,start[,end]])	返回 S[start: end]（默认为整个串）中 sub 子串出现的次数
删除与填充	S.strip([chars]), lstrip(), rstrip()	去掉S左边和右边（前导和末尾）的chars字符，默认为空白
	S.zfill(width)	返回字符串，长度为width，不足部分在左侧添0
切割与连接	S.partition(str)	在S中找到str第一次出现的位置，返回3元素元组(str左子串,str,str右子串)
	S.split(sep=None, maxsplit=-1)	返回S由sep分隔（默认为空白）的部分构成的列表
	S.join(iterable)	返回一个新串，由可迭代数据iterable参数的元素组成，元素间用S连接
查找与替换	S.find(sub[,start[,end]])	返回在S[start:end]（默认整个串）中sub串第一次出现的位置，未有则返回-1
	S.replace(old, new[, count])	old子串被替换为new，如果count给出，则前count次old出现被替换，返回替换后的字符串
格式化	S.format(参数表)	返回字符串S的一种排版格式，可以将表达式的值与字符串混排

例如：

```
>>> s='abcdABCxyz'
>>> s.lower(),s.upper()
('abcdabcxyz', 'ABCDABCXYZ')
>>> s.islower(),s.isprintable()
(False,True)
>>> s.startswith('abc'), s.endswith('yz')
(True,True)
>>> '+123'.isnumeric(),'123.56'.isnumeric(),'123'.isnumeric()
(False,False,True)
>>> '.'.join('Python')                    # 参数为字符串
'P.y.t.h.o.n'
>>> ' '.join(['a','b','c'])               # 参数为序列类型
'a b c'
```

例3_17　过滤敏感词。敏感词通常是指带有敏感政治倾向、暴力倾向、不健康色彩的词语或不文明的词语，论坛、网络管理员一般会设定一些敏感词，用户提交的内容如果含有敏感词，会阻止内容的发布或使用特殊符号（如“*”）替换其中的敏感词，本例要求编写代码，实现具有替换敏感

词功能的程序。

（1）问题分析与算法设计

首先设置敏感词库，可以使用列表保存敏感词，然后对用户输入的字符串进行检查，如果其中包含敏感词库中的词汇，通过replace()方法使用“*”替换敏感词。

（2）编程实现

```
sensitive_words=['团体','游行','操']
s=input('请输入一段文字：')
for word in sensitive_words:
    s=s.replace(word,'*')
print(s)
```

运行代码，运行结果如下：

```
请输入一段文字：今天我们体操队获得团体冠军！
今天我们体*队获得*冠军！
```

本书只列出了常用的内置字符串方法，读者如果对其他字符串方法感兴趣，可以使用dir()函数查看所有方法，使用help()函数或问号（?）查看电子帮助。查看方法如下：

```
>>> print(dir(str))
[…… ,'capitalize', 'casefold', 'center', 'count', 'encode', 'endswith',
'expandtabs', 'find', 'format', 'format_map', 'index', 'isalnum', 'isalpha',
'isdecimal', 'isdigit', 'isidentifier', 'islower', 'isnumeric', 'isprintable',
'isspace', 'istitle', 'isupper', 'join', 'ljust', 'lower', 'lstrip',
'maketrans', 'partition', 'replace', 'rfind', 'rindex', 'rjust', 'rpartition',
'rsplit', 'rstrip', 'split', 'splitlines', 'startswith', 'strip', 'swapcase',
'title', 'translate', 'upper', 'zfill']
>>>str.isdigit?                    # 或使用help(str.isdigit)查看帮助
```

3.3 应用案例

3.3.1 案例1：模拟进度条

进度条一般以图形方式显示已完成任务量和未完成任务量，并以动态文字的形式显示任务的完成度。本例要求编写程序，实现图3.4所示的文本进度条。

```
==============================开始下载==============================
已完成35% [**************..........................]用时0.006s
```

（a）下载中

```
==============================开始下载==============================
已完成100% [****************************************]用时0.017s
==============================下载完成==============================
```

（b）下载完成

图3.4 文本进度条

（1）问题分析

将下载任务看作1，把任务分解为n等份，方括号中的字符表示进度，"**"表示已完成，".."表示未完成，第i份时的进度字符串为“i*"**"+".."*(n–i)”。标准模块time中的perf_counter()()获取系统当前时间，sleep()函数使程序运行按指定秒数暂停一下（本例设为0.2s）。

（2）编写代码

```
import time
n=eval(input('请输入任务的等分份数：'))                # 任务n等份
t="="*(8+n)
print('{0}开始下载{0}'.format(t))                      # 输出下载提示
t0=time.perf_counter()                                 # 记录开始时间
for i in range(n+1):                                   # 每一份任务作为一个进度
    s1=i*'**'                                          # 已完成的份数
    s2='..'*(n-i)                                      # 未完成的份数
    s= '\r已完成{:3.0%} [{}]'.format(i/n,s1+s2)        # 组合数据
    time.sleep(0.2)                                    # 暂停0.2秒
    t1=time.perf_counter()-t0-0.1*(i+1)                # 所用时间
    print('{}用时{:.3f}s'.format(s,t1),end='')         # 输出后不换行
print('\n{0}下载完成{0}'.format(t))                    # 提示下载完成
```

说明：要在一行内不断刷新来显示进度条，则每次输出不换行，且使用“\r”使输出位置从行首开始，即进度条文本与输出语句为

```
s= '\r已完成{:3.0%} [{}]'.format(i/n,s1+s2)
print('{}用时{:.3f}s'.format(s,t1),end='')
```

3.3.2 案例2：文本统计

对下面给定的文本进行处理，文本包括几个段落？去掉文本开头、末尾空白字符、各种标点符号后，共有多少字符？多少个单词？

help(str.replace)

Help on method_descriptor:

replace(self, old, new, count=-1, /)

Return a copy with all occurrences of substring old replaced by new.

count: Maximum number of occurrences to replace. -1 (the default value) means replace all occurrences.If the optional argument count is given, only the first count occurrences are replaced.

（1）问题分析

文本开头、末尾的空格、回车符等空白使用字符串的strip()方法删除，使用count()方法统计“\n”个数，段落个数为“\n”个数加1，字符个数使用len()函数计算，使用遍历语句和replace()方法将文本中所有的标点符号（不包括空格）替换为空格，然后使用split()方法按空格拆分出单词生成列表，列表元素的个数len()即单词的个数，将单词使用join()方法连接成字符串，字符串长度len()即单词字符的个数。

(2) 编码实现

```
s='''
   help(str.replace)
   Help on method_descriptor:
   replace(self, old, new, count=-1, /)
        Return a copy with all occurrences of substring old replaced by new.
          count: Maximum number of occurrences to replace. -1 (the default
value) means replace all occurrences.If the optional argument count is given,
only the first count occurrences are replaced.
'''
s1=s.strip()                          # 删除文本开头、末尾空白，包括空格、回车符等
n=s1.count('\n')+1                    # 统计段落个数
for c in '.,/():=_\n':                # 删除标点符号，单词之间用空格分隔
    s=s.replace(c,' ')
ls=s.split()                          # 按空白拆分出单词
s2=''.join(ls)                        # 将单词连接成无空格的字符串
print('共有{}个段落,{}个字符'.format(n,len(s1)))
print('单词个数:{},单词字符个数{}'.format(len(ls),len(s2)))
```

运行程序，输出结果为

```
共有5个段落,356个字符
单词个数:54,单词字符个数271
```

3.3.3 案例3：文本预处理工具

文字排版要将文字以现代汉语习惯及发表出版要求进行规范编排。文字排版工具一般具备删除空格、英文标点符号替换、英文单词大写功能等。本例要求编写代码，实现上述功能的文字排版工具。

(1) 案例分析

① 文字首行缩进2个空格。

② 删除文字中间的空格。借助replace()方法将空格替换为空字符串。

③ 英文标点符号替换。可将英文标点符号存储到列表中，遍历列表中符号使用replace()替换为空字符串。

④ 英文单词转换为大写，使用upper()进行转换。

⑤ 英文单词首字母大写，使用title()进行转换。

(2) 代码实现

```
#菜单
menu='''
     1.首行缩进两空格\t4.单词首字符大写
     2.删除文字中空格\t5.单词转换为大写
     3.英文标点替换  \t0.退出
```

```
    '''
line='='*14
pe=',.;:!()"\''
pc='，。；：！（）”’'
s=input('请输入要排版的文字：')
print('原文字为：{}'.format(s))
while True:
    print()
    print('{0} 文字排版工具  {0}'.format(line))
    print(menu.lstrip('\n').rstrip())
    print('{0}{0}{0}'.format(line,end=''))
    op=input('请选择功能号：')
    if op=='0':
        break
    if op=='1':
        s=s.lstrip()
        s=' '*2+s
    elif op=='2':
        s=s.replace(' ','')
    elif op=='3':
        for i in range(len(pe)):
            s=s.replace(pe[i],pc[i])
    elif op=='4':
        s=s.title()
    elif op=='5':
        s=s.upper()
    print('转换后的文字为：{}'.format(s))
print('谢谢使用！')
```

(3) 代码测试

运行代码，执行结果如下：

```
请输入要排版的文字：他问 :'bs4 是什么的缩写？','beautifulsoup4 的缩写！'
原文字为：他问 :'bs4 是什么的缩写？','beautifulsoup4 的缩写！'

============== 文字排版工具  ==============
    1. 首行缩进两空格    4. 单词首字符大写
    2. 删除文字中空格    5. 单词转换为大写
    3. 英文标点替换      0. 退出
==========================================
请选择功能号：1
转换后的文字为：  他问 :'bs4 是什么的缩写？','beautifulsoup4 的缩写！'

============== 文字排版工具  ==============
    1. 首行缩进两空格    4. 单词首字符大写
```

```
    2. 删除文字中空格    5. 单词转换为大写
    3. 英文标点替换      0. 退出
==============================================
请选择功能号：2
转换后的文字为：他问：'bs4是什么的缩写？','beautifulsoup4的缩写！'

==============  文字排版工具   ==============
    1. 首行缩进两空格    4. 单词首字符大写
    2. 删除文字中空格    5. 单词转换为大写
    3. 英文标点替换      0. 退出
==============================================
请选择功能号：3
转换后的文字为：他问："bs4是什么的缩写？", "beautifulsoup4的缩写！"

==============  文字排版工具   ==============
    1. 首行缩进两空格    4. 单词首字符大写
    2. 删除文字中空格    5. 单词转换为大写
    3. 英文标点替换      0. 退出
==============================================
请选择功能号：4
转换后的文字为：他问："Bs4是什么的缩写？", "Beautifulsoup4的缩写！"

==============  文字排版工具   ==============
    1. 首行缩进两空格    4. 单词首字符大写
    2. 删除文字中空格    5. 单词转换为大写
    3. 英文标点替换      0. 退出
==============================================
请选择功能号：5
转换后的文字为：他问："BS4是什么的缩写？", "BEAUTIFULSOUP4的缩写！"

==============  文字排版工具   ==============
    1. 首行缩进两空格    4. 单词首字符大写
    2. 删除文字中空格    5. 单词转换为大写
    3. 英文标点替换      0. 退出
==============================================
请选择功能号：0
谢谢使用！
```

小　结

本章主要介绍了Python基本数据类型的相关知识，其中数字类型主要介绍了数字类型的分类、数字运算符、内置数字函数和math库常用常数和函数，字符串类型主要介绍了字符串的表示、字符索引和切片、字符串的遍历、字符串运算符、字符串函数和字符串格式化方式以及字符串常用方法。

希望通过本章知识的学习，大家可以熟练地对数字类型、字符串的基本处理进行编程，为后续学习打好基础。

思考与练习

一、单选题

1. Python中的浮点数可以写成不同的形式，下列表示形式中正确的是________。

A. 5.4321　　B. 5.43E2.1　　C. e5.4321　　D. E6

2. 在Python中要把一个数字字符串转换为整数，可以使用________函数。

A. type()　　B. str()　　C. int()　　D. float()

3. Python中，下列选项正确的是________。

A. round(3.5)的值为3　　B. round(4.5)的值为4

C. round(−3.51)的值为3　　D. round(1234,−2)的值为1234.00

4. a^b转化为Python表达式，下列选项中错误的是________（math库已导入）。

A. a**b　　B. a^b　　C. pow(a,b)　　D. math.pow(a,b)

5. 在Python中，根据数学公式$x=\dfrac{-b\pm\sqrt{b^2-4ac}}{2a}$，求解$x$的值，要用到________。

A. math库中的sqr()　　B. turtle库中的sqr()

C. math库中的sqrt()　　D. turtle库中的sqrt()

6. Python中使用________可组成转义字符。

A. /　　B. \　　C. &　　D. %

7. 下列选项中，用于格式化字符串的是________。

A. %　　B. format()　　C. f-string　　D. 以上全部

8. 下列关于字符串的说法，错误的是________。

A. 字符串创建后可以修改　　B. 字符串可以使用单引号、双引号和三引号定义

C. 转义字符\r表示回车　　D. 格式符由%和说明转换类型的字符组成

9. 下列方法中可以将字符串中的全部字母转换为大写字母的是________。

A. lower()　　B. title()　　C. upper()　　D. strip()

10. 下列选项中，不属于字符串的是________。

A. "1"　　B. 'hello'　　C. '''"'''　　D. 'I'm a student'

二、填空题

1. Python中的“%”是________数字运算符。

2. 在Python中两个数的相除取整数部分，舍弃余数，要使用________运算符。

3. 计算圆面积的公式πr^2转换为Python表达式形式为________。

4. 定义字符串可以使用________、________和________作为定界符。

5. 删除字符串头部空格，可以使用________方法。

6. 拼接字符串可以使用________方法和________运算符。

三、判断题

1. int(x)函数功能是x转换为浮点数，小数部分四舍五入。 ( )
2. 127%60的值是2。 ( )
3. 计算a^b，可以使用**运算符，也可以使用pow()内置函数，或使用math库的pow()函数。 ( )
4. math库可以使用“import math”和“from math import *”两种方式导入。 ( )
5. 字符串中不可以包含转义字符。 ( )
6. 换行符“\n”的长度为2。 ( )
7. 无论使用单引号还是双引号定义的字符串，使用print()输出的结果是一致的。 ( )
8. 字符串的find()方法返回-1说明子串在指定的字符串中。 ( )
9. 如果字符串中包含三对双引号，可以使用单引号作为这个字符串的定界符。 ( )

四、简答题

1. 简单介绍Python中的数字运算符。
2. 简单介绍Python中的数字分类和各自的表示形式。
3. 简述什么是字符串。
4. 简述format()格式化字符串的方法。
5. 简述字符串分割和拼接方法。
6. 简述删除长字符串中敏感词的方法。
7. 简述f-string字符串的基本用法。

五、编程题

1. 已知某煤场有29.5 t煤，先用一辆载重4 t的汽车运3次，剩下的用一辆载重2.5 t的汽车运送，请计算还需要运送几次才能送完？编写程序，解答此题。

2. 使用turtle库绘制余弦曲线。

3. 某项自行车比赛以秒计时（只保留整数），试编写一个程序，从键盘输入一个选手的比赛成绩（以秒计时的比赛成绩），然后转化为“*分*秒”的表示形式。

例如，输入157，输出为“2分37秒”。

4. 编写程序，根据本金a、存款年数n和年利率p计算到期利息i。利息的计算公式为$i=a(1+p)^n-a$。

5. 编写程序，输入一个字符串，统计该字符串中小写字母的个数。

6. 编写程序，检查字符串“Lift is short, I use Python”中是否包含“Python”，若包含则替换为“python”后输出新字符串，否则输出原字符串。

第4章 选择控制结构

程序中的语句在默认情况下按自上而下的顺序执行，这种顺序结构只能实现一些简单的算法，无法解决复杂问题。有时需要根据实际情况来进行不同的处理，例如加法运算游戏，游戏规则是随机给出两个数，让玩家给出它们的和，由程序判断回答是否正确，这就需要有一个判断条件，使程序计算的两个随机数之和与玩家的回答进行比较，确定是否相同，以便进行下一步处理，因此需要进行选择控制结构编程。本章主要介绍Python实现选择控制结构的if语句，以及在判断条件中使用到的关系运算和逻辑运算等，学会选择结构程序设计。

知识导图

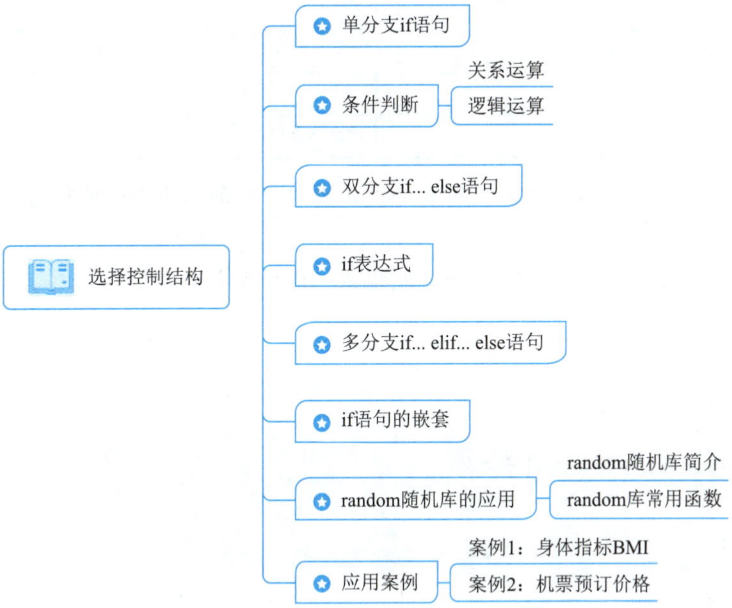

学习目标

- **了解：** 了解具有布尔属性的值及其程序设计。
- **理解：** 理解选择控制结构和执行流程，关系运算和逻辑运算及其结果表示。
- **应用：** 灵活应用if语句的多种形式进行选择结构程序设计。
- **分析：** 对较为复杂问题进行分析，找出解决问题的最优算法并进行程序设计。
- **养成：** 树立正确的世界观、人生观和价值观，方能做出正确的人生选择。

4.1 单分支if语句

1. 语法格式

单分支控制结构是最简单的选择结构，使用if语句来实现，其语法格式为

```
if 判断条件：
    语句块
```

注意：判断条件后有一个英文冒号，语句块必须采用右缩进形式来表明控制关系。

2. 执行过程

首先计算判断条件的值，如果判断条件的值为True，则执行内嵌的语句块，然后继续向下运行；如果判断条件的值为False，则跳过内嵌语句块而执行if语句后面的语句，其流程图如图4.1所示。

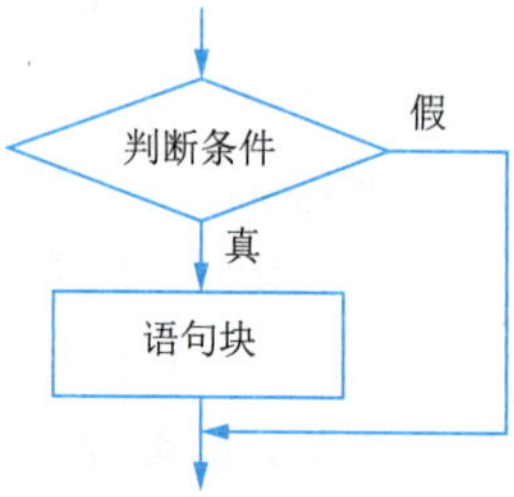

图4.1 单分支if语句执行过程

单分支语句示例见表4.1。

表4.1 单分支语句示例

示例1：条件成立	示例2：条件不成立
>>>x=5	>>>x=5
>>>if x>=0:　　#条件值为True	>>>if x<5:　　#条件值为False
print(x)	print(x)
输出结果：5	输出结果：无

例4_1 输入一个学生的数学成绩，如果不低于90分，则输出该生成绩和为“优秀”。

（1）问题分析

此题为单分支结构，使用if语句来实现。将输入的成绩保存在变量score中，如果score>=90，则输出score和文本“优秀”。

（2）编码实现

编写源代码如下：

```
score=eval(input('请输入数学成绩：'))
if score>=90:
    print(f'{score},优秀！')
```

执行程序，若输入98：

```
请输入数学成绩：98
98，优秀！
```

再次运行程序，如果输入88，则无输出。

4.2 条件判断

if语句中的判断条件通常是关系表达式、逻辑表达式或成员运算表达式，也可以是具有布尔属性的数据。

4.2.1 关系运算

1. 关系运算符

在解决问题时需要比较两个对象的大小，常用关系运算符。Python关系运算符见表4.2。

表4.2 关系运算符

运算符	数学符	功能	示例
>	>	大于	5<3 结果是False
>=	≥	大于或等于	5>=3 结果是True
<	<	小于	'abc'>'Ab' 结果是True
<=	≤	小于或等于	5<=5 结果是True
==	=	等于	'abc'=='Abc' 结果是False
!=	≠	不等于	'abc'!='abc' 结果是False

2. 关系表达式

使用关系运算符把常量、变量和函数等运算量连接起来的式子称为关系表达式，其结果是布尔值True或False。如果表达式的值为“真”，则为True；如果值为“假”，则为False。

3. 优先级与结合性

在实际使用中，多种运算符经常混合使用，表达式也由多种运算混合而成，每种运算符之间有优先级顺序。

（1）优先级

优先级是指表达式中的运算量两边有不同级别的运算符，那么运算量先跟哪个运算符结合进行运算的问题。所有关系运算符的优先级属于同一级别。

（2）结合性

结合性是指对于双目运算符，当运算量两边的运算符优先级相同时，如果运算量先跟左边的运算符结合，则该运算符的结合性为左结合，否则属于右结合。关系运算符属于左结合。

注意：当数字型数据进行比较时，按数字的大小进行比较。字符串进行比较时，按照从左向右的顺序依次比较对应字符的Unicode码值，直到比较到其中一个字符串的末尾或遇到不相等的字符则结束比较。

例如：

```
>>> 45>=9
True
>>> 'ab'>'abc'
False
>>> 'abc'>='Abc'
True
```

```
>>> 'abc'!='Abc'
True
```

4.2.2 逻辑运算

1. 逻辑运算符

有时判断条件比较复杂，需要利用逻辑运算符将几个条件进行组合，Python中的逻辑运算符见表4.3。逻辑运算的结果与关系运算的结果一样，都是布尔值True或False。逻辑运算经常和关系运算混合使用。

表4.3 逻辑运算符

运 算 符	含 义	表达式及值的示例
not	非	not 4>=3结果为False；not 16<5结果为True
and	与	4>3 and 5>4结果为True；4>16 and 5>4结果为False
or	或	4>3 or 6>15结果为True；4>16 or 6>15结果为False

当两个条件都需要满足时，则使用“与”运算and连接两个条件；如果只要一个条件满足即可，则使用“或”运算or连接两个条件；如果一个条件的值为True，前面加not运算符则其值为False，反之亦然。逻辑运算符的运算规则见表4.4。

表4.4 逻辑运算真值表

a	b	not a	a and b	a or b
False	False	True	False	False
False	True	True	False	True
True	False	False	False	True
True	True	False	True	True

2. 优先级与结合性

逻辑运算符的优先级顺序是not>and>or，即not运算符优先级最高，其次是and，最后是or。

not是单目运算，and和or属于双目运算符，具有左结合性。

在实际使用中，不同类型的运算符经常混合使用，每种运算符之间有优先级顺序，不同类型的运算符之间也存在优先级顺序。对于双目运算符，总体上的优先级由高到低顺序为算术运算符>关系运算符>逻辑运算符。

例如：

```
>>>x,y=1,2
>>>x+12/y-15%10>1
```

结果为True，相当于(x+12/y-15%10)>1。

```
>>>x-12/5==x-y
```

结果为True，相当于(x-12/5)==(x-y)。

```
>>>3>12 or 2<3 and 5>=4
```

结果为True，相当于(3>12) or (2<3 and 5>=4)。

在混合运算中，若对运算符的优先级顺序不太清楚，可以在表达式中加上圆括号，标明运算的优先级。例如：

```
>>> (not(3<2) and (2<1)) or (5>4)   #等价于not 3<2 and 2<1 or 5>4
True
```

3. 连续比较

关系运算符在表达式中可以连续使用，它们之间是逻辑与“and”运算。

例如，数学表达式“0<x ≤ 100”可以表示为Python表达式：

```
0<x<=100
```

计算过程：先计算x>0，如果结果为False则表达式的值为False；否则，再计算x<=100，如果结果为True，则表达式值为True，否则为False。此表达式等价于“x>0 and x<=100”。

假设x=-1，则结果为False；如果x=70，则结果为True；如果x=170，则结果为False。

```
>>>100>x>50>60
```

相当于(x<100)and(x>50)and (50>60)，由于最后一个表达式50>60，无论x为何值都不成立，所以表达式的值为False。

因此，Python中“a<x<=b”连续比较形式与数学中的连续不等式“a<x ≤ b”含义相同，这充分考虑到了使用者的习惯，也简化了表达式的表示。

4. 短运算问题

在逻辑运算表达式中，对于逻辑与运算a and b，当前一个运算量a是False时，则表达式的值就为False，而不再计算后一个运算量b的值；对于逻辑或运算a or b，当前一个运算量a是True时，则表达式的值就为True，而不再计算后一个运算量b的值。

例如，对于逻辑表达式“4>5 and x>100”，由于4>5的值为False，则整个表达式的值为False，不再计算x>100的值；对于“5>4 or x>100”，由于5>4的值为True，则整个表达式的值为True，不再计算x>100的值。

5. 具有布尔属性的数据

特别的，判断条件也可以是其他数据类型的表达式，一个简单的数字、字符串、组合数据等，都具有布尔属性，非空值为True，空值为False。对于数字，空值为0；对于字符串，空串为空值；对于组合数据类型，空列表、空集合、空元组、空字典都为空值，应用示例见表4.5。

表4.5 对象作判断条件

示例1：数字作条件	示例2：字符串作条件	示例3：空串作条件
>>>x=5	>>>x=5	>>>x=5
>>>if 1: #非0为True	>>>if 'a': #非空对象为True	>>>if '': #空对象为False
print(x)	print(x)	print(x)
输出结果：5	输出结果：5	无输出结果

例4_2　求两数中的较大值并输出，两个数由键盘输入。

（1）问题分析与算法设计

若用if单分支语句来实现，设计思路为：设键盘输入的两个数存到a、b中，两者较大数存储到ma中，然后把a看作是较大数ma=a，即把a存放到变量ma中，随后b与ma比较，如果ma<b，则ma=b，否则ma不变，从而得到两数较大数ma，最后输出ma。

算法流程图如图4.2所示。

（2）编码实现

根据设计的算法，编写源代码如下：

```
a=eval(input('a='))
b=eval(input('b='))
ma=a
if ma<b:
    ma=b
print(f'a={a},b={b}, 较大值：{ma}')
```

在开发环境中编辑、保存程序，运行程序，运行结果为

```
a=2.3
b=5.78
a=2.3,b=5.78, 较大值：5.78
```

例4_3　加法游戏。随机产生两个两位整数，然后输入它们的和，如果答对了，则显示“你真棒！”。

（1）问题分析与算法设计

本例用到了随机数，可以使用Python内置的random随机数库，其中的randint(a,b)用来产生一个[a,b]之间的随机整数。若要产生一个两位整数则使用randint(10,99)即可。

算法设计如图4.3所示。

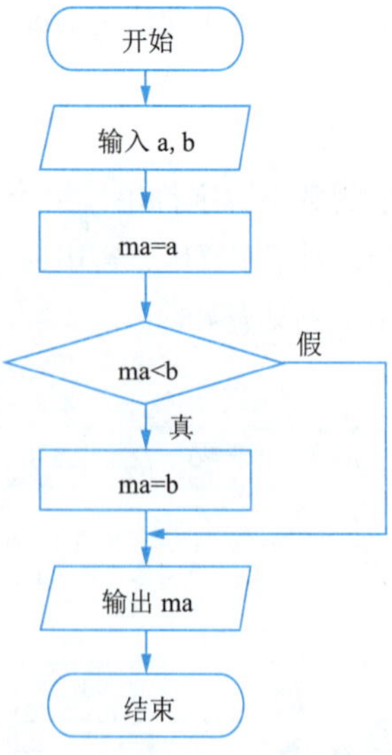

图4.2　两数的较大数流程图

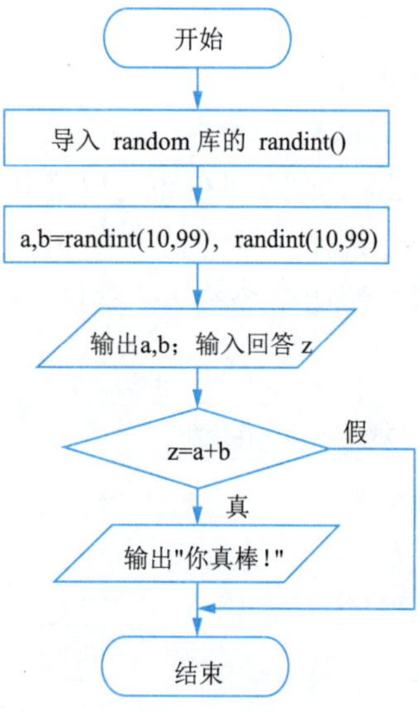

图4.3　加法游戏流程图

(2) 编码实现

根据设计的算法，编写源代码如下：

```
from random import randint
a=randint(10,99)
b=randint(10,99)
z=eval(input('{}+{}='.format(a,b)))
if z==a+b:
    print('你真棒! ')
```

执行过程与结果：

```
30+48=78
你真棒!
```

如果显示“65+12=”后输入38，则没有输出。

提示：本例的“z=eval(input('{}+{}='.format(a,b)))”语句，使用了字符串的format()方法，用来构造随着随机数发生变化的字符串，非常灵活。

4.3　双分支if...else语句

单分支语句只规定了条件成立时的进一步处理，而没有指定条件不成立时的进一步处理。例如例题4_3加法游戏，只有在回答正确时有输出，如果回答错误时需要进一步的处理，就需要使用双分支结构。Python中，提供了if...else语句用来实现双分支控制结构。

1. 语法格式

if...else语句语法形式如下：

```
if 判断条件 :
    语句块 1
else:
    语句块 2
```

注意：判断条件后和else后都要使用冒号，语句块采用右缩进形式表示控制关系。

2. 执行过程

if...else语句执行过程如图4.4所示。

首先计算判断条件的值，如果其值为True，则执行语句块1，然后跳过语句块2，继续向下执行；如果判断条件的值为False，则跳过语句块1而直接执行语句块2，然后继续向下执行。

每次运行程序，两个语句块必选其一来执行。

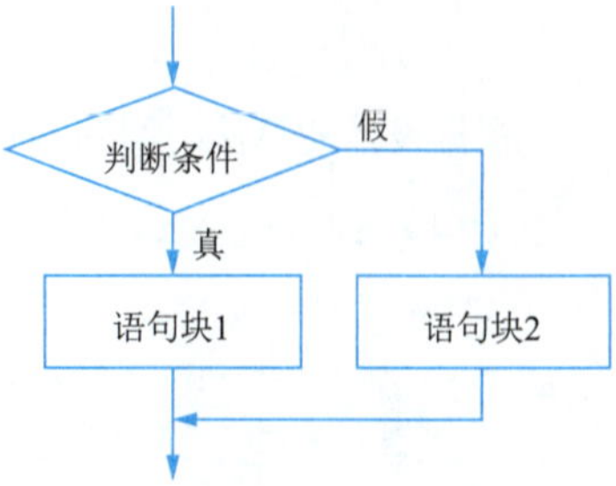

图4.4　if...else语句执行过程

例4_4　改写例4_3，当回答错误时，输出“要加油啊！”。

只要在例4_3源代码if后添加else子句即可，修改后的源代码如下：

```
from random import randint
a= randint(10,99)
b=randint(10,99)
z=eval(input('{}+{}='.format(a,b)))
if z==a+b:
    print('你真棒！ ')
else:
    print('要加油啊！ ')
```

例4_5 计算一元二次方程$ax^2+bx+c=0$的实根，如果无实根，则输出“方程无实根！”。

（1）问题分析与算法设计

首先输入方程的3个系数（$a \neq 0$），计算Δ，如果$\Delta \geqslant 0$，则计算两个实根并输出，计算实根时要用到math库中的求平方根函数sqrt()；如果$\Delta<0$，则显示“方程无实根！”。

算法设计如图4.5所示。

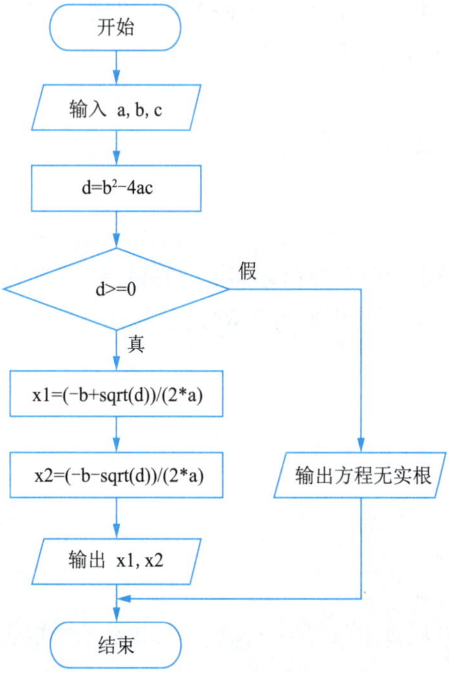

图4.5 求解一元二次方程的流程图

（2）编程实现

根据设计的算法，编写源代码如下：

```
#一元二次方程的实根
import math
a,b,c=eval(input('a,b,c='))  #输入3个系数，系数之间使用逗号分隔，3个系数依次赋给a,b,c
d=b**2-4*a*c
if d>=0:
    sq= math.sqrt(d)
```

```
        x1=(-b+sq)/(2*a)
        x2=(-b-sq)/(2*a)
        print(f'x1={x1:.2f},x2={x2:.2f}')
else:
        print('方程无实根! ')
```

保存并执行程序，2次测试结果见表4.6。

表4.6 一元二次方程测试结果

当方程有两个实根时	当方程无实根时
a,b,c=1,3,2 x1=-1.00,x2=-2.00	a,b,c=1,2,3 方程无实根!

4.4 if表达式

双分支结构还有一种更简洁的实现方式，若是根据条件判断而获得特定值，可以使用if表达式。if表达式语法格式如下：

```
<表达式1> if <判断条件> else <表达式2>
```

表达式计算规则：首先计算判断条件的值，如果其值为True，则if表达式的值为表达式1的值，否则if表达式的值为表达式2的值。

例如：

```
>>>x=10
>>>print(f"{'非负数' if x>0 else '负数'}")
```

输出结果：非负数

例4_6 编程计算分段函数的值。

$$y=\begin{cases}-2x+5 & (x<0)\\ 3x^2+4x+1 & (x\geqslant 0)\end{cases}$$

本题既可以使用if...else语句来实现，也可以使用if表达式实现，两种实现方式见表4.7。

表4.7 if语句和if表达式实现双分支对比

序号	使用if语句实现	使用if表达式实现

1
2
3
4
5
6
	x=eval(input('x='))
	if x<0:
	    y=-2*x+5
	else:
	    y=3*x**2+4*x+1
	print('x={},y={}'.format(x,y))
		x=eval(input('x='))
		y=-2*x+5 if x<0 else 3*x**2+4*x+1
		print('x={},y={}'.format(x,y))

对比两种编码实现方式，可以看出使用if表达式实现双分支结构，代码更加简洁。另外，if表达

式也可以嵌套使用，即if表达式中又包含if表达式。

例4_7 编程计算并输出分段函数的值。

$$y=\begin{cases}\text{正数} & (x>0)\\ 0 & (x=0)\\ \text{负数} & (x<0)\end{cases}$$

源代码如下：

```
x=eval(input('x='))
y=f"{'正数' if x>0 else 0 if x==0 else '负数'}"
print(y)
```

保存并测试代码，当输入-1时，执行过程与输出结果如下：

```
x=-1
负数
```

再次运行程序，当输入10时，执行过程与输出结果如下：

```
x=10
正数
```

4.5 多分支if...elif...else语句

在Python中，提供了多分支语句if...elif...else实现多分支结构。

1. 语法格式

```
if 判断条件1:
    语句块1
elif 判断条件2:
    语句块2
...
elif 判断条件n:
    语句块n
else:
    语句块n+1
```

2. 执行过程

首先计算判断条件1的值，如果为True，则执行语句块1，然后跳过后面所有的语句块，继续向下执行；如果判断条件1的值为False，则跳过语句块1，计算判断条件2的值，如果其值为True，则执行语句块2，然后跳过后面所有的语句块，继续向下执行，……，以此类推，如果所有的判断条件的值都为False，则执行语句块n+1，然后继续向下执行。

执行过程如图4.6所示。

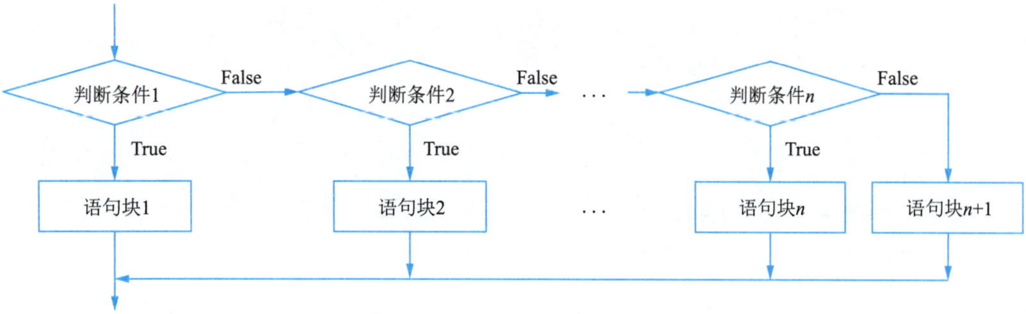

图4.6 多分支语句执行过程

说明：

① else子句最多有一个，也可以没有。如果没有else子句而且所有判断条件的值都为False，则if中所有的语句块都不执行。

② if...elif...else结构中，elif子句个数根据实际需要确定，也可以没有elif子句，就变为双分支结构或单分支结构。

例4_8 修改例题4_4加法游戏程序，如果回答两数之和时直接按【Enter】键，输出“你已放弃答题！”。

本题回答存在三种情况：放弃答题、回答正确、回答错误，可以使用if...elif...else语句来实现，修改后的源代码如下：

```
import random
a=random.randint(10,99)
b=random.randint(10,99)
z=input('{}+{}='.format(a,b))
if z=='':
    print('你已放弃答题！')
elif eval(z)==a+b:
    print('你真棒！')
else:
    print('要加油啊！')
```

例4_9 完善例4_6程序，分别求解一元二次方程$ax^2+bx+c=0$（$a \neq 0$）的两个不相等的实根、相等的实根和复数根。

（1）问题分析

当Δ>0时方程有两个实根，当Δ=0时，方程有两个相等的实根；当Δ<0时，方程有两个不等的复数根。使用if...elif...else语句来实现。

（2）编码实现

修改源代码如下：

```
import math
a,b,c=eval(input('a,b,c='))   # 输入3个系数，系数之间用逗号分隔
d=b**2-4*a*c
```

```
if d>0:
    s='方程有两个不相等的实根'
    x1=(-b+math.sqrt(d))/(2*a)
    x2=(-b-math.sqrt(d))/(2*a)
elif d==0:
    s='方程有两个相等的实根'
    x1,x2=-b/(2*a),-b/(2*a)
else:
    s='方程有两个不相等的复数根'
    x1=complex(-b/(2*a),math.sqrt(abs(d))/(2*a))
    x2=complex(-b/(2*a),-math.sqrt(abs(d))/(2*a))
print(f'{s}:\nx1={x1:.2f}\nx2={x2:.2f}')
```

4.6 if语句的嵌套

if语句的嵌套是指在if语句的语句块中，又包含完整的if语句。

if语句可以根据判断条件的结果为“真”或“假”两种情况进行不同的处理，对于两种以上情况的处理，既可以使用if..elif...else多分支语句来实现，也可以使用if语句的嵌套形式来实现，后者的判断条件表达简洁，但可读性比前者差一些。

1. if 语句嵌套形式

以双分支if语句的嵌套形式为例，其语法形式见表4.8。

表4.8 if语句多种嵌套形式

<table>
<tr><th>嵌套形式1</th><th>嵌套形式2</th><th>嵌套形式3</th></tr>
<tr><td><pre>if 判断条件1:
    语句块1
else:
    if 判断条件2:
        语句块2
    else:
        语句块3</pre></td><td><pre>if 判断条件1:
    if 判断条件2:
        语句块1
    else:
        语句块2
else:
    语句块3</pre></td><td><pre>if判断条件1:
    if判断条件2:
        语句块1
    else:
        语句块2
else:
    if判断条件3:
        语句块3
    else:
        语句块4</pre></td></tr>
</table>

2. 执行过程

以嵌套形式3为例，其执行过程：首先计算判断条件1的值，如果其值为True，则执行if子句嵌套的语句块，如果判断条件2的值为True，则执行语句块1否则跳过语句块1而执行语句块2，然后跳过其他语句块，继续向下运行；如果判断条件1的值为False，则跳过if子句内嵌的语句块，而执行else子句内嵌的语句块，如果判断条件3的值为True，则执行语句块3否则跳过语句块3而执行语句块4，然后继续向下执行。

例4_10 采用if语句嵌套形式编程计算分段函数的值。

$$y=\begin{cases}1 & (x>0)\\0 & (x=0)\\-1 & (x<0)\end{cases}$$

计算分段函数的值源代码见表4.9。

表4.9　不同嵌套方式实现分段函数

程　序　一	程　序　二	测试结果

`x=eval(input('x='))`
`if x>0:`
`    y=1`
`else:`
`    if x==0:`
`        y=0`
`    else:`
`        y=-1`
`print('x={},y={}'.format(x,y))`
	`x=eval(input('x='))`
	`if x>=0:`
	`    if x>0:`
	`        y=1`
	`    else:`
	`        y=0`
	`else:`
	`    y=-1`
	`print('x={},y={}'.format(x,y))`
		分别运行两个程序，测试结果相同：
		x=-5
		x=-5,y=-1

其中程序一很容易修改为使用if...elif...else语句实现。

注意：嵌套if语句要特别注意else与if的匹配，Python中基于缩进匹配if和else。

4.7　random随机库的应用

4.7.1　random 随机库简介

在计算机应用中随机数十分常见，Python内置的random库主要用于产生各种分布的伪随机数序列。random库采用梅森旋转算法（Mersenne twister）生成伪随机数序列，可用于除随机性要求更高的加解密算法外的大多数工程应用。

使用random库主要目的是生成随机数，库中所有函数都是基于最基本的random.random()函数扩展而来。

4.7.2　random 库常用函数

random库中常用的函数见表4.10。

表4.10　random库常用函数

函　数	描　述	示例（使用前导入库：from random import * ）
seed(a=None)	种子数，默认当前时间	说明：相同种子数产生相同的随机数序列
random()	产生[0.0,1)区间上的随机小数	random()　结果：0.1924267747902647
randint(a,b)	产生[a,b]区间上的随机整数	randint(100,999)　结果：671
randrange(a,b,step)	产生[a,b)区间上步长为step的整数	randrange(0,100,4)　结果：44
uniform(a,b)	产生[a,b]区间上随机浮点数	uniform(10,60)　结果：52.23875825291459
choice(pop)	返回pop数据中的任一个元素	choice([1,2,6,5,3,4])　结果：2
getrandbits(k)	返回k比特长度的随机整数	getrandbits(4)　结果：13

续表

函　数	描　述	示例（使用前导入库：from random import * ）
shuffle(ls)	对列表ls随机乱序	shuffle([1,2,4,3,5]) 结果：[4, 1, 5, 3, 2]
sample(pop,k)	对pop数据随机抽样k个元素生成列表	sample([1,2,4,6,3,7],3) 结果：[4, 1, 7]

说明：

① 序列数据包括字符串、元组、列表等类型，pop数据指序列类型和集合类型。

例如：

```
>>>sample((1,2,4,6,3,7),3)
[4, 1, 2]
>>>sample('aefbdfd',3)
['b', 'f', 'a']
```

② 生成随机数之前可以通过seed()函数指定随机数种子，随机种子一般是一个整数，只要种子相同，每次生成的随机数序列也相同，这种情况便于测试和同步数据。

例4_11　生成6位字符验证码。网站登录时，为了防止暴力攻击，通常除了输入用户名与密码之外，还需要输入验证码。现在要求编程生成6位验证码，包括大小写字母和数字，并对输入的验证码进行验证正确性。

（1）问题分析与算法设计

① 生成由大小写字母和数字构成的源字符串，可以使用for循环对字母和数字的Unicode码进行遍历，使用chr()把Unicode码转换为字母或数字，并连接到已有的源字符串上。

② 使用随机库中的sample()函数随机从源串中选取6个字符，使用shuffle()函数打乱一次。

③ 显示验证码并提示用户输入验证码。

④ 对验证码进行验证，字母不区分大小写，可以使用字符串的lower()或upper()方法把验证码统一大小写。

（2）编码实现

生成验证码的源程序与代码测试见表4.11。

表4.11　生成验证码源程序与代码测试结果

<table>
<tr><th>生成验证码程序</th><th>代 码 测 试</th></tr>
<tr><td><pre>from random import *
letters=''
for code in range(0,26):   #生成大小写字母串
    letters+=chr(code+ord('a'))+chr(code+ord('A'))
for dig in range(0,9):   #字母串添加0-9数字
    letters+=chr(dig+ord('0'))
code=sample(letters,6)   #从源串中随机选取6个字符
shuffle(code)   #随机排列顺序
scode=''.join(code)   #将列表连接成一个字符串
icode=input(f'请输入验证码{scode}: ')
if icode.lower()==scode.lower():
    print('验证码正确！')
else:
    print('验证码错误！')</pre></td><td>第1次测试：
请输入验证码BNkTsG: bnktsg
验证码正确！
第2次测试：
请输入验证码Q0uAnG: qquang
验证码错误！</td></tr>
</table>

4.8　应用案例

4.8.1　案例1：身体指标BMI

编写一个根据体重和身高计算BMI值的程序，并同时输出国际和国内的BMI指标建议值，BMI指标分类见表4.12。

BMI的定义如下：

BMI=体重（kg）÷身高^2（m^2）

例如，一个人身高1.75 m、体重75 kg，他的BMI值为24.49。

表4.12　国际和国内BMI指标

分　类	国际BMI值（kg/m^2）	国内BMI值（kg/m^2）
偏瘦	<18.5	<18.5
正常	18.5～25	18.5～24
偏胖	25～30	24～28
肥胖	≥30	≥28

（1）问题分析

使用if...elif...else编程实现，并将BMI分类区间重新划分，使得国际、国内标准可以使用同一判断条件。

（2）编码实现

```
height, weight=eval(input("请输入身高(米),体重(公斤)[逗号隔开]: "))
bmi=weight/pow(height,2)
print("BMI 数值为：{:.2f}".format(bmi))
if bmi<18.5:
     wto,dom="偏瘦","偏瘦"
elif bmi<24:
     wto,dom="正常","正常"
elif bmi<25:
     wto,dom="正常","偏胖"
elif  bmi<28:
     wto,dom="偏胖","偏胖"
elif bmi<30:
     wto,dom="偏胖","肥胖"
else:
     wto,dom="肥胖","肥胖"
print(f"BMI 指标为：国际'{wto}', 国内'{dom}'")
```

（3）测试代码

执行程序，测试结果如下：

```
请输入身高(米),体重(公斤)[逗号隔开]: 1.75, 75
BMI 数值为:24.49
```

```
BMI 指标为 ：国际 ' 正常 '， 国内 ' 偏胖 '
```

本例也可以使用两个if...elif...else语句分别计算国际、国内BMI指标分类值。

4.8.2 案例2：机票预订价格

编程实现机票的预订价格，输出实际机票价格。设某航空公司机票票价打折情况如下：

① 5～10月为旅游旺季，商务舱9折，经济舱7.5折；

② 其他月份为旅游淡季，商务舱6折，经济舱3折。

提示： 可用1表示商务舱，2表示经济舱。

（1）问题分析

本例的树状判断条件如图4.7所示。

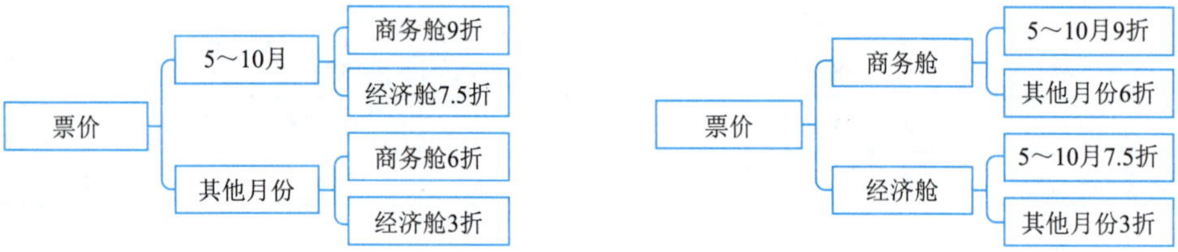

图4.7 票价打折情况

如果使用if...elif...else语句实现，判断条件的表达比较复杂且不直观，而使用if语句的嵌套形式实现，判断条件简洁、直观，可读性更高。

（2）编程实现

先月份后舱型判断的源代码和测试结果见表4.13。

表4.13 预订票价源代码

源 代 码	两次测试结果

p=eval(input('请输入原票价：'))
m=eval(input('机票预订月份(1-12)：'))
print('-'*36)
print('\t1.商务舱\t2.经济舱')
print('-'*36,end='')
n=input('请输入类型：')
if m>=5 and m<=10 :
    if n=='1' :
        zk=0.9
    else:
        zk=0.75
else :
    if n=='1' :
        zk=0.6
    else :
        zk=0.3
ps=p*zk
print('原票价{}元，实际支付{}元'.format(p,ps))
	测试1：
	请输入原票价：4000
	机票预订月份(1-12)：6
	--------------------- 	
	    1. 商务舱 2. 经济舱
	--------------------- 	
	请输入类型：1
	原票价4000元，实际支付3600.0元
	测试2：
	请输入原票价：4000
	机票预订月份(1-12)：1
	--------------------- 	
	    1. 商务舱 2. 经济舱
	--------------------- 	
	请输入类型：2
	原票价4000元，实际支付1200.0元

先舱型后月份判断的源代码，请读者自行完成。

小　　结

本章介绍了实现选择控制结构的if语句三种形式：单分支if语句、双分支if...else语句和多分支if...elif...else语句，以及if语句的嵌套，介绍了实现双分支控制结构的if表达式使代码更加简洁，介绍了在分支控制结构里用到的判断条件，可以使用关系表达式、逻辑表达式，它们只有两种取值，要么是True，要么是False，充当判断条件的也可以是具有布尔属性的值，非空对象表示True，空对象表示False，以及成员运算等，介绍了random随机库常用函数及应用，最后给出了两个分支控制结构的应用案例。

通过本章的学习，希望读者掌握if语句和if表达式的语法形式、执行过程，学会选择结构程序设计。

思考与练习

一、单选题

1. 已知x=10,y=20,z=30,以下代码执行后x、y、z的值分别为________。

```
if x<y:
    x,y,z=y,z,x
```

A. 10,20,30　　B. 10,20,20　　C. 20,10,10　　D. 20,30,10

2. 已知分段函数如下，不能使用________代码实现。

$$y=\begin{cases}x+1 & (x>0)\\ 0 & (x=0)\\ x-1 & (x<0)\end{cases}$$

A.

```
if x>0:
    y=x+1
elif x==0:
    y=0
else:
    y=x-1
```

B.

```
if x>=0:
    if x>0:
        y=x+1
    else:
        y=0
else:
    y=x-1
```

C.

```
if x>0:
    y=x+1
else:
    if x==0:
        y=0
    else:
        y=x-1
```

D.

```
if x>0:
    y=x+1
elif x==0:
    y=0
y=x-1
```

3. 表达式“'正确' if 0 else '错误'”的值为________。

A. 0　　B. 正确　　C. 错误　　D. 表达式出错了

4. Python中以下说法正确的是________。

A. if...elif...else语句中必须要有else子句

B. if...elif...else语句中elif子句可以有多个，也可以没有

C. else子句可以单独使用

D. elif子句可以单独使用

5. 随机库random的________函数可以实现产生一个随机小数。

A. randint()　　B. uniform()　　C. sample()　　D. random()

二、填空题

1. ________语句是最简单的分支语句。

2. 0是整数的空值，它的布尔属性值为________。

3. 判断一个整数x是否为偶数，判断条件写为________。

4. 数学式0≤x≤100转换为Python表达式，可以写为________连续比较表达式，也可以写为________逻辑表达式。

5. 产生一个0～100之间的随机整数，可以使用________模块中的________函数。

三、判断题

1. if语句不支持嵌套使用。（　　）

2. elif可以单独使用。（　　）

3. 使用if...else语句的嵌套形式可以处理多个分支。（　　）

四、简答题

1. 请简述关系运算符及其优先级。

2. 请简述逻辑运算符及其优先级。

3. 请简述逻辑表达式中的短运算。

五、编程题

1. 编写程序，输入一个数，判断该数是偶数还是奇数。

2. 编写程序，输入一个百分制成绩，要求：

① 对输入的成绩进行合法性验证，如果不合法，则输出“输入成绩错误！”。

② 如果输入的成绩合法，则根据以下规则判断该成绩的等级并输出。

90～100分：优秀

80～90分：良好

70～80分：中等

60～70分：及格

60以下：不及格

3. 编写程序，随机生成一个两位整数，用户给出两个整数的差，由程序判断回答是否正确，若回答正确，则显示“恭喜你，答对了！”；若回答错误，则给出正确答案，形如“回答错误！正确答案是：45-32=13”。

第5章 循环控制结构

利用选择结构可以根据判断条件来有选择地执行某一组代码，但如果要重复执行一些操作，例如，两位整数加法游戏，利用选择结构只能实现一个回合，判断回答对了还是回答错了。如果要求执行一次程序实现多个回合，最后根据总分确定输赢。这个问题就需要使用循环结构来解决。根据是否满足指定条件来确定是否重复执行某一个语句块，这种结构称为循环结构（也称为迭代结构或重复结构）。本章重点介绍Python提供的for遍历循环语句和while条件循环语句来实循环控制结构，学会循环结构程序设计。

知识导图

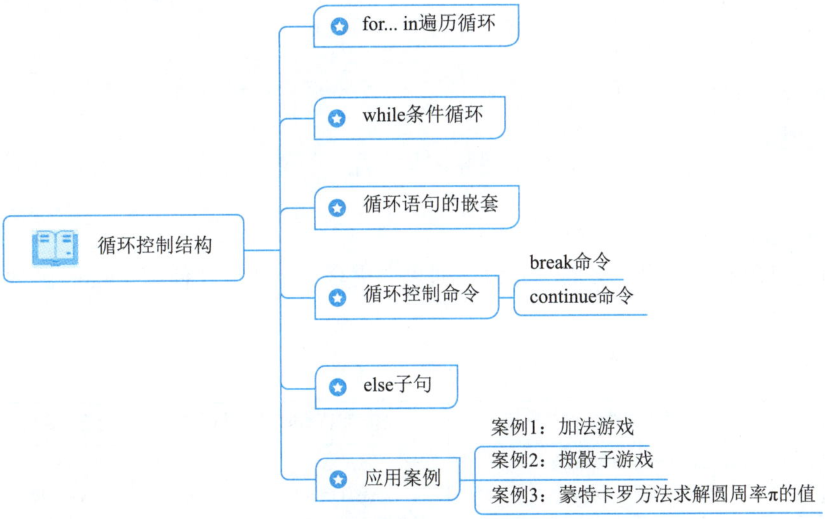

学习目标

- **了解：**了解循环语句的嵌套语法格式和执行过程，else子句的功能及执行过程。
- **理解：**理解for...in遍历循环和while条件循环控制结构语法格式和执行流程，break命令和continue命令的功能。
- **应用：**灵活应用for...in循环或while循环语句以及break命令和continue命令进行循环结构程序设计。
- **分析：**对循环处理问题进行分析，设计解决问题的算法，能编写较复杂的循环控制结构程序。
- **养成：**弘扬精益求精的大国工匠精神，开拓进取，追求极致。

5.1 for...in遍历循环

在Python中，for...in语句功能非常强大，可以对可迭代对象进行遍历，每访问到一个迭代元素，就执行一次相同的语句块，实现相同的处理。

1. 语法格式

```
for 变量  in 可迭代对象：
    语句块
```

说明：

① for语句行使用冒号“:”结尾。

② 语句块（也称为循环体）采用右缩进形式表示控制关系。

2. 执行过程

for...in语句执行过程如图5.1所示，遍历可迭代结构中的每一个元素，每访问到一个元素i，先将该元素存储到变量中并执行语句块，然后访问第i+1个元素……循环往复，直到遍历结束，继续向下执行。

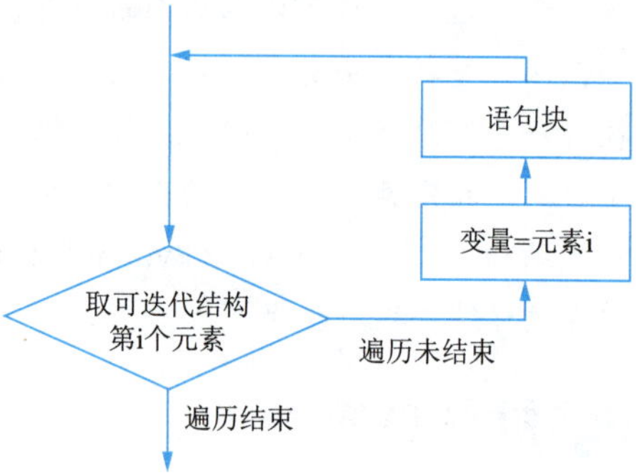

图5.1 for...in语句执行过程

例如：

```
>>> for ch in 'Python':
        print(ch,end='\t')
P       y       t       h       o       n
```

3. 常用可迭代对象

常用可迭代对象有字符串、文件、元组、列表、集合、字典以及使用range()函数产生的可迭代数据，见表5.1。

表5.1 可迭代对象及遍历

循环N次	遍历文件file的每一段	遍历字符串s每个字符	遍历组合数据ls中每个元素
for i in range(N): <语句块>	for line in file: <语句块>	for c in s: <语句块>	for item in ls: <语句块>

4. range()函数

range()函数返回一个整数数列，可以使用for...in语句遍历该数列，通常用来控制循环次数。

语法格式：range([start,]stop[,step])

功能：返回从[start,stop-1]区间的整数数列。

参数：

① start：表示数列起始数据，可选参数，默认从0开始。

② stop：表示数列的终止数据，但不包括stop。

③ step：表示数列中数据的增幅，可选参数，默认值为1。

例5_1　计算1到100的自然数之和并输出。

（1）问题分析

① 可以使用累加器s=s+i实现1到100的自然数之和，s初始值为0，i取1到100之间的所有自然数。

② 使用range(1,101)产生一个1、2……100的自然数数列。

（2）编码实现

编写代码如下：

```
s=0
for i in range(1,101):
        s+=i
print('{}到{}的自然数之和为{}'.format(1,100,s))
```

运行代码进行测试，输出结果：

```
1到100的自然数之和为5050
```

例5_2　恺撒密码。恺撒密码是古罗马对军事情报进行加密的算法，它采用了替换方法将信息中的每一个英文字母循环替换为字母表中该字母后面第三个字母，对应关系如下：

原文：A B C D E F G H I J K L M N O P Q R S T U V W X Y Z

密文：D E F G H I J K L M N O P Q R S T U V W X Y Z A B C

其他字符不变。

（1）问题分析

采用字符的Unicode码实现字母的转换。假设明文字符为小写字母P，则其密文字母C满足如下条件：

C = chr((ord(P)+3−ord('a')) %26+ord('a'))

解密方法反之，满足：

P= chr((ord(P)−3−ord('a')) %26+ord('a'))

对于大写字母的转换，只要上述公式中的ord('a')改为ord('A')即可。

（2）编码实现

代码如下：

```
s=input('请输入明文：')
m=''
for i in s:
        if 'a'<=i<='z':
                i=chr((ord(i)+3-ord('a'))%26+ord('a'))
        elif 'A'<=i<='Z':
                i=chr((ord(i)+3-ord('A'))%26+ord('A'))
        m+=i
print('明文：{}'.format(s))
print('密文：{}'.format(m))
```

运行程序，测试结果如下：

```
请输入明文：Hello Python,I love you!
明文：Hello Python,I love you!
密文：Khoor Sbwkrq,L oryh brx!
```

5.2 while条件循环

如果事先不知道具体循环次数，需要根据即时情况来确定是否继续重复执行，例如，绳长1m，对折多少次后，其长度不足1cm？这样的问题可以使用while条件循环语句来解决。

1. while 语法格式

```
while 判断条件：
    语句块
```

说明：

① while语句行以冒号结尾；

② 语句块采用右缩进形式。

2. 执行过程

while语句执行过程如图5.2所示，首先计算判断条件的值，如果其值为True（真）则执行内嵌的语句块，然后再次计算判断条件的值，如果仍然是True，则执行内嵌语句块……循环往复，直到判断条件的值为False（假），则结束循环，继续向下运行。

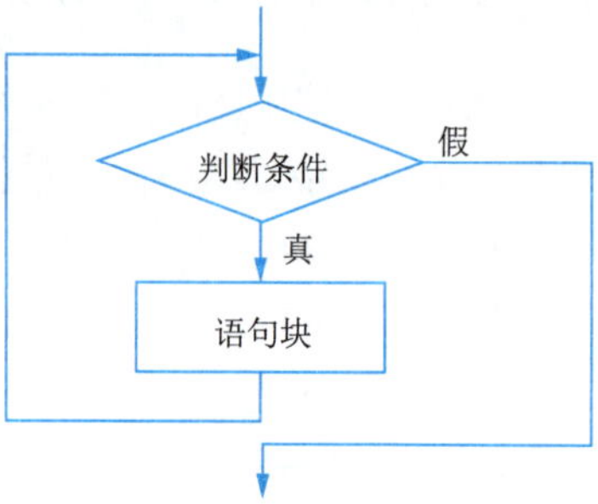

图5.2 while语句执行过程

while循环语句包括三个要素：循环体、循环终止条件和循环变量。

例5_3 通过键盘输入一组数，求它们的和，当直接按【Enter】键后结束输入，输出这一组数的和。

（1）问题分析与算法分析

每输入一个数就保存到变量x中，若x非空串则使用累加器s=s+eval(x)计算这组数的和，若x为空串则结束循环并输出s。

因此，循环三要素分别是：循环体为s=s+eval(x)，x=input('x=')，循环终止条件是x=='',循环变量为x。

算法设计如图5.3所示。

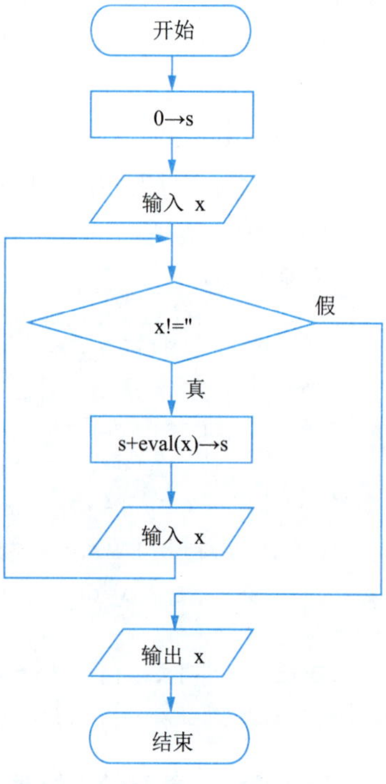

图5.3 计算一组数的和的流程图

（2）编程实现

编写代码如下：

```
s=0
x=input('x=')
while x!='':
    s=s+eval(x)
    x=input('x=')
print(f'这组数的和是{s}')
```

例5_4 我国最高山峰是珠穆朗玛峰8 848 m，现在有一张足够大的纸张，厚度为0.1 mm。请问，折叠多少次就可以保证厚度不低于珠穆朗玛峰的高度？

（1）问题分析与算法分析

纸张需要对折多少次？无法确定，可以使用while语句来实现。

设珠峰高度h=8848000，纸张厚度ph=0.1，折叠次数n初始值为0，则循环三要素：循环体为ph=2*ph，n=n+1，循环终止条件ph>=h，循环变量为ph。

算法设计如图5.4所示。

（2）编码实现

编写代码如下：

```
h=8848000
ph=0.1
n=0
while ph<h:
      ph*=2
      n+=1
print(f'折叠{n}次后纸张高度{ph/1000:0.1f}米超过珠峰！')
```

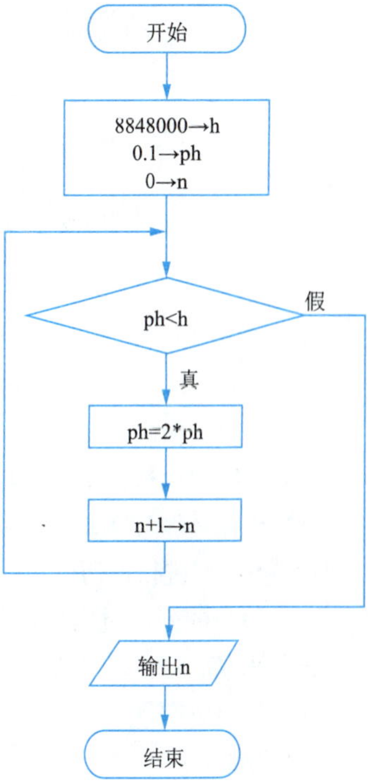

图5.4 纸张折叠次数的流程图

执行程序，测试代码输出结果：

```
折叠27次后纸张高度13421.8米超过珠峰！
```

5.3 循环语句的嵌套

在循环语句的循环体中又包含循环语句，称为循环语句的嵌套。循环嵌套形式如图5.5所示。

```
while 判断条件:
    …
    while 判断条件:
        内循环体
```

```
while 判断条件:
    …
    for 循环变量 in 可遍历结构:
        内循环体
```

```
for 循环变量 in 可遍历结构:
    …
    while 判断条件:
        内循环体
```

```
for 循环变量 in 可遍历结构:
    …
    for 循环变量 in 可遍历结构:
        内循环体
```

图5.5 循环嵌套的四种形式

例5_5 打印如图5.6所示的九九乘法表。

```
1*1=1
1*2=2  2*2=4
1*3=3  2*3=6   3*3=9
1*4=4  2*4=8   3*4=12  4*4=16
1*5=5  2*5=10  3*5=15  4*5=20  5*5=25
1*6=6  2*6=12  3*6=18  4*6=24  5*6=30  6*6=36
1*7=7  2*7=14  3*7=21  4*7=28  5*7=35  6*7=42  7*7=49
1*8=8  2*8=16  3*8=24  4*8=32  5*8=40  6*8=48  7*8=56  8*8=64
1*9=9  2*9=18  3*9=27  4*9=36  5*9=45  6*9=54  7*9=63  8*9=72  9*9=81
```

图5.6 九九乘法表

（1）问题分析

① 九九乘法表由9行多列构成。

② 控制台输出信息的特点是按行由上到下输出，每一行又是按列从左到右输出。

③ 输出的行数使用外循环控制，输出的列数使用内循环控制。

④ 外循环循环9次，如果把3*7=21中的7看作是行号，则行号i为1～9，因此，外循环可以看作是对1～9数列进行遍历。

⑤ 每行的列通过内循环实现，内循环次数恰好与行号相同。3*7=21项中的3可以看作是内循环变量i的取值，因此，内循环可以看作是对1～i数列进行遍历。

（2）编码实现

代码如下：

```
for i in range(1,10):
    for j in range(1,i+1):
        print(f'{j}*{i}={j*i:<3}',end='')
    print()
```

5.4 循环控制命令

循环结构在条件满足时可以一直执行，但在一些情况下，程序需要终止循环，跳出循环结构。例如在某些正在运行的游戏，按下【Esc】键，将终止程序的主循环，结束游戏。Python提供了break和continue两个循环控制命令。

5.4.1 break命令

break命令用来强制跳出它所在的循环结构，结束当前循环。该命令通常与if语句结合使用，语法格式如图5.7所示。

```
while 循环条件:
    [代码段 1]
    if 判断条件:
        break
    [代码段 2]
```

```
for 循环变量 in 可迭代结构:
    [代码段 1]
    if 判断条件:
        break
    [代码段 2]
```

图5.7 break命令的用法

例5_6 改写例5_3程序，使用break实现。

(1) 问题分析

在例5_3源代码中，x=input('x=')写了2次，一次是循环语句外，一次是循环体中。如果把循环语句外的这一条去掉，则要将while条件设置为True，以便能进入循环体，并且在循环体内使用break命令，当条件满足时结束循环。

(2) 修改源代码

```
s=0
while True:
     x=input('x=')
     if x=='':
        break
     s=s+eval(x)
print('这组数的和是{}'.format(s))
```

这样，程序更直观，可理解性更高。

例5_7 编程实现韩信点兵。韩信想知道带了多少士兵，于是命令士兵：

每10人一排，缺1人；

每9人一排，仍缺1人；

每8人一排，仍缺1人；

每7人一排，仍缺1人；

每6人一排，仍缺1人；

每5人一排，仍缺1人；

每4人一排，仍缺1人；

每3人一排，仍缺1人；

每2人一排，仍缺1人。

请问，韩信至少带了多少士兵？

(1) 问题分析

假设韩信带了n位士兵，则需要满足9个条件：

每i人一排，缺1人，等价于每i人一排，余i-1人，i的取值范围是2～10。

(2) 编程实现

代码如下：

```
n=9
while True:
     if n%10==9 and n%9==8 and n%8==7 and n%7==6 \
         and n%6==5 and n%5==4 and n%4==3 \
         and n%3==2 and n%2==1:
              break
     n+=1
print('韩信至少有{}名士兵'.format(n))
```

5.4.2 continue 命令

continue命令用来结束当前次循环的执行，强制进入下一次循环，语法格式如图5.8所示。

```
while 循环条件:
    [代码段 1]
    if 判断条件:
        continue
    [代码段 2]
```

```
for 循环变量 in 可迭代结构:
    [代码段 1]
    if 判断条件:
        continue
    [代码段 2]
```

图5.8 continue命令的用法

例如，如下代码：

```
for c in 'abcdefgd123':
    if c=='d':
        continue
    print(c,end=',')
```

执行后输出结果：

```
a,b,c,e,f,g,1,2,3,
```

例5_8 猜数字游戏。猜数字是一种两人可以参与的简单小游戏：两人事先约定好数字范围，由其中一人随机设置一个数字并记录在纸上作为谜底，另一人可多次猜测，若猜测的数值较小，设置谜底的人给出提示“很遗憾，猜小了”，若猜测的数值较大，则给出提示“很遗憾，猜大了”。猜谜的人根据提示继续猜测，直到猜到谜底时游戏结束。

(1) 算法设计

算法设计如图5.9所示。

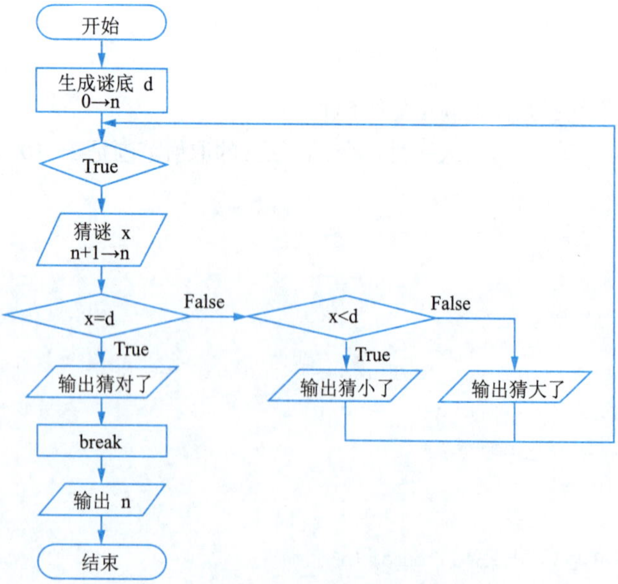

图5.9 猜谜游戏流程图

（2）编程实现

代码如下：

```
from random import randint
a,b=eval(input('数字范围（逗号隔开）:'))
d=randint(a,b)
n=0
while True:
    x=eval(input('猜：'))
    n+=1
    if x<d:
        print('很遗憾，猜小了！ ')
        continue
    if x>d:
        print('很遗憾，猜大了！ ')
        continue
    break
print('恭喜你，猜对了！ ')
print('一共猜了{}次。'.format(n))
```

恰当地使用continue命令，可以将多分支语句改为单分支语句，使代码更加简洁，提高可读性。

5.5 else 子句

程序中，能否由系统来判断循环正常结束还是由break强制终止呢？Python提供了else子句可以简化程序的编写。

循环语句完整语法格式如图5.10所示。

```
for 循环变量 in 可迭代结构:
    [代码段 1]
    if 判断条件:
        break
    [代码段 2]
else:
    代码段3
```

```
while 循环条件:
    [代码段 1]
    if 判断条件:
        break
    [代码段 2]
else:
    代码段3
```

图5.10 循环语句语法格式

说明： 如果循环正常结束（未遇到break），则执行else语句块，否则，跳过else语句块继续向下执行。因此，else语句块是否执行受break的影响。

例5_9 韩信点兵问题，只判断士兵是否超过1000人。

（1）问题分析

根据题意，若在9～1000之间的所有人数都不能满足9个条件，即遍历9～1000数列时，不能通过break结束循环，则士兵超过1000人。使用循环语句的else子句来判断是否执行了break命令。

（2）编码实现

代码如下：

```
for n in range(9,1001):
     if n%10==9 and n%9==8 and n%8==7 and n%7==6 \
         and n%6==5 and n%5==4 and n%4==3 \
         and n%3==2 and n%2==1:
              print('士兵人数在1000以内！')
              break
else:      #若没有执行break命令，则执行else子句，说明人数超过1000
     print('士兵人数在1000以上！')
```

例5_10 判断一个数是否是素数。

（1）问题分析

素数也称为质数，是除了1和它本身之外，不能被其他整数整除的数。假设输入的数为x，则遍历2～x-1数列中的每一个i，并判断x%i==0，若成立则x为合数并执行break命令结束遍历。使用else子句来判断是否执行了break命令。

（2）编程实现

代码如下：

```
x=eval(input('x='))
for i in range(2,x):
      if x%i==0:
           print('{}不是素数'.format(x))
           break
else:          #若没有执行break命令，则执行该子句，输出x为素数
      print('{}是素数'.format(x))
```

5.6 应用案例

5.6.1 案例1：加法游戏

每局随机产生两位整数，玩家回答，程序判断正确性，采取9局5胜者为最终赢家。

（1）问题分析

每局若玩家回答正确则其胜局数增1，如果达到5局胜，则结束比赛，玩家为赢家；否则计算机方胜局数增1，若达到5局胜则结束比赛，计算机方为赢家。

最多比完9局才能决定赢家，最少比完5局即可决定赢家。

（2）编码实现

加法游戏源代码与测试结果见表5.2。

表5.2　加法游戏代码与测试结果

源　代　码	第1次测试	第2次测试
from random import randint		
p1,p2=0,0		99+12=111
for i in range(1,10):	56+33=89	第1局，回答正确！
a,b=randint(10,99),randint(10,99)	第1局，回答正确！	
t=f'{a}+{b}'		28+80=1
answer=eval(input(t+'='))	39+91=130	第2局，回答错误！
if answer==eval(t):	第2局，回答正确！	
p1+=1		53+31=2
s='回答正确！'	80+97=177	第3局，回答错误！
else:	第3局，回答正确！	
p2+=1		61+61=3
s='回答错误！'	45+32=77	第4局，回答错误！
print(f'第{i}局,{s}')	第4局，回答正确！	
if p1>=5:		19+55=4
win='恭喜你,你赢了！'	96+29=125	第5局，回答错误！
break	第5局，回答正确！	
if p2>=5:	5局5胜，恭喜你，你赢了！	97+37=5
win='对不起,你输了！'		第6局，回答错误！
break		6局1胜，对不起，你输了！
print(f'{i}局{p1}胜,{win})		

5.6.2　案例2：掷骰子游戏

一盘游戏中，两人轮流掷骰子5次，并将每次掷出的点数相加，5局之后，累计点数较大者获胜，点数相同则为平局。根据此规则实现掷骰子游戏，并算出10盘之后的胜利者（10盘中赢的盘数最多的即为最终胜利者）。

（1）问题分析

本案例需要使用双重循环来实现。计算机程序作玩家1、玩家2，每一局程序给出2个随机数相当于它们掷出的骰子点数，5局为一盘，根据两玩家的点数之和判断输赢，10盘中赢的盘数最多的为胜利者。

比赛过程中，采用10盘6胜制，即10盘减去平盘所得差除以2的商，若其中一方超过了此商，即可确定胜利者，结束比赛。

（2）编码实现

掷骰子游戏代码与测试结果见表5.3。

表5.3　掷骰子游戏代码与测试结果

源　代　码	测试代码
from random import randint	第1次测试：
pw1,pw2,pw=0,0,0	第 1盘，玩家1赢了！
for pan in range(1,11):　　　　#10盘确定胜利者	第 2盘，玩家2赢了！
for jv in range(1,6):　　　　#5局一盘输赢	第 3盘，玩家1赢了！
p1,p2=0,0	第 4盘，玩家1赢了！
dt1,dt2=randint(1,6),randint(1,6)	第 5盘，玩家2赢了！

续表

源 代 码	测试代码
p1+=dt1	第 6盘，玩家1赢了！
p2+=dt2	第 7盘，平盘！
if p1>p2:	第 8盘，玩家1赢了！
pw1+=1	玩家1获胜！10盘5胜1平盘
s1='玩家1赢了！'	第2次测试：
elif p1<p2:	第 1盘，玩家2赢了！
pw2+=1	第 2盘，玩家1赢了！
s1='玩家2赢了！'	第 3盘，玩家2赢了！
else:	第 4盘，平盘！
pw+=1	第 5盘，玩家1赢了！
s1='平盘！'	第 6盘，玩家1赢了！
print(f'第{pan:2d}盘，{s1})	第 7盘，玩家2赢了！
if pw1>(10-pw)/2 or pw2>(10-pw)/2: #10盘6胜制	第 8盘，玩家1赢了！
break	第 9盘，玩家2赢了！
if pw1>pw2:	第10盘，玩家2赢了！
s2=f'玩家1获胜！{pan}盘{pw1}胜{pw}平盘'	玩家2获胜！10盘5胜1平盘
elif pw1<pw2:	
s2=f'玩家2获胜！{pan}盘{pw2}胜{pw}平盘'	
else:	
s2=f'平盘！{pan}盘{pw}平'	
print(s2)	

5.6.3 案例3：蒙特卡罗方法求解圆周率 π 的值

π（圆周率）是一个无理数，即无限不循环小数。精确求解圆周率 π 是几何学、物理学和很多工程学科的关键。

对 π 的精确求解曾经是数学历史上一直难以解决的问题之一，因为 π 无法用任何精确公式表示，在计算机出现以前，π 只能通过一些近似公式的求解得到，直到1948年，人类才以人工计算方式得到 π 的808位精确小数。

随着计算机的出现，数学家找到了另类求解 π 的方法：蒙特卡洛（Monte Carlo）方法，又称随机抽样或统计试验方法。当所要求解的问题是某种事件出现的概率，或者是某个随机变量的期望值时，它们可以通过某种“试验”的方法，得到这种事件出现的频率，或者这个随机变数的平均值，并用它们作为问题的解，这就是蒙特卡罗方法的基本思想。蒙特卡罗方法广泛应用于数学、物理学和工程领域。

（1）问题分析

应用蒙特卡罗方法求解 π 的基本思想是利用离散点值表示图形的面积，通过面积比例来求解 π 值。基本步骤如下：

① 随机向单位正方形和1/4单位圆（见图5-11）抛洒大量随机“飞镖”点（见图5-12）；

② 计算每个点到圆心的距离从而判断该点是在圆内还是圆外；

③ 1/4单位圆面积为 π/4，单位正方形面积为1；

④ 用1/4单位圆内的点数除以单位正方形内的总点数就是 π/4的值。

随机点数量越大，越充分覆盖整个图形，计算得到的 π 值越精确。

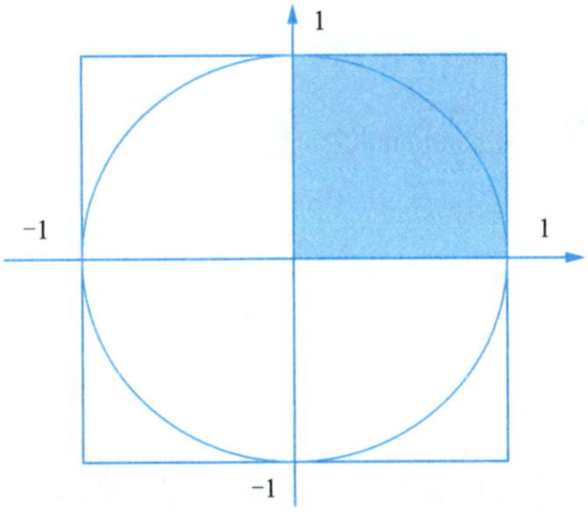

图5.11　计算π使用的正方形和圆结构

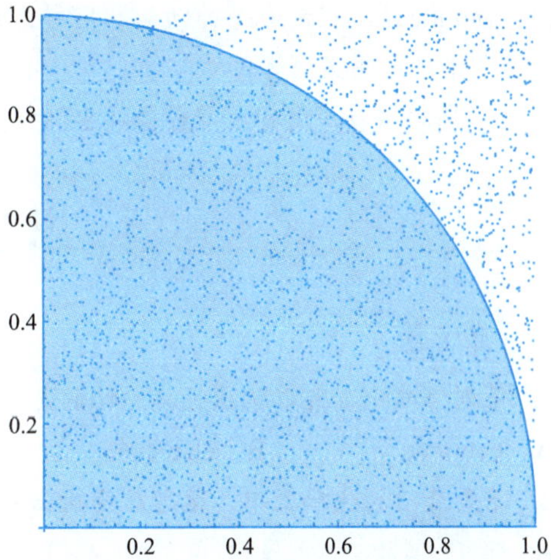

图5.12　计算π使用的1/4区域和抛点过程

（2）编码实现

源程序代码与测试结果见表5.4。

表5.4　计算圆周率源程序与执行结果

<table>
<tr><th>求解圆周率π的源程序</th><th>测试结果</th></tr>
<tr><td><pre>
from random import randint
from math import sqrt
from turtle import *
DARTS = 1000
hits = 0
pensize(1)
for i in range(1, DARTS+1):
      x, y = randint(0,100), randint(0,100)
      dist = sqrt(x ** 2 + y ** 2)
      if dist < 100:
           hits = hits + 1
           color('red')
      else:
           color('blue')
      up();goto(x,y);down();dot()
pi = 4 * hits/DARTS
up();goto(20,-50)
write(f"PI值是{pi}",font=('simhei',10,'bold'))
done()
</pre></td><td>
</td></tr>
</table>

投掷的“飞镖”数越多，则π的值越准确。

小　结

本章首先介绍了遍历循环for...in语句的功能、语法格式和执行过程，介绍了range()函数的功能与应用，然后介绍了条件循环while语句的功能、语法格式和执行过程，介绍了循环语句的嵌套、

break和continue循环控制命令的功能和应用，介绍了循环语句的else子句功能及应用，最后给出了三个循环控制结构应用案例。

通过本章的学习，读者应掌握循环控制结构的相关知识，学会进行循环结构程序设计。

思考与练习

一、单选题

1. 下列语句中，可以跳出循环结构的是________。

A. continue　　B. else子句　　C. break　　D. if语句

2. 下列选项的代码段中，运行后会输出1、2、3的是________。

A.

```
for i in range(3):
    print(i)
```

B.

```
for i in range(2):
    print(i+1)
```

C.

```
num=[0,1,2]
for i in num:
    print(i+1)
```

D.

```
i=1
while i<3:
    print(i)
    i=i+1
```

3. 现有如下代码段，运行代码输出的结果为________。

```
s=0
for i in range(100):
    if i%10:
        continue
    s=s+i
print(s)
```

A. 5050　　B. 4950　　C. 450　　D. 45

4. 下面代码段，运行后输出结果是________。

```
i=1
while 0:
    print(i+1)
else:
    print(i)
```

A. 2　　B. 1　　C. 0　　D. 代码出错了

5. 下面代码段，运行结果为________。

```
for i in range(1,10):
```

```
    if i%5==0:
        break
    print(i,end=',')
```

A. 1,2,3,4,5,6,7,8,9,10　　　　B. 1,2,3,4,5,6,7,8,9

C. 1,2,3,4,5　　　　D. 1,2,3,4,

二、填空题

1. Python中循环语句有________语句和________语句。

2. 将while循环条件设置为________，则程序进入无限循环，通常使用________命令跳出循环。

3. ________命令可以结束本次循环，强制进入下一次循环。

4. 下列代码执行结果是________。

```
while 0:
    break
else:
    print(4)
```

三、判断题

1. for循环只能遍历字符串。（　　）

2. break语句可以用在if语句中。（　　）

3. continue语句只能用在循环语句中。（　　）

4. 循环语句的else子句会受到break或return语句的影响，但不会受continue语句的影响。（　　）

5. while循环体中可以有for循环，这叫循环语句的嵌套。（　　）

四、简答题

1. 请简述break语句和continue语句的区别。

2. 请简述while语句和for语句的区别。

3. 请简述循环语句使用else子句的优点。

五、编程题

1. 编写程序，输出200以内的素数（注：素数是只能被1和它本身整除的整数）。

2. 编写程序，若一个素数从左到右和从右到左读是相同的数，则该素数为回文素数。请编程输出2～1 000内的所有回文素数。

3. 编写程序，中国古代数学家张丘建在他的《算经》中提出了一个著名的“百钱百鸡问题”：一只公鸡值5钱，一只母鸡值3钱，3只小鸡值1钱，现在要用百钱买百鸡，请问公鸡、母鸡、小鸡各多少只？

4. 车票问题。新建一条铁路线，有15个车站，在任何车站都能上下车，编写程序计算所需要的车票种数和各种车票，要求用穷举的方法实现。

5. 使用turtle绘制如图5.13所示的图形。

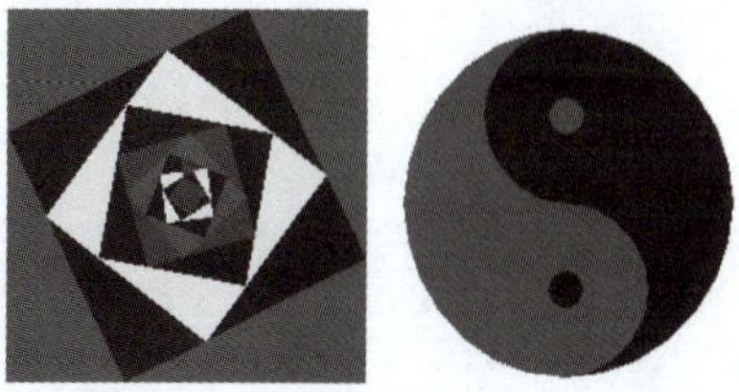

图5.13　多彩正方形和太极图

第6章 组合数据

计算机不仅可以对单个数据进行处理，更多情况下，计算机需要对一组数据进行批量处理。例如，对一篇文章进行词频统计，对实验中产生的很多组数据进行数据分析。Python提供了丰富的组合数据类型，能够将多个同类型或不同类型的数据组织起来，通过单一的表示使数据操作更有序、更容易。本章将介绍组合数据类型中的元组、列表、集合和字典的基本处理方法，学会灵活使用组合数据类型编程。

知识导图

学习目标

- 了解：了解元组的特点、创建方法与基本应用。
- 理解：理解序列类型的特点、元素的访问方法和通用处理方法，列表、集合和字典的特点、创建方法和基本处理方法。
- 应用：灵活应用列表、集合和字典进行批量数据的处理。
- 分析：对批量数据处理问题进行分析，找出解决问题的算法，灵活运用组合数据进行编程。
- 养成：养成合作意识和团队精神，团结合作才能共赢。

6.1　组合数据概述

6.1.1　组合数据分类

在Python中，组合数据是多个数据项的组合，分为序列类型、集合类型和映射类型三种数据类型，如图6.1所示。

① 序列类型的特点：数据项有序、可重复，通过索引访问每个数据项或切片，而且列表还能进行增删改查。

② 集合类型的特点：数据项无序、不重复。

③ 映射类型的特点：数据项为键值对<键:值>的集合，键不能重复，可以根据键访问值，能进行增删改查。

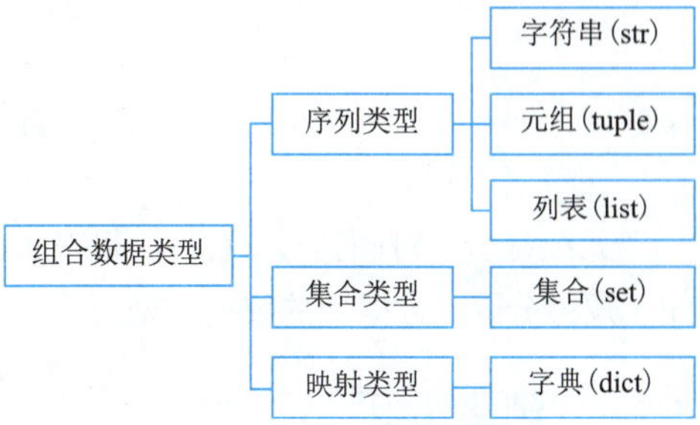

图6.1　组合数据分类

6.1.2　序列类型

1. 序列类型的索引

Python中的序列类型有str（字符串）、tuple（元组）和list（列表）三种。序列类型的数据项有序，每个数据项的位置序号称为索引，可以通过索引访问数据项或切片。

序列类型支持双向索引：正向递增索引和反向递减索引，如图6.2所示。正向递增索引从左向右依次递增，第一个元素的索引为0，第二个元素的索引为1，以此类推；反向递减索引从右向左依次递减，最后一个元素的索引为-1，倒数第二个元素的索引为-2，以此类推。

图6.2　序列类型的索引

2. 序列类型通用操作

序列类型常用操作符、内置函数和方法见表6.1。

表6.1 序列类型常用操作符、函数和方法（其中S、T为序列类型）

操作分类	语法形式	功能描述	示例
操作符	x in S	成员判断，若x是S的元素，返回True，否则False	'Py' in 'my Python' 结果为True
	x not in S	成员判断，若x不是S的元素，返回True，否则False	'Py' not in 'my Python' 结果为False
	S+T	合并运算，连接S和T得到一个新的序列	[1,2]+[2,5,6]结果为 [1, 2, 2, 5, 6]
	S*n 或 n*S	乘法运算，将S复制n次得到一个新的序列	['a',2]*2结果为['a',2,'a',2]
	S[i]	访问单个元素，返回索引为i的元素	[1,2,3,4][2]结果为3
	S[i:j]	切片，访问索引i到j-1的元素子序列	[1,2,3,4,5][1:3]结果为[2,3]
	S[i:j:k]	访问索引i到j-1的以k为步数的元素子序列	[1,2,3,4,5,6][1:5:2]结果为[2,4]
函数	len(S)	返回S中元素个数（长度）	len([1,2,3,4,5])结果为5
	min(S)	返回S中的最小元素	min([2,3,1,4])结果为1
	max(S)	返回S中的最大元素	max([2,3,1,4])结果为4
方法	S.index(x[,i[,j]])	返回S中索引i到j-1子序列中第一次出现元素x的索引	[2,3,1,4].index(3)结果为1
	S.count(x)	返回S中出现x的总次数	[2,3,1,4,3].count(3)结果为2

6.2 元　　组

元组是由一对圆括号“()”括起来（也可省略）包含0个或多个数据项的序列类型，数据项之间使用逗号分隔，数据项的数据类型可以是基本数据类型和组合数据类型。

6.2.1 创建元组

创建元组通常使用两种方法，分别是表示法与类型转换法。

1. 表示法

使用表示法创建元组对象，就是使用圆括号将0个或多个数据项括起来，通常将该元组对象赋给一个变量，以便后续处理。

例如：

```
>>>tp1=1,2,3,4                                    #元组元素为同一数据类型
>>>print(type(tp1),tp1)
<class 'tuple'> (1, 2, 3, 4)
>>>tp2='BIT',3.1415,1024,(2,3),["中国",9]         #元组元素为不同数据类型
>>>print(tp2)
 ('BIT', 3.1415, 1024, (2, 3), ['中国', 9])
```

注意：如果创建空元组，圆括号不能省略，即写为()；如果元组只有一个元素，元素后要加逗号，形如(1,)，括号可以省略，如果写为(1)，它表示数字类型1。

2. 类型转换法

类型转换法是使用类型转换函数tuple()创建元组，语法形式如下：

```
tuple([<可迭代对象>])
```

功能：创建一个空元组或将可迭代对象转换为一个元组。

例如：

```
>>>tp3=tuple([4,5,6])          # 参数为列表
>>>tp4=tuple('Python')         # 参数为字符串
>>>print(tp3,tp4)
 (4, 5, 6) ('p', 'y', 't', 'h', 'o', 'n')
```

Python中的数据类型标识符，也是类型转换的函数名，这也体现了Python语言的简洁性。

6.2.2 元组的特点

1. 有序性

元组是序列类型，数据项有序，可以通过其索引访问。

2. 不可变数据类型

元组是不可变数据类型，元组一旦创建，其中的数据项不可改变，即任何数据项都不能被替换、删除或添加。

6.2.3 元组的应用场景

1. 表达固定数据项

例如：

```
colos='red','green','blue','yellow','white','black','white'
```

2. 多变量同步赋值

```
>>>x,y,z=3,4,5
```

表示将3,4,5分别赋值给x,y,z，相当于：

```
>>>x=3;y=4;z=5
```

使用同步赋值语句可以进行简单的数据交换：

```
>>>x,y,z=z,x,y
```

表示将z的值赋给x，将x的值赋给y，将y的值赋给z。

3. 循环遍历

使用for...in对元组进行循环遍历。

例如：

```
for math import sqrt
for x,y in ((1,2),(3,4),(4,3),(2,1))
    print(sqrt(x**x+y**y))
```

4. 作为函数的返回值

函数可以返回多个数据，实质上返回值是一个元组类型的数据。

例如：

```
def f(x):
    return x,x**x              #返回两个数据项构成的元组
```

6.3 列　　表

列表是由一对方括号“[]”括起来的0个或n个数据项的序列类型，数据项之间使用逗号分隔，数据项类型可以是基本数据类型和组合数据类型。

例如，[1,2,3]、['abc',12,(1,2)，['Python','java']]等都是列表。

6.3.1 列表的创建

创建列表通常使用表示法和类型转换法两种方法。

1. 表示法

表示法是使用方括号将0个或多个数据项括起来创建列表对象。此种方法最简单、最常用。

例如：

```
>>>ls0=[]                        #创建空列表
>>> print(type(ls0))
<class 'list'>
>>>ls=[1,'Python',(3,4),['a','bc'],{5,6,7},{'name':'李明','age':19}]
                                 #数据元素的数据类型不同
>>>print(ls)
[1, 'Python', (3, 4), ['a', 'bc'], {5, 6, 7}, {'age': 19, 'name': '李明'}]
```

2. 类型转换法

类型转换法是使用类型转换函数list()创建列表对象。list()函数语法形式如下：

```
list([<可迭代对象>])
```

功能：创建一个空列表或使用可迭代对象创建一个列表。

例如：

```
>>>ls1=list((1,2,3))
>>>ls2=list([4,5])
>>>ls3=list('Python')
>>>ls4=list({'a','bc'})
>>>ls5=list({'name':'王海','age':17})
>>>print(ls1,ls2,ls3,ls4,ls5)
[1, 2, 3] [4, 5] ['p', 'y', 't', 'h', 'o', 'n'] ['a', 'bc'] ['name', 'age']
```

注意：字典转换为列表时，只是将键变为列表的元素。

6.3.2 列表的特点

1. 有序性

列表是序列类型，可以根据列表元素的索引使用“[]”运算符访问单个元素或多个元素。

例如：

```
>>>ls=[1,2,5,4,3,2]
>>>print(ls[2],ls[1:4],ls[3:])
5 [2,5,4] [4,3,2]
```

2. 可变数据类型

列表是可变数据类型，即创建后可以添加数据项，更新或删除其中的数据项，也可以对数据项重新排序。因此，列表是最常用、最灵活的数据类型。

6.3.3 列表的基本操作

列表除了具有序列类型的通用操作符、函数和方法之外，还具有自己独特的处理方法，见表6.2。

表6.2 常用列表特有处理方法

分 类	函数或方法	描述（ls, lt皆为列表）	示例（假设ls=[1,2,3,4,-5,6]）
连接	ls.extend(lt)	将lt的元素追加到ls中	ls.extend([9,8]) ls结果为[1,2,3,4,-5,6,9,8]
追加	ls.append(x)	在ls最后追加一个元素x	ls.append(9) ls结果为[1,2,3,4,-5,6,9]
插入	ls.insert(i,x)	在ls索引为i的位置插入元素x	ls.insert(1,9) ls结果为[1,9,2,3,4,-5,6]
排序	ls.sort(key=None,reverse=False)	使ls重新排序，默认按每个元素第一项升序排序	ls.sort() ls结果为[-5,1,2,3,4,6] lt=[(3,7),(9,1),(5,3)] lt.sort(key=lambda x:x[1]) #按第2项排序 lt结果为[(9,1),(5,3),(3,7)]
反转	ls.reverse()	使ls中元素反转	ls.reverse() ls结果为[6,-5,4,3,2,1]
删除	del ls[i:j]	删除ls第i到j-1项数据，等价于ls[i:j]=[]	del ls[1:4] ls结果为[1,-5,6]
	del ls[i:j:k]	删除ls第i到j-1以k为步的数据	del ls[1:5:2] ls结果为[1,3,-5,6]
	ls.remove(x)	将ls中出现的第一个元素x删除	ls.remove(2) ls结果为[1,3,4,-5,6]
清空	ls.clear()	删除ls中所有元素	ls.clear() ls结果为空[]
弹出	ls.pop(i)	将ls中第i项元素取出并删除该元素，默认删除最后一个元素	a=ls.pop(1) 结果为a=2，ls为[1,3,4,-5,6]
拷贝	ls.copy()	生成一个新列表，复制ls中所有元素	lt=ls.copy()，则lt为[1,2,3,4,-5,6]

注意：表6.2中除了copy()方法外，其他方法都是“就地操作”，即操作会直接更新列表对象。另外，有关列表的内置函数见表6.3。

表6.3 常用可迭代对象内置函数

分 类	函 数	描 述	示例（假设ls=[2,3,1,4]）
求和	sum(可迭代对象)	对可迭代对象求和	sum(ls) 结果为10
最大值	max(可迭代对象)	对可迭代对象求最大值	max(ls) 结果为4
最小值	min(可迭代对象)	对可迭代对象求最小值	min(ls) 结果为1
排序	sorted(ls,key=None,reverse=False)	对可迭代对象排序生成新列表	x=sorted(ls) 结果x为[1,2,3,4]

说明：

① 组合数据都为可迭代对象，可以使用for来遍历每一个元素，格式为

```
for 元素变量名 in 组合数据:
    语句组
```

② 列表的sort()方法和内置函数sorted()里面都有相同的参数key和reverse，其中：

key参数指定按照数据元素哪一项排序，默认按数据元素的第一项排序，也可以创建一个函数，按照函数的返回值排序。key参数通常使用lambda创建的匿名函数，语法形式为

```
key=lambda <参数表>: 返回值
```

例如，表6.2中的有关sort()方法的示例。

reverse参数指定排序方式，默认为False即升序排序，若要降序排序则该参数设置为True。

例如：

```
>>>ls=[3,2,4,5]
>>>ls=sorted(ls)                    # 使用 sorted() 函数对 ls 升序排序生成新列表对象
>>>ls
[2,3,4,5]
>>>lt=[('张明',18),('李文',19),('李大海',17)]
>>>lt.sort(key=lambda x:x[1])       # 使用 sort() 方法按列表每个元素的第 2 项排序
>>>lt
[('李大海',17), ('张明',18),('李文',19)]
```

例6_1 输入一组Python成绩，直接按【Enter】键结束输入，要求对这一组成绩：

① 计算平均分、最高分和最低分并输出；

② 分别按照成绩升序、降序排序并输出。

（1）问题分析与算法设计

使用列表来存储这一组数，通过列表内置函数和sort()方法来完成。基本解题思路：

① 首先创建空列表，使用while条件循环输入数据，数据为空串则结束循环，否则作为成绩，使用列表append()方法追加到列表中。

② 使用函数sum()、sum/len()、max()和min()分别计算总分、平均分、最高分和最低分。

③ 使用列表的sort()方法进行升序排序，使用参数reverse=True降序排序。

算法流程图如图6.3所示。

（2）编程实现

编写代码与测试结果，见表6.4。

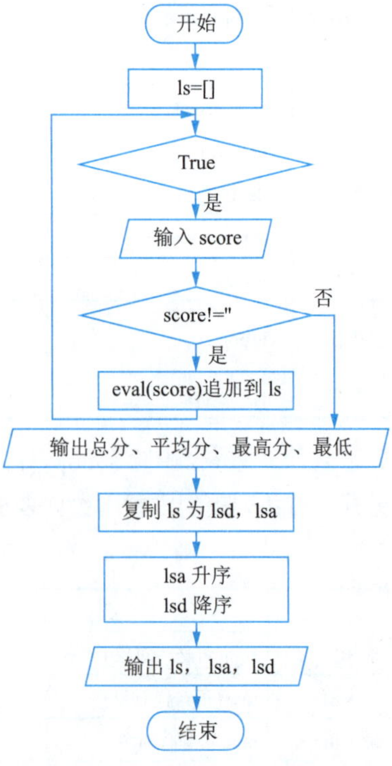

图6.3 统计成绩流程图

表6.4　统计成绩代码与测试结果

序　号	编码实现	代码测试

	ls=[]
	while True:
	    score=input('请输入成绩：')
	    if score=='':
	        break
	    ls.append(eval(score))
	lenx=len(ls) #成绩个数
	avgx=sum(ls)/lenx #平均分
	maxx=max(ls) #最高分
	minx=min(ls) #最低分
	print('------统计-------')
	print(f'平均分：{avgx}')
	print(f'最高分：{maxx}')
	print(f'最低分：{minx}')
	#排序
	lsd=ls.copy() #复制列表对象
	lsa=ls.copy()
	lsa.sort() #升序
	lsd.sort(reverse=True) #降序
	#输出
	for pt,lss in ('输入顺序',ls),\\
	('成绩升序',lsa),('成绩降序',lsd):
	    print(f"\n{pt}\n{'-'*len(ls)*7}")
	    for i in range(len(lss)):
	        print(f'{lss[i]:5}',end=' ')
	    print(f"\n{'-'*len(ls)*7}")
		执行程序，测试结果如下：
		请输入成绩：90
		请输入成绩：89
		请输入成绩：97
		请输入成绩：78
		请输入成绩：86
		请输入成绩：
		------统计-------
		平均分：88.0
		最高分：97
		最低分：78
		输入顺序
		----------------------------------- 	
		   90 89 97 78 86
		----------------------------------- 	
		成绩升序
		----------------------------------- 	
		   78 86 89 90 97
		----------------------------------- 	
		成绩降序
		----------------------------------- 	
		   97 90 89 86 78
		----------------------------------- 	

6.4　集　　合

集合是用一对大括号“{}”将多个数据项括起来的组合数据。集合是一组无重复数据的无序组合，与数学上的集合概念一致。集合的数据元素是无序的，因此集合元素没有索引和位置的概念，不能切片。集合中数据元素可以动态增加或删除，但不能重复。

6.4.1　集合的创建

创建集合有表示法和类型转换法两种方法。

1. 表示法

表示法是使用大括号{}括起来多个数据项来创建集合。

例如：

```
>>>S={425, "BIT", (10, "CS"), 424}
>>>S
{424, 425, (10, 'CS'), 'BIT'}
>>>type(S)
set
```

```
>>>T = {425, "BIT", (10, "CS"), 424, 425, "BIT"}
>>>T
{424, 425, (10, 'CS'), 'BIT'}
```

2. 类型转换法

类型转换法是使用类型转换函数set()创建空集合或由多个元素构成的集合。

例如：

```
>>>V=set(("cat","dog","tiger"," human"))   #将元组转换为集合
>>>V
{'cat', 'human', 'dog', 'tiger'}
>>>W= set('apple')                          #将字符串转换为集合
>>>W
{'e', 'p', 'a', 'l'}
>>>N=set()                                  #创建空集合
>>>N
set()
>>>type(N)
set
```

说明：

① 由于集合元素是无序的，集合的打印效果与定义顺序可能不一致。不同版本的解释器，不同的操作系统，set内部的顺序可能都不同，这由set()函数开发者自行决定。

② 如果需要创建一个空集合，需要使用set()函数，例如set()。表示法{}创建的是字典。

6.4.2 集合的特点

1. 无序性

集合的数据元素是无序的，顺序不同但元素相同的集合可视为同一集合。因此集合没有索引的概念，即不能通过索引访问元素。

2. 确定性

给定一个集合，那么任何一个元素是否在集合中就确定了。

3. 互异性

集合的元素互不相同，使用这种性质可以过滤重复数据。

4. 可变数据类型

集合是可变数据类型，可以添加元素、删除已有元素。

注意：Python要求集合中的元素必须是不可变类型，Python中的整型、浮点型、字符串类型和元组属于不可变类型，列表、字典及集合本身都属于可变的数据类型。

6.4.3 集合运算符

集合运算符主要是对集合进行差集、交集、并集运算以及判断子集、超集等，集合运算符见表6.5。

表6.5 集合运算符

<table>
<tr><th>运算符（和相应的集合方法）</th><th>功 能</th><th>示例
（设S={1,2,4,5},T={2,3,4}）</th></tr>
<tr><td>S–T或S.difference(T)</td><td>差集</td><td>S–T的结果为{1,5}</td></tr>
<tr><td>S–=T或S.difference_update(T)</td><td>更新集合S，包括在集合S中但不在集合T中的元素</td><td>S–=T则S的值为{1,5}</td></tr>
<tr><td>S & T或S.intersection(T)</td><td>交集</td><td>S&T的结果为{2,4}</td></tr>
<tr><td>S&=T或S.intersection_update(T)</td><td>更新集合S，包括同时在集合S和T中的元素</td><td>S&=T则S的值为{2,4}</td></tr>
<tr><td>S^T或s.symmetric_difference(T)</td><td>并集–交集</td><td>S^T的结果为{1,3,5}</td></tr>
<tr><td>S^=T
或S.symmetric_difference_update(T)</td><td>更新集合S，包括集合S和T中元素，但不包括同时在两者中的元素</td><td>S^=T则S的值为{1,3,5}</td></tr>
<tr><td>S|T或S.union(T)</td><td>并集</td><td>S|T的结果为{1,2,3,4,5}</td></tr>
<tr><td>S|=T或S.update(T)</td><td>更新集合S，包括集合S和T中所有元素</td><td>S|=T则S的值为{1,2,3,4,5}</td></tr>
<tr><td>S<=T或S.issubset(T)</td><td>判断S是否是T的子集</td><td>S<={1,2,3,4,5}结果为True</td></tr>
<tr><td>S>=T或S.issuperset(T)</td><td>判断S是否是T的超集</td><td>S>={1,2}结果为True</td></tr>
</table>

上述操作符表达了集合类型的四种基本操作，并集（|）、交集（&）、差集（–）、异或（对称差，^），如图6.4所示，运算逻辑与数学定义相同。

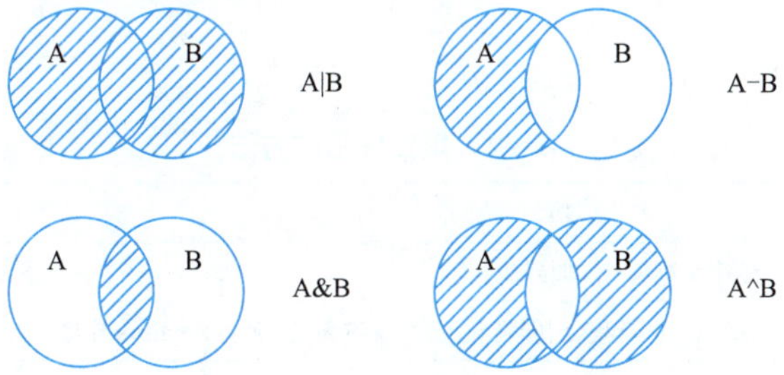

图6.4 集合运算规则

例6_2 统计学生作业上交情况。

某班有8位学生：李明、张小雨、王大海、赵小小、东方、李天、张海天、王刚。

其中：

已交数学作业的有6人：张小雨、王大海、赵小小、张海天、李明、李天；

已交英语作业的有5人：张小雨、张海天、李明、李天、东方。

现在要求统计学生上交作业情况：

① 未交数学作业的有哪些学生？未交英文作业的有哪些学生？

② 哪些学生只交了数学但未交英语作业？哪些学生只交了英语但未交数学作业？

③ 哪些学生只交了一科作业？哪些学生至少交了一科作业？

④ 哪些学生两科作业都交了？哪些学生两科作业都没交？

（1）问题分析

将全班学生姓名、已交数学作业的学生姓名、已交英语作业的学生姓名分别存储到集合all，math，english中，使用集合的差（–）、交（&）、并（|）、异或（^）等运算就可以很容易解决上述问题。

（2）编程实现

编写代码和代码测试见表6.6。

表6.6 作业统计代码与测试结果

<table>
<tr><th>序 号</th><th>作业统计代码</th><th>代码测试</th></tr>
<tr><td>1</td><td>all={'李明','张小雨','王大海','赵小小','东方','李</td><td>运行程序，测试结果如下：</td></tr>
<tr><td>2</td><td>天','张海天','王刚'}</td><td>未交数学：{'东方', '王刚'}</td></tr>
<tr><td>3</td><td>math={'张小雨','王大海','赵小小','张海天','李明','</td><td>未交英语：{'王大海', '赵小小', '王刚'}</td></tr>
<tr><td>4</td><td>李天'}</td><td>两科作业都交了：{'张小雨', '张海天', '</td></tr>
<tr><td>5</td><td>english={'张小雨','张海天','李明','李天','东方'}</td><td>李天', '李明'}</td></tr>
<tr><td>6</td><td>print('未交数学：',all-math)</td><td>至少交了一科：{'王大海', '赵小小', '张</td></tr>
<tr><td>7</td><td>print('未交英语：',all-english)</td><td>海天', '李天', '张小雨', '李明', '东方'}</td></tr>
<tr><td>8</td><td>print('两科作业都交了：',math&english)</td><td>只交了一科：{'王大海', '赵小小', '</td></tr>
<tr><td>9</td><td>print('至少交了一科：',math|english)</td><td>东方'}</td></tr>
<tr><td>10</td><td>print('只交了一科：',math^english)</td><td>一科也没交：{'王刚'}</td></tr>
<tr><td>11</td><td>print('一科也没交：',all-(math|english))</td><td>只交了数学未交英语：{'王大海', '赵</td></tr>
<tr><td>12</td><td>print('只交了数学未交英语：',math-english)</td><td>小小'}</td></tr>
<tr><td>13</td><td>print('只交了英语未交数学：',english-math)</td><td>只交了英语未交数学：{'东方'}</td></tr>
</table>

6.4.4 集合的方法

集合常用的方法见表6.7。

表6.7 集合常用的方法

方 法	功 能	示例（设S={1,2,4,5}）
S.add(x)	若数据项x不在集合S中，则将x添加到S集合	S.add(7)则S的值为{1,2,4,5,7}
S.pop()	随机返回集合S中的一个元素并从集合中删除该元素，若S为空，产生KeyError异常	S.pop()的结果为1，S的值为{2,4,5}
S.discard(x)	若x在集合S中，则移除该元素；否则不报错	S.discard(4)则S的值为{1,2,5}
S.remove(x)	若x在集合S中，移除该元素；否则产生KeyError异常	S.remove(2)则S的值为{1,4,5}
S.copy()	返回集合S的一个拷贝	T=S.copy()则T的值为{1,2,4,5}
S.isdisjoint(T)	判断集合S和T有无交集，若无交集则返回True，否则返回False	S.isdisjoint({3,6})的结果为True
S.clear()	移除S中所有数据项，S变为空集合	S.clear()结果S的值为空集set()

另外，len(S)函数返回集合S中的元素个数。例如，len({1,2,4,5})的值为4。

x in S：判断x是否是集合S的元素，若是则返回True，否则返回False。

例如，3 in {1,2,3}的值为True。

x not in S：判断x是否不是S的元素，不是返回True，否则返回False。例如，3 not in {1,2,3}的结果为False。

对于集合的输出，既可以作为一个整体输出，也可以使用for...in遍历每个元素输出。

例6_3 编程实现简易用户注册。已有用户名“aaa”“bbbb”，现注册新用户名时，既不能重名，也不能为空串或空白串，最后输出所有用户名。

（1）问题分析

将注册的用户名存储到集合中，使用in运算符测试集合中是否已存在新的用户名，借助字符串的strip()方法判断新用户名是否为空串或空白串，合法的用户名使用add()方法添加到集合中，最后使用for...in循环遍历集合输出所有的用户名。

（2）编程实现

编写代码和代码测试见表6.8。

表6.8 用户注册代码与测试结果

用户注册代码

```
#用户注册
user={'aaa','bbbb'}
while True:
    name=input('注册用户名：')
    if name in user:
        print('用户名已注册，请重新输入！')
    elif name.strip()=='':
        print('用户名不能为空或空白，请重新输入！')
    else:
        user.add(name)
        print('注册成功！')
        break
print('已注册用户名列表：')
for e in user:
    print(e,end='\t')
```

代码测试

```
运行程序，测试结果如下：
注册用户名：aaa
用户名已注册，请重新输入！

注册用户名：
用户名不能为空或空白，请重新输入！

注册用户名：666
注册成功！
已注册用户名列表：
bbbb    666    aaa
```

6.4.5 集合的应用场景

集合主要应用于三个场景：成员关系测试、元素去重和删除数据项。

1. 成员关系测试

判断一个数据项是否是集合的一个元素，使用in运算符。

例如：

```
>>>"BIT" in {"Python", "BIT", 123, "GOOD"}        #成员关系测试
True
```

2. 元素去重

元素去重是指通过将其他元素为不可变类型的数据集转换为集合达到剔除重复数据的过程。

例如：

```
>>>tup1= ("Python", "BIT", 123, "GOOD", 123)      #元组
>>>set(tup1)                                     #将元组转换为集合且元素去重
{123,'GOOD','BIT','Python'}
>>>tup2=[3,2,3,5]                                #将列表转换为集合
>>>set(tup2)
{2,3,5}
```

3. 删除数据项

通过两个集合的差集运算可以删除指定的数据项。

例如：

```
>>>tup =("Python", "BIT", 123, "GOOD", 123)          # 元组
>>>newtup=tuple(set(tup)-{'Python'})                 # 去重同时删除数据项
>>>newtup
('GOOD', 123, 'BIT')
```

集合类型与其他类型最大的不同在于它不包含重复元素。当需要对一维数据进行去重或删除数据项时，一般通过集合来完成。

6.5 字　典

6.5.1 字典的概念

通过任意的“键”信息查找一组数据中“值”信息的过程叫作映射。映射类型是以“键:值”对作为数据项的无序组合，即每个元素是一个键值对（key:value），元素之间是无序的。键值对（key:value）是一种二元关系，如图6.5所示。

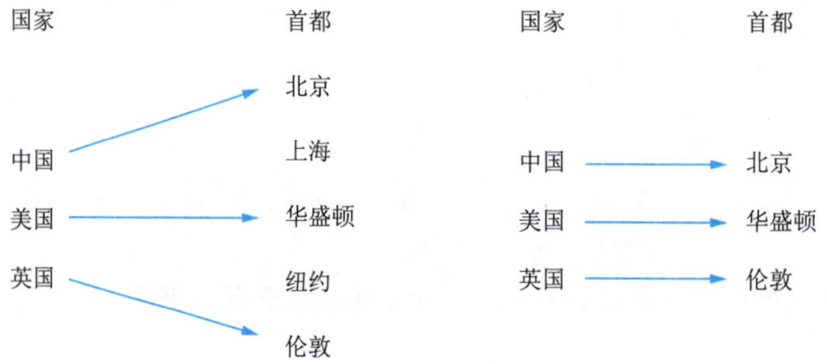

图6.5 国家与首都的映射关系

在Python语言中，映射是通过字典实现的。

字典是实现键值对映射的数据结构，具有以下基本原则：

① 字典是一个键值对的集合，该集合以键为索引，一个键信息只对应一个值信息。

② 字典中元素以键信息为索引进行访问。

③ 字典长度是可变的，可以通过对键信息赋值实现增加或修改键值对。

6.5.2 字典的创建

创建字典最常用的方法有表示法、类型转换法和zip()方法等三种方法。

1. 表示法

表示法是指使用大括号({})将0个或多个键值对括起来创建字典的方法。

语法格式如下：

```
{键1:值1, 键2:值2, …, 键n:值n}
```

说明：

① 键和值使用冒号连接，不同键值对之间使用逗号隔开。

例如：

```
>>>Dcountry={"中国":"北京", "美国":"华盛顿", "法国":"巴黎"}
>>>print(Dcountry)
{'中国': '北京', '法国': '巴黎', '美国': '华盛顿'}
```

② 字典打印出来的顺序与创建时的顺序可能不同，这不是错误。字典是集合类型的延续，各个元素并没有顺序之分。例如上例中，字典元素的打印顺序与定义时的顺序不同。

③ 创建空字典可以直接使用{}来创建，也可以使用dict()来创建。

```
>>>d1,d2={},dict()
>>>type(d1),type(d2)
(dict,dict)
```

2. 类型转换法

类型转换法是指使用类型转换函数dict()将0～n个二元数据项转换为字典对象的方法。

例如：

```
>>>ls=[('刘备',135),('曹操',100),('诸葛亮',230)]
>>>d=dict(ls)
>>>print(d)
{'刘备': 135, '曹操': 100, '诸葛亮': 230}
```

3. zip()方法

内置函数zip()可以将两组数据转换为zip类型的二元数据项，使用dict()函数将zip对象转换为字典类型。

```
>>>dt=dict(zip(('姓名','性别','年龄'),('张小明','男',19)))
>>>print(dt)
{'姓名': '张小明', '性别': '男', '年龄': 19}
```

注意：zip()函数的两个参数长度可以不相等，生成的二元数据项个数与较短的相等。

6.5.3 字典的[]运算

字典最主要的操作是查找、更新键对应的值，或添加键值对到字典中，通常使用运算符“[]”来实现。语法格式如下：

```
字典对象[键]
```

功能：访问字典中的键对应的值，若键不存在则发生KeyError异常。

```
字典对象[键]=新值
```

功能：如果指定键存在于字典中，则更新键对应的值；如果指定键在字典中不存在，则将该键值对添加到字典中。

例如：

① 访问指定键对应的值。

```
>>>Dcountry={"中国":"北京", "美国":"华盛顿", "法国":"巴黎"}
>>>Dcountry["中国"]
'北京'
```

② 更新键所对应的值。

```
>>>Dcountry["中国"]='大北京'
>>>print(Dcountry)
{'中国': '大北京', '法国': '巴黎', '美国': '华盛顿'}
```

③ 添加新的键值对到字典中。

```
>>>Dcountry["英国"]="伦敦"      #键不在字典中，则添加新的键值对
>>>print(Dcountry)
{'中国': '北京', '法国': '巴黎', '美国': '华盛顿', '英国': '伦敦'}
```

6.5.4 字典的遍历

字典是无序类型，不能切片访问，只能整体输出或遍历输出。
遍历语法格式：

```
for 变量名 in 字典对象：
    循环体
```

例如：

```
>>> {'中国': '北京', '美国': '华盛顿', '法国': '巴黎'}
>>> for key in D:
        print(key,end=' ')
中国 美国 法国
```

注意：对字典使用for语句进行遍历时，遍历的是字典的键。

6.5.5 字典常用方法

字典是一种非常灵活的数据类型，除了方括号运算符（[]）之外，常用方法见表6.9。

表6.9 字典常用方法

方　法	描　述
D.keys()	返回字典D中类型为dict_keys的所有键信息
D.values()	返回字典D中类型为dict_values的所有值信息
D.items()	返回字典D中类型为dict_items的所有键值对
D.get(key[,default])	键存在于D中则返回相应值，否则返回默认值
D.fromkeys(iterable, value=None)	创建具有统一值的新字典，键为可迭代结构的元素，值为value

续表

方　法	描　述
D.setdefault(key, default=None,)	D中若键存在，则返回相应的值；否则插入新的键值对，并返回default值
D.pop(key[,default])	键存在于D中则返回相应值，同时删除键值对，否则返回默认值
D.popitem()	随机从D中取出一个键值对，以元组(key, value)形式返回
D.clear()	删除D中所有的键值对

另外，若要删除某个键值对，可以使用“del D[key]”语句或“del(D[key])”函数来删除。若要测试某个键是否存在，使用“key in D”，若存在则结果为True，否则为False。

例如：

```
>>>Dcountry={"中国":"北京", "美国":"华盛顿", "法国":"巴黎"}
```

（1）访问字典键信息

```
>>>key=Dcountry.keys()
>>>print(key)
dict_keys(['中国', '美国', '法国'])
>>>print(list(key))
['中国', '美国', '法国']
```

（2）访问字典值信息

```
>>>print(list(Dcountry.values()))
['北京', '华盛顿', '巴黎']
```

（3）访问字典数据项

```
>>>it=Dcountry.items()
>>>print(it)
dict_items([('中国', '北京'), ('美国', '华盛顿'), ('法国', '巴黎')])
>>>print(list(it))
[('中国', '北京'), ('美国', '华盛顿'), ('法国', '巴黎')]
```

（4）获取键对应的值

```
>>>Dcountry.get('美国', '纽约')      #'美国'在字典中存在
'华盛顿'
>>>Dcountry.get('澳大利亚', '悉尼') #'澳大利亚'不在字典中，则返回默认值"悉尼"
'悉尼'
```

（5）创建具有统一值的新字典

```
>>>D2={}.fromkeys(('a','b','c'),1)
>>>D2
 {'a': 1, 'b': 1, 'c': 1}
```

（6）访问或添加键值对

```
>>>D2={'a': 1, 'b': 1, 'c': 1}
>>>D2.setdefault('b')           #键在D2中，返回对应值1，D2不变
 1
>>> D2
{'a': 1, 'b': 1, 'c': 1}
>>>D2.setdefault('d',100)       #键d不在D2中，添加'd': 100键值对，并返回100
 '100'
>>>D2
{'a': 1, 'b': 1, 'c': 1, 'd': 100}
```

（7）判断键是否在字典中

```
>>>' 中国 ' in Dcountry    #只对键进行判断
True
```

例6_4 个人shopping清单统计。个人购物清单如图6.6所示，试计算购买商品的种类数及总花费，要求购物清单通过键盘输入。

（1）问题分析

创建字典用来存储商品及花费，输入商品名及花费，若商品名为空则结束输入；否则将商品名与花费以键值对的形式添加到字典中，若键已存在，则更新其值；然后对字典的值求和，遍历字典输出键值对；最后输出商品种类及总花费。

使用字典的get()方法查找键对应的值，若不存在键值对则键对应值默认为0；使用字典的“[]”运算添加或更新键值对。

商品	花费/元
牛奶	65
面包	15
可乐	39
饼干	45
糖果	24
水果	35.8

图6.6　购物清单

（2）编程实现

编写代码和代码测试见表6.10。

表6.10　购物清单统计代码与测试结果

序　号	购物清单统计代码	代码测试
1	`d={}                                    #创建空字典`	运行程序，测试结果如下：
2	`while True:`	商品名：牛奶
3	`    prod=input('商品名：')`	花费：55
4	`    if prod=='':`	商品名：面包
5	`        break`	花费：15
6	`    money=eval(input('花费：'))`	商品名：可乐
7	`    d[prod]=d.get(prod,0)+money  #存在则花费累加，否则添加`	花费：39
8	`val=d.values()  #获取字典的所有值即各种商品的花费`	商品名：饼干
9	`total=sum(val)  #计算花费总额`	花费：45
10	`print('购物清单：\n{0}'.format('-'*20))`	商品名：糖果
11	`for key in d:`	花费：24
12	`    print('{}:{}'.format(key,d[key]))`	商品名：水果
13	`print('-'*20)`	花费：35.8
14	`print('共买了{}种商品，花费{}元.'.format(len(d),total))`	商品名：牛奶
		花费：10

续表

序　号	购物清单统计代码	代码测试
		商品名: 购物清单: -------------------- 牛奶:65元 面包:15元 可乐:39元 饼干:45元 糖果:24元 水果:35.8元 -------------------- 共买了6种商品,花费223.8元.

例6_5 自动生成银行卡账号和密码。自动生成银行卡号,范围:610001,610002,…,610099,610100,密码均为:000000。

(1)问题分析

遍历610001~610100中的所有整数作为银行卡号存储到列表中,然后使用字典的fromkeys()方法根据列表生成具有键不同、值相同的字典。

(2)编程实现

编写代码和代码测试见表6.11。

表6.11 银行卡号代码与测试结果

序　号	银行卡号代码	代码测试

	`ls=[]                        #空列表存储银行卡号`
	`for i in range(610001,610101):`
	`        ls.append(str(i))`
	`d={}.fromkeys(ls,'0'*6)       #生成具有统一值的字典`
	`print('银行卡号与密码如下:')`
	`for key in d:`
	`    print('{}:{}\n'.format(key,d[key]))`
	`print('一共生成了{}个银行卡号'.format(len(d)))`
		运行程序,测试结果如下:
		银行卡号与密码如下:
		610001:000000
		610002:000000
		610003:000000
		610004:000000
		……
		610099:000000
		610100:000000
		一共生成了100个银行卡号

例6_6 对英文小说《哈姆雷特》hamlet.txt进行词频统计,并输出前20项高频词。

(1)问题分析

① 英文单词中间有空格或其他标点符号,不需分词。

② 文本文件可以看作是一个长的字符串,使用open()函数打开文本文件,使用read()方法读取文件内容返回字符串,使用close()方法关闭文件。

③ 如果不区分大小写,需要全部转换为大写或小写。

④ 将所有英文标点符号替换为空格。

⑤ 按空白进行分词。

⑥ 对单词进行遍历,使用字典存储单词与出现的次数。

⑦ 将字典转换为列表,按词频降序排序。

⑧ 输出前20个高频词及其词频。

（2）编程实现

编写代码与代码测试结果见表6.12。

表6.12　词频统计源代码与测试结果

编程实现	代码测试
file=open('hamlet.txt')#得到一个大的输入输出流	执行程序，测试结果如下：
s=file.read()　#得到一个字符串	序号　单词　词频
file.close()	1　hamlet　471
s=s.lower()	2　not　315
extends=['the','and','of','you','my','in','to','it','is','that']	3　lord　311
for ch in '!"#$%^&*+-=<>/:;?@!{}[]～`,.'+"'":	4　this　297
s=s.replace(ch,' ')	5　his　296
fs=s.split()	6　but　271
d={}　#创建一个字典	7　with　268
for k in fs:	8　for　252
if len(k)<=1:	9　your　242
continue	10　me　235
d[k]=d.get(k,0)+1	11　he　231
for s in extends:	12　be　228
del d[s]	13　as　227
itemlist=list(d.items())	14　what　218
itemlist.sort(key=lambda x:x[1],reverse=True)	15　king　202
print('{:<8}{:<8}{:<5}'.format('序号','单词','词频'))	16　him　197
for i in range(20):	17　so　197
word,count=itemlist[i]	18　have　182
print('{:<10}{:<10}{:<5}'.format(i+1,word,count))	19　will　169
	20　do　160

6.6　推导式与迭代器

6.6.1　推导式

推导式（comprehensions）又称解析式，是Python的一种独有特性。推导式是可以从一个数据序列构建另一个新的数据序列的结构体。共有三种推导式，在Python 2.x和Python 3.x中都有支持：

① 列表（list）推导式。

② 集合（set）推导式。

③ 字典（dict）推导式。

1. 列表推导式

使用[]将一个数据系列生成一个列表list。

语法格式：

```
variable =[out_exp_res for out_exp in input_list if out_exp 条件 ]
```

各部分含义：

out_exp_res：列表生成元素表达式，可以是有返回值的函数。

for out_exp in input_list：迭代对象input_list将out_exp传入out_exp_res表达式中。

if out_exp条件：根据条件过滤哪些值可以。

例如：

（1）将0～9中能被3整除的数的2倍生成一个列表

```
>>>ls = [i*2 for i in range(10) if i % 3 == 0]
>>>print(ls)
[0, 6, 12, 18]
```

（2）列表推导式中使用函数

```
>>>def sq(x):
        return x*2
>>>lt=[sq(i) for i in range(10) if i % 3 == 0]
>>>print(lt)
[0, 6, 12, 18]
```

2. 集合推导式

集合推导式与列表推导式类似，格式上将方括号[]改为大括号{}，但要注意数据项的类型只能是不可变数据类型。

示例：

```
>>>sets ={x**2 for x in [1,1,2]}
>>>print(sets)
{1, 4}
```

注意：生成的集合中会删除重复的元素。

3. 字典推导式

字典推导式和集合推导式的使用方法类似，也是使用大括号，但输出数据项为“键:值”形式。

示例1：创建字典。

```
>>>d={i:i**2 for i in range(5)}
>>>d
{0: 0, 1: 1, 2: 4, 3: 9, 4: 16}
```

示例2：大小写key合并。

```
>>>md = {'a': 10, 'b': 34, 'A': 7, 'Z': 3}
>>>mds = {k.lower(): md.get(k.lower(), 0) + md.get(k.upper(), 0) for k in md
if k.lower() in ['a','b']}
>>>print(mds)
{'a': 17, 'b': 34}
```

示例3：快速更换key和value。

```
>>>md = {'a': 10, 'b': 34}
```

```
>>>mds ={v: k for k, v in md.items()}
>>>print(mds)
{10: 'a', 34: 'b'}
```

注意：使用圆括号()并不是元组推导式，而是会产生一个生成器generator，在此不赘述。

6.6.2 迭代器

迭代是Python最强大的功能之一，是访问组合数据元素的一种方式。迭代器是一个可以记住遍历的位置的对象。迭代器对象从组合数据的第一个元素开始访问，直到所有的元素被访问完结束。迭代器只能往前不会后退。

字符串、列表、元组、集合对象都可用于创建迭代器。

1. 创建迭代器

内置函数：iter()可以创建迭代器。

```
>>>ls=[2,3,1]  #列表
>>>it=iter(ls)
```

2. 访问迭代器中元素

访问迭代器中的元素，可以使用迭代器的next()方法，也可以使用for循环对迭代器进行遍历。

（1）使用 next() 方法

示例：

```
>>> next(it),next(it),next(it)
(2, 3, 1)
>>>next(it)  #所有元素被访问完后继续访问，会产生StopIteration异常
Traceback (most recent call last):
  File "<iPython-input-251-bc1ab118995a>", line 1, in <module>
    next(it)
StopIteration
```

（2）使用 for...in 循环遍历迭代器

```
>>>ls=[2,3,1]  #列表
>>>it=iter(ls)  #生成迭代器
>>>for i in it:  #访问
    print(i,end=' ')
2 3 1
```

6.7 中文分词jieba库和词云wordcloud

6.7.1 中文分词 jieba 库

中文词频与英文词频统计不同之处在于英文单词之间有空格，而中文词语之间没有空格，需要

首先进行分词。中文分词jieba库是一个第三方库，可以对中文进行分词，并且支持繁体分词、支持自定义词典等。

1. jieba 库的安装

第三方库在使用之前需要先在计算机上完成安装。对于jieba库的安装，如果计算机已联网，则在cmd命令行（若未激活Python虚拟环境，可以先使用命令activate base激活自带的base虚拟环境）或在Anaconda Prompt命令行管理器（虚拟环境默认已激活）的提示符后使用pip或conda命令进行安装：

```
:>pip install jieba
```

或

```
:>conda install jieba
```

如果计算机未联网，则可以在联网的计算机上先下载其离线安装包whl文件或源代码安装包，然后进行安装。

如果是离线安装包whl文件，则安装命令为：pip install 第三方库名.whl。

如果是源代码安装包，则安装命令为：Python setup.py install。

2. jieba 库常用函数

安装jieba库后，在Python开发环境中导入jieba库后便可以使用其中的函数，常用函数见表6.13。

表6.13　jieba库常用函数

函　数	功　能
lcut(s)	精确模式，返回一个列表类型，建议使用
lcut(s, cut_all=True)	全模式，返回一个列表类型，建议使用
lcut_for_search(s)	搜索引擎模式，返回一个列表类型，建议使用
add_word(w)	向分词词典中增加新词w

例如，对“中国人民解放军的英勇善战是世界第一流的，是任何敌人也打不败的军队。”这段话进行分词。

```
>>>ls1=lcut(s)      #精确模式
>>>print(ls1)
['中国人民解放军', '的', '英勇善战', '是', '世界', '第一流', '的', '，', '是', '任何', '敌人', '也', '打', '不败', '的', '军队', '。']
>>>ls2-lcut(s,cut_all=True)      #全模式
>>>print(ls2)
['中国', '中国人民解放军', '国人', '人民', '人民解放军', '解放', '解放军', '的', '英勇', '英勇善战', '善战', '是', '世界', '第一', '第一流', '一流', '的', '，', '是', '任何', '敌人', '也', '打', '不败', '的', '军队', '。']
>>>ls3=lcut_for_search(s,cut)      #搜索引擎模式
>>>print(ls3)
```

```
['中国', '国人', '人民', '解放', '解放军', '中国人民解放军', '的', '英勇',
'善战', '英勇善战', '是', '世界', '第一', '一流', '第一流', '的', ',', '是',
'任何', '敌人', '也', '打', '不败', '的', '军队', '。']
```

6.7.2 词云 wordcloud

wordcloud是一个第三方库，可以对中、英文进行词频统计并以图形方式显示词频，高频字使用大号字、低频词使用小号字来显示。

词云以词语为基本单位，更加直观和艺术地展示文本。wordcloud库依赖于中文分词jieba库、科学计算numpy库、图像处理pillow库、绘图matplotlib库。除jieba库外，Anaconda平台已预装，所以直接安装wordcloud库即可。

1. wordcloud 的安装

对于wordcloud的安装，可以直接在cmd命令窗口中使用“pip install wordcloud”命令进行安装，也可以从网上下载离线安装包whl文件，在cmd命令窗口中使用命令“pip install 第三库名.whl”进行安装，或下载未编译的安装包setup.py进行安装，安装命令为“python setup.py install”。

注意：如果下载的是未编译的安装包setup.py，则需要计算机上提前安装C++编译器。

2. 创建 WordCloud 对象

wordcloud库把词云当作一个WordCloud对象，使用WordCloud类创建词云对象，可以根据文本中词语出现的频率等参数绘制词云，设置词云的形状、尺寸和颜色等。

使用词云类WordCloud来创建词云对象的方法：

```
WordCloud([<参数表>])
```

词云对象的常用参数说明见表6.14。

表6.14 词云对象常用参数

参　数	含　义
width	指定词云对象生成图片的宽度，默认400像素
height	指定词云对象生成图片的高度，默认200像素
min_font_size	指定词云中字体的最小字号，默认4号
max_font_size	指定词云中字体的最大字号，根据高度自动调节
font_step	指定词云中字体字号的步进间隔，默认为1
font_path	指定字体文件的路径，默认None
max_words	指定词云显示的最大单词数量，默认200
stop_words	指定词云的排除词列表，即不显示的单词列表
mask	指定词云形状，默认为长方形，需要引用imread()函数
background_color	指定词云图片的背景颜色，默认为黑色

说明：词云默认字体是西文，若要制作中文词云，则在制作词云对象时要指定中文字体所在的路径font_path。

3. 词云对象常用方法

创建词云对象后，还需要加载创建词云的文本，这就要使用generate()方法。如果要将创建的词云保存到文件中，就要使用to_file()方法。两个方法的基本格式和功能见表6.15。

表6.15 词云对象常用方法

方 法	功 能
w.generate(txt) | w.generate_from_text(text)	向词云对象加载文本txt，默认单词以空格分隔，1～2个字符的单词过滤掉
w.generate_from_frequencies(frequencies)	向词云对象w中加载字典类型的词频，忽略停止词
w.fit_words(frequencies)	根据词频创建词云，参数为字典类型，键值为词与词频
w.to_file(filename)	将词云输出为图像文件，.png或.jpg

例6_7 制作指定英文字符串的词云。

步骤1：配置对象参数。

步骤2：加载词云文本。

步骤3：输出词云文件。

代码如下：

```
import wordcloud
w = wordcloud.WordCloud()
w.generate("I am a student!I love Python,Python is everything!")
w.to_file("pywordcloud.png")
```

生成的词云图片如图6.7所示。

图6.7 英文字符串词云

例6_8 根据中文词频（保存在字典中）创建词云。

```
from wordcloud import WordCloud
import matplotlib.pyplot as plt
frequencies = {'知乎':5,'小段':10,'曲小花':15,'分词':20,
                     '样例':1,'人生':10,'苦短':7,'中文':30}      #字典记录词频
w=WordCloud(
        font_path='c:/windows/fonts/simhei.ttf',
        max_font_size=40,
        relative_scaling=.5
        ).fit_words(frequencies)                              #指定字体等参数
plt.imshow(w)                                                 #输出词云
plt.axis("off")
```

执行程序，输出词云如图6.8所示。

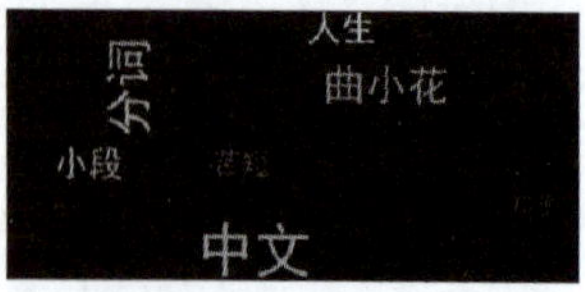

图6.8 中文字典生成的词云

注意：词云默认为英文字体，中文词云会出现乱码问题。

解决词云中文乱码的方法：

方法一：

在计算机的Windows系统文件夹的Fonts文件夹中找一种中文TrueType字体，如"simhei.ttf"。在使用WordCloud创建词云对象时设置其参数font_path，指定中文字体的路径。这种设置，只对当前程序有效。

方法二：

如果想对所有中文词云的程序有效，则将中文字体例如"simhei.ttf"，复制到wordcloud文件夹中，wordcloud文件夹在Python安装路径的“Lib\site-packages\”文件夹中，并修改wordcloud.py文件，修改FONT_PATH变量中默认字体的值，原句为

```
FONT_PATH=os.environ.get(
          "FONT_PATH",
          os.path.join(os.path.dirname(__file__),
          "DroidSansMono.ttf"))
```

修改为

```
FONT_PATH=os.environ.get("FONT_PATH",
          os.path.join(os.path.dirname(__file__),
          "simhei.ttf"))
```

6.8 应用案例

6.8.1 案例1：超市流水账统计

超市销售流水账如图6.9所示，请输出每天流水、每天数量与金额。

（1）问题分析

使用字典的嵌套形式存储超市流水，对字典进行遍历输出每天流水，并计算数量和金额。具体步骤如下：

① 创建字典存储流水账。以日期为键，每日的流水账为值，值又以商品类名为键，数量和单价二元元组为值创建嵌套字典。

② 遍历每日的流水账，统计每日卖出货物数和总金额并输出。

1. 任务内容：某超市近三天的售货情况如下所示：

日期	货品名称	数量	单价
11月24日	牛奶	15	5.5
	方便面	25	4
	糖果	10	12
11月25日	牛奶	25	5.5
	咖啡	5	6
	饼干	15	6
	火腿肠	10	5
11月26日	奶茶	10	5
	牛奶	20	5.5
	方便面	15	4

图6.9 超市流水

（2）编程实现

编写代码与代码测试见表6.16。

表6.16 超市流水代码和测试结果

编程实现

```
d={
  '11月24日':{'牛奶':(15,5.5),'方便面':(25,4),'糖果':(10,12)},
  '11月25日':{'牛奶':(25,5.5),'咖啡':(5,6),'饼干':(15,6),'火腿肠':(10,5)},
  '11月26日':{'奶茶':(10,5),'牛奶':(20,5.5),'方便面':(15,4)}
      }
for key in d:
    print(key)
    m=n=0
    for k in d[key]:
        n+=d[key][k][0]
        m+=d[key][k][0]*d[key][k][1]
        print('{1:{0}>5}: 数量{2:<3d},单价{3:<4.1f}'.format('　',k,d[key][k][0],d[key][k][1]))
    print('{:>10}共卖出货物{}件,共{:.1f}元'.format(key,n,m))
```

代码测试

运行代码，测试结果如下：

```
11月24日
   牛奶: 数量15,单价5.5
  方便面: 数量25,单价4.0
   糖果: 数量10,单价12.0
    11月24日共卖出货物50件,共302.5元
11月25日
   牛奶: 数量25,单价5.5
   咖啡: 数量5,单价6.0
   饼干: 数量15,单价6.0
  火腿肠: 数量10,单价5.0
    11月25日共卖出货物55件,共307.5元
11月26日
   奶茶: 数量10,单价5.0
   牛奶: 数量20,单价5.5
  方便面: 数量15,单价4.0
    11月26日共卖出货物45件,共220.0元
```

倒数第二句print()函数中format()方法的第一个参数为全角空格，指定第1列数据若不足域宽5则使用全角空格（默认半角空格）填充，以达到后面数据对齐的效果。

6.8.2 案例2：中文词频统计

请对中文小说“笑傲江湖.txt”进行词频统计，并输出前10项高频词。

（1）问题分析

对中文小说进行词频统计，首先要进行分词，采用jieba的lcut()函数。基本处理步骤如下：

① 预处理。使用open()函数打开小说，read()方法读取内容得到一个长的字符串。

② 使用jieba分词得到一个词语列表。

③ 创建空字典用来存储词语及其出现的次数。遍历列表，将单字词去掉，其他词语以“词语:次数”键值对的形式存储到字典中，若字典中已存在该词则次数增1，否则为1。

④ 使用字典的items()方法和list()函数得到以键值对的（词语，次数）二元组构成的列表。

⑤ 对列表元素按照词语次数进行降序排序，并输出列表的前10项。

（2）编码实现

编写代码与代码测试见表6.17。

表6.17 中文词频统计代码和测试结果

<table>
<tr><th>中文词频统计代码</th><th>代码测试</th></tr>
<tr><td><pre>
import jieba
f=open('笑傲江湖.txt',encoding='gb18030') #打开文件
fs=f.read()   #读取内容得到一个字符串
f.close()
ls=jieba.lcut(fs)
d={}
for w in ls: #词频统计
    if len(w)==1:
        continue
    d[w]=d.get(w,0)+1
ex=('甚么','说道','自己','一个','一声','咱们','不是','他们')
for e in ex: #剔除不需要的词语
    del d[e]
lsit=list(d.items())   #转换为列表
lsit.sort(key=lambda x:x[1],reverse=True) #按列表元素第2项排序
for i in range(10):
    w,n=lsit[i]
    print('{0:<6}{1:{3}<10}{2:<10}'.format(i+1,w,n,'　'))
</pre></td><td><pre>
运行代码，测试结果如下：
1   令狐冲   5036
2   岳不群   1184
3   师父   1035
4   剑法   1033
5   盈盈   1010
6   弟子   955
7   林平之   929
8   岳灵珊   919
9   恒山   795
10   长剑   751
</pre></td></tr>
</table>

最后一条语句中format()方法的最后一个参数为全角空格，指定第2列中文数据若不足域宽10则使用全角空格（默认半角空格）填充，以达到后面数据对齐的效果。

6.8.3 案例3：词云的制作

对中文小说“笑傲江湖.txt”进行词频统计并以词云形式显示在dog.jpg图片上。

（1）问题分析

中文文本进行词频统计需要分词，使用jieba库进行中文分词；使用wordcloud库制作词云。

① 预处理。使用open()函数打开小说，read()方法读取内容得到一个长的字符串。

② 使用jieba分词得到一个词语列表，然后使用字符串的join()方法将列表连接成一个词语间用空格分隔的长的字符串。

③ 创建词云对象并传入文本创建词云。使用WordCloud类和各种参数创建词云对象，使用词云对象的generate()方法传入文件创建具体的词云，使用to_file()方法保存词云到本地计算机。

（2）编程实现

编写代码与代码测试见表6.18。

表6.18　词云源代码与测试结果

编程实现

```
import jieba
from PIL import Image
import numpy as np
from wordcloud import WordCloud
f=open('笑傲江湖.txt',encoding='gb18030')  #打开文件
fs=f.read()                                #读取文件内容
ls=jieba.lcut(fs)                          #中文分词
ls=[word for word in ls if len(word)>1]    #去掉单字词
txt=' '.join(ls)
dog_mask = np.array(Image.open("dog.jpg")) #打开图片文件
stopwords=set(('甚么','说道','自己','一个','一声','咱\
们','不是','他们'))
wc = WordCloud(
        font_path='simhei.ttf',
        background_color="white",
        max_words=1000,
        mask=dog_mask,
        stopwords=stopwords
        )
wc.generate(txt)                           #产生词云
wc.to_file("笑傲江湖WC.png")                #保存图形
wc.to_image().show()      #返回Image对象后显示在图片查看器中
```

代码测试

执行程序，测试结果如下：

（a）原图片　　（b）词云

小　　结

本章首先介绍了Python中组合数据类型分类、各种类型的特点、序列类型索引与通用操作，然后介绍了元组、列表、集合、字典等对象的创建、特点和处理方法，介绍了推导式与迭代器，介绍了jieba库和wordcloud库的基本用法，最后给出了三个具体应用案例。通过本章的学习，读者能够熟练运用组合数据类型进行程序开发。

思考与练习

一、单选题

1. 下列方法中，可以对列表元素进行排序的是________。

A. reverse()　　B. sorted()　　C. sort()　　D. list()

2. 集合中元素的数据类型不能是________类型。

A. 元组　　B. 数字　　C. 字符串　　D. 列表

3. 下列选项中，不是可变类型的是________。

A. 列表　　B. 字典　　C. 集合　　D. 字符串

4. 下面代码段，运行后输出结果是________。

```
ls=[2,3,7,4,8,6]
print(sorted(ls[3:]))
```

A. [4,6,7,8]　　B. [4,6,8]　　C. [8,6,4]　　D. [8,7,6,4]

5. 下列________可以将键值对添加到字典中。

A. add()　　B. append()　　C. setdefault()　　D. get()

6. 下面代码段，运行后输出结果是________。

```
d={'a':10,'b':20,'c':30}
d['a']=5
d['d']=50
print(d)
```

A. {'a':15,'b':20,'c':30}　　B. {'a':5,'b':20,'c':30}

C. {'a':5,'b':20,'c':30,'d':50}　　D. {'a':10,'b':20,'c':30,'d':50}

二、填空题

1. 使用Python内置的________函数可以创建一个元组。
2. 使用Python内置的________函数可以创建一个列表。
3. Python中的列表元素可以通过________或________两种方式访问。
4. 字典元素由________和________组成。
5. 使用Python内置方法________可以查看字典键的集合。
6. 调用items()方法可以查看字典中所有的________。
7. jieba库是一个________库，________库可以制作词云。
8. 代码[i*2+1 for i in range(5)]的执行结果是________。
9. 代码[i*2+1 for i in range(5) if i%2]的执行结果是________。

三、判断题

1. 列表只能存储同一类型的数据。　　(　　)
2. 元组支持增删改查操作。　　(　　)
3. 列表的正向索引从0开始。　　(　　)
4. 对字典对象进行遍历时，遍历的是字典的数据项。　　(　　)
5. 字典中的键是唯一的。　　(　　)
6. 可以使用大括号（{}）创建空集合。　　(　　)
7. 集合具有无序性、确定性和唯一性。　　(　　)
8. 字典中的元素可以通过索引方式访问。　　(　　)

四、简答题

1. 请简述序列类型、集合类型和映射类型之间的区别。
2. 请简述删除字典元素的几种方法。
3. 请简述列表的特点。
4. 请简述集合运算符的运算规则。

5. 请简述jieba库用于中文分词的几种方法。

五、编程题

1. 把李白的诗集看成一个长字符串（保存在libai.txt中）

（1）得到李白诗词内容中的所有的汉字（不是txt中的所有文字）。

（2）利用字典对李白诗词的进行字频统计，统计每个字出现的次数，并对字频进行归一化处理（即除以诗词数量），然后输出字频统计结果，输出时根据字频降序排列，显示前50个高频词及频率，并注意对齐。

（3）采用同上述相同的方法，得到杜甫诗词（dufu.txt）的字频统计结果。在此基础上获得：

① 李白和杜甫的高频词集合（即频率大于等于0.1的字的集合）。

② 两位诗人都爱用的字。

③ 李白爱用但杜甫不爱用的字。

④ 杜甫爱用而李白不爱用的字。

并输出上述结果，输出时每行10个汉字，汉字之间以2个空格分开。

2. 编写程序，将用户输入的数字转换成相应的中文大写数字。例如，1.65转换为“壹点陆伍”。

3. 编写程序，读取小说《三国演义》文本文件，分析其中人物出场次数，并使用wordcloud制作词云显示人物出场次数。

第7章 文件与数据格式化

通过键盘输入程序所处理的外部数据，易出错、降低了程序执行效率，这种方法只适合输入少量数据的场景，而且有些数据如多媒体数据不能直接从键盘输入。程序处理的数据都暂存在内存中，程序运行结束，数据就会消失。如果程序运行结果只输出到控制台，则不能长久保存。因此，在实际应用中，程序中处理的数据常常需要从外部文件中读入，而输出的数据通常也存储到外部文件中。

文件是一组存储在外存上的数据序列，可以包含任何数据内容。本章主要介绍文件的打开、读写与关闭操作，以及数据的组织维度和文件存储处理，学会对文件的基本处理。

知识导图

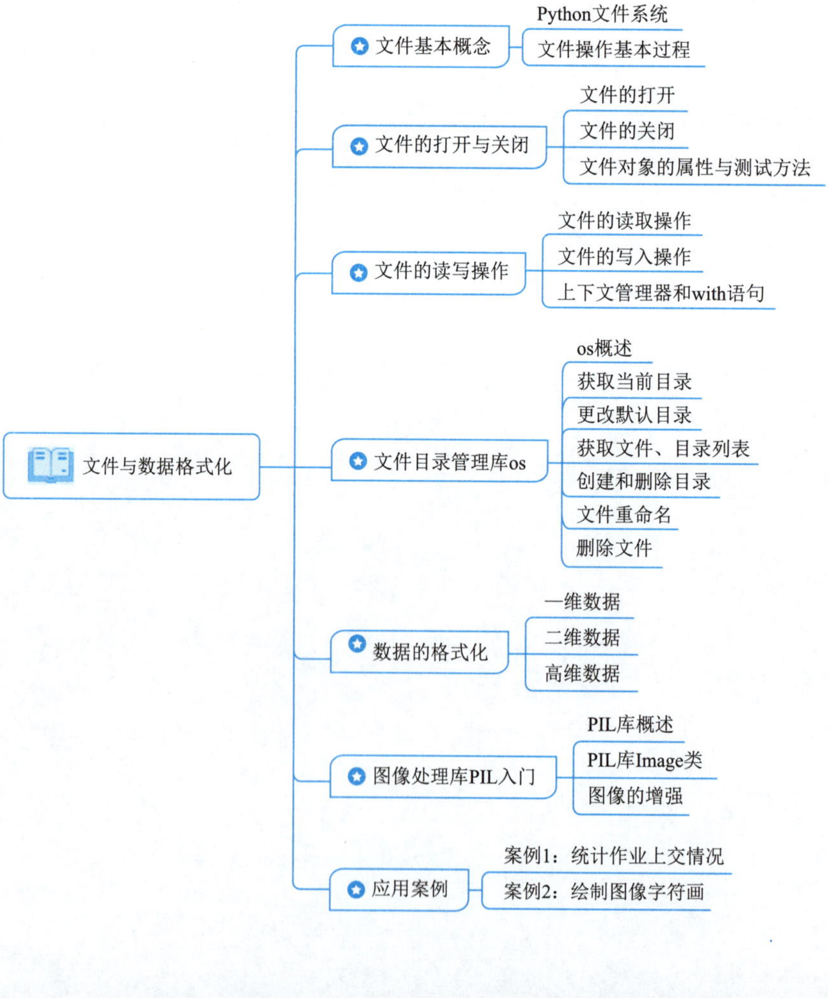

学习目标

- 了解：了解文件的编码及文件的分类。
- 理解：理解文件的分类与编码，文件的打开与关闭、读写的作用，一维数据、二维数据和高维数据的概念。
- 应用：文件的打开与关闭、读写基本操作对文件进行处理，os模块对文件目录的基本操作，能对数据按维度存储和表示，能使用json模块进行格式转换。
- 分析：程序中处理的数据可以来源于文件，能够对文件、文件中的数据按组织维度进行处理。
- 养成：聪明在于勤奋，知识在于积累，要想在工作或学业上取得一定的成就，就要养成积累知识的良好习惯。

7.1　文件基本概念

文件是存储在外部存储器上的一组数据序列，可以包含任何数据内容。概念上，文件是数据序列和抽象。Python语言的文件允许将程序处理的数据独立于程序之外，单独以外部文件的形式存储起来，通过文件名称识别、存取，当程序需要时即可通过一定的方式访问这些文件。存储在外存上的文件既可以是程序所需要的源数据文件，也可以是程序运行后的结果数据文件。

7.1.1　Python 文件系统

Python可以处理外存上的文件。与其他编程语言类似，Python也是将计算机系统中的各种设备抽象为文件对象进行处理，因此程序中使用的文件是逻辑意义上的文件。通过文件对象可以访问一个真正的外存文件或其他类型的存储/通信设备，如标准输入（一般是指键盘）、标准输出（一般指显示器）以及内存缓冲区等。

从文件的存取方式来看，文件分为顺序存取文件和随机存取文件；从文件内容的表示形式来看，文件分为文本文件和二进制文件。

1. 文本文件

文本文件一般是由单一特定的编码组成的字符集，如utf-8编码、gbk编码等，内容容易统一展示和阅读。大部分文本文件都可以通过文本编辑器（如记事本）或文本处理软件创建、修改和展示。

由于文本文件存在编码，所以，它也可以被看作是存储在外存上的长字符串，例如，一个txt格式的文本文件。

Unicode是Python中的字符集，utf-8是Unicode的一种编码实现，所以Python中有string和Unicode两种字符串，Unicode是字符集，称Unicode为内码；string是经过Python编码的，默认为utf-8编码。查看系统中默认编码可以使用以下命令：

```
>>>import sys
>>>sys.getdefaultencoding()
'utf-8'
```

2. 二进制文件

二进制文件直接由0、1二进制编码组成，没有统一的字符编码，文件内部数据的组织格式与文件类型有关。二进制文件是信息按照非字符但有特定格式形成的文件，如png格式的图片文件、jpg格式的图片文件、docx格式的word文档。

二进制文件和文本文件最主要的区别在于是否有统一的字符编码。二进制文件由于没有统一的字符编码，只能当作字节流，而不能看成是字符串。

在Python中，对二进制文件的操作可以选择是否使用缓冲区，而文本文件则必须使用缓冲区处理。缓冲区是内存中的区域，由于内存与内存之间的数据交换比内存与外存之间的数据交换速率快得多，因此当程序中需要进行频繁的文件读写时，使用缓冲区可以减少I/O操作，从而提高效率，也方便处理。

7.1.2 文件操作基本过程

Python程序中读写文件的过程与其他程序设计语言类似，通过打开文件、读写文件和关闭文件对文件进行操作，如图7.1所示。

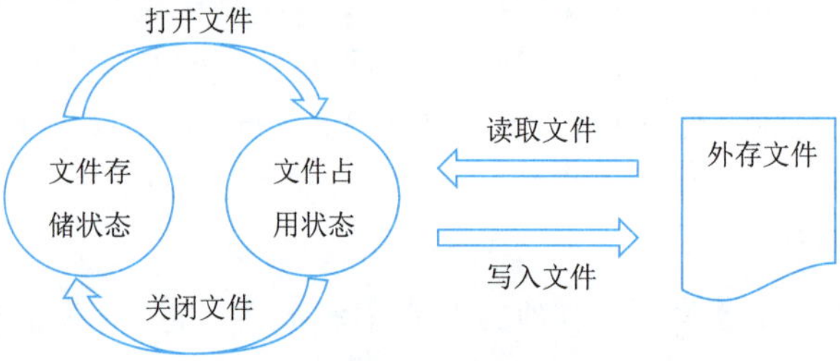

图7.1 文件操作基本过程

7.2 文件的打开与关闭

在Python中，要对文件进行读写操作，首先要打开文件，在内存中创建外存文件的文件对象，通过文件对象来操作外存文件。无论是文本文件还是二进制文件，都可以使用文本文件方式和二进制文件方式打开，但打开后的操作不同。

7.2.1 文件的打开

Python中使用内置函数open()打开需要读写的文件，并返回创建的文件对象。open()函数的常用语法形式为

```
open(file, mode='r', buffering=-1, encoding=None, errors=None)
```

功能：返回一个文件对象，实质是文件对象的引用，通过对它的操作，可以实现对外存文件的读写等操作。

参数说明：

① file：必选参数，是字符串类型，指定要打开的文件。若只有文件名，如“test.txt”，则test.txt

在当前目录中才能访问到，否则要指定文件路径，既可以使用绝对路径，也可以使用相对路径。

绝对路径是从磁盘根目录“/”开始的文件路径，相对路径是从磁盘当前目录开始的路径，其中“.”表示当前目录，可以省略；“..”表示当前目录的父目录。

在Windows操作系统下，路径分隔符应使用转义字符“\\”或“/”，也可以使用“r”指明为原始字符串，例如，“d:\\Python程序\\test.txt”或“d:/Python程序/test.txt”，也可以写为“r’d:\Python程序\test.txt”。文件路径也可以是相对路径，如“./txt/test.txt”“txt/test.txt”，表示当前目录下txt文件夹中的text.txt文件。

② mode：可选参数，指定打开文件的模式，默认值为“r”，以文本模式打开文件。文件存取方式见表7.1。

表7.1 Python支持的文件存取方式

模　式	功　能	使用说明
r	只读方式（默认方式）	文件必须存在，默认方式，若文件不存在则发生异常
w	只写方式	若文件不存在，则创建；若文件已存在，则覆盖原文件
x	创建、只写方式	创建文件并以写方式打开，若文件已存在，则出现异常
a	追加方式	若文件存在，则在文件末尾追加内容，若文件不存在，则新建文件并写入内容
b	二进制方式	与r/w/x/a连用，形式“rb”，其他类似
t	文本方式（默认方式）	与r/w/x/a连用，形式“rt”
+	读/写方式	与r/w/x/a/连用，形式“r+”“r+b”“rb+”“+rb”

例如，如果要以只读方式打开当前文件夹中的文本文件text.txt，使用的代码如下：

```
>>>ftxt=open('text.txt')      #默认只读、文本模式"rt"打开
```

如果需要以二进制写方式打开D盘test文件夹中的love.jpg，则使用的代码如下：

```
>>>f=open('d:\\test\\love.jpg','wb')
>>>f
<_io.BufferedWriter name='love.jpg'>
```

若文件已经存在，则将删除文件中的原有内容。

说明：

①“\t”和“\w”打开方式。

以文本方式打开文件时，默认状态下，读模式会将平台的行结束符（Windows环境中以“\r\n”作为行结束符，而UNIX中则以“\n”作为行结束符）转换为Python的行结束符“\n”读入；而写模式则会将Python的行结束符转换为平台特定的行结束符写入文件。这种默认转换操作对于文本文件是正确的，但可能会破坏二进制数据，因此读写二进制文件时应使用二进制模式。

②“r+”“w+”“x+”和“a+”打开方式。

四种方式打开的文件虽然都允许读写，但使用时还是有区别的，其中：

“r+”是要打开的文件已经存在，并且文件的读写从文件开头开始；

“w+”是新建文件或者把已有文件内容清空，文件读的内容默认是打开文件后新写入的内容；

“x+”是首先创建新文件，如果文件存在则会抛出异常；

"a+"若打开文件的文件已存在，则读写从文件末尾开始。

③ encoding：可选参数，只用在文本文件中，指定解码、编码格式，可以是任何Python支持的编码格式（如utf-8、gbk等），若未指定encoding则使用默认编码gbk。打开文件时查看文件以何种编码打开，可以使用以下命令：

```
>>>f1=open('test.txt') # 默认以只读、文本方式打开一个已存在文件，编码为 gbk
>>>f
<_io.TextIOWrapper name='test.txt' mode='r' encoding='cp936'>
                        # 文件名称、打开方式、编码
>>>f.encoding           # 查看文件对象的编码
'cp936'
```

"cp936"编码就是gbk，IBM在发明Code Page的时候将gbk放在第936页，所以叫cp936。

④ errors：可选参数，指定编码错误时系统如何处理错误，属于字符串类型，只用在文本方式中。errors常用两种取值，"strict"当编码错误时引发异常，是默认值；"ignore"是忽略编码错误但可能造成数据的丢失。

⑤ buffering：可选参数，用于设置缓冲策略，整数类型，默认值为-1。二进制文件和一般的文本文件使用固定大小的缓冲区，缓冲区的大小通常是4 096字节或8 192字节。buffering取值见表7.2。

表7.2 buffering取值

buffering取值	功　能	使用说明
-1	默认值，缓冲区大小固定	通常为4 096或8 192字节
0	关闭缓冲区	只用在二进制方式中
1	行缓冲	只用在文本方式中
大于1的整数	设置缓冲区大小	指定缓冲区的大小

除上述五个参数外，open()函数还可以使用其他参数，如指定控制换行模式等，在此不再赘述。

另外，Python把设备抽象为文件，因此键盘和控制台对应于文件对象。当一个程序开始运行时，Python自动为这个程序打开三个文件，见表7.3。

表7.3 Python自动打开的标准文件

标准文件	文件对象	硬件设备
标准输入	sys.stdin	键盘
标准输出	sys.stdout	控制台
标准错误	sys.stderr	控制台

一般情况下，这三个标准文件与设备相联系，输入来自键盘，输出送到控制台。例如，input()函数的提示信息是写入到sys.stdout中，即打印到控制台中，数据是从键盘进行输入。

7.2.2 文件的关闭

文件打开后，经过一系列的读写操作后要使用文件对象的内置方法close()关闭文件，同时系统会将缓冲区中的数据写入磁盘文件中，否则会造成数据的丢失。

关闭文件是打开文件的逆操作，它切断文件对象与外存文件之间的联系。文件使用完后，如果不关闭，则当程序运行结束时由系统自动关闭，但由系统自动关闭文件存在两个问题：

第一，因为操作系统允许程序同时打开的文件个数是有限的，为了打开更多的文件，不再使用的文件就会被关闭。

第二，在写文件模式下，大多数情况数据不是直接写到文件中的，而是先写到文件的缓冲区中，当缓冲区写满时再送到外存上，如果写入内容已处理完但缓冲区还未满，在不用其他处理且没有关闭文件的情况下，缓冲区的内容要等到程序运行结束时由系统自动关闭该文件才能写出。在这种情况下，若系统发生非正常情况（死机或断电），当前缓冲区中未写到外存上的内容就可能丢失。

关闭文件的close()方法的语法形式如下：

```
文件对象 .close()
```

例如：

```
>>>f=open('Python 文件 /test.txt')      # 打开文件
>>>type(f)                              # 查看文件对象的数据类型
_io.TextIOWrapper
>>>f.close()                            # 关闭文件
```

7.2.3　文件对象的属性与测试方法

文件打开后，文件对象具有特定的属性和测试方法，见表7.4。

表7.4　文件对象常用属性和测试方法

属性或方法（fp是文件对象）	功　能
fp.name	文件对象指向的外存文件名，字符串类型
fp.mode	查看文件打开模式
fp.encoding	查看打开文件的编码
fp.closed	查看文件是否已关闭，已关闭为True，否则为False
fp.readable()	判断文件是否可读，布尔类型
fp.wirtable()	判断文件是否可写，布尔类型
fp.seekable()	判断文件是否支持随机访问

例如：

```
>>>f=open(' 文件 /test.txt')
>>>f.name                # 文件对象对应的磁盘文件
' 文件 /test.txt'
>>>f.mode                # 文件打开方式
'r'
>>>f.seekable()          # 判断文件是否支持随机访问
True
>>>f.closed              # 文件是否关闭
```

```
False
>>>f.close()            # 关闭文件
>>>f.closed             # 文件是否关闭
True
```

7.3 文件的读写操作

文件成功打开后就可以根据打开文件的模式对文件进行操作。对文件的操作主要是读写操作，即对文件的读取和写入操作。

7.3.1 文件的读取操作

在Python中，文件的读取方法和文件读写指针位置方法见表7.5。

表7.5 文件的读取方法和文件读写指针位置方法

方法（fp是文件对象）	功 能
fp.read(size=-1)	从文件中读取整个文件内容，返回字符串或字节流，参数可指定读取的长度
fp.readline(size=-1)	从文件中读入一行内容，返回字符串或字节流，参数可指定读取当前行的长度
fp.readlines(hint=-1)	从文件中读入所有行，返回由每行内容为元素形成的列表，可指定读入的字符数，不足整行时读取整行
fp.seek(offset,whence=0)	改变当前文件操作指针的位置，offset是相对于whence的字节偏移量，whence的值0为文件开头（默认），1为当前位置，2为文件末尾
fp.tell()	返回文件读写指针位置，0表示文件开始位置，n表示读写位置离文件开头的偏移量

每个文件对象都有一个称为文件读写位置的属性，用于记录文件当前读写的位置，也称为文件读写指针。以r/w/r+/w+打开文件时，文件读写指针位于文件开始位置，指针随着读写向文件尾部移动，当读完文件全部内容或写入内容后，指针位于文件末尾。

例7_1 假设有磁盘文件“文件\test.txt”，其内容如图7.2所示。请分别输出文件全部内容、文件第一行、文件除第一行以外的所有行、文件第一行8个字符。

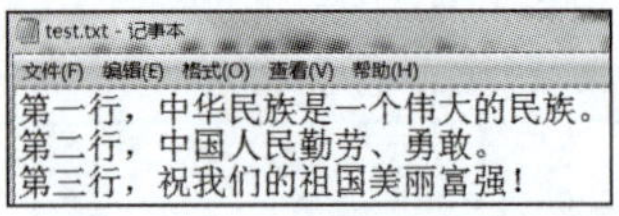

图7.2 test.txt文件内容

操作如下：

```
>>>f=open('文件/test.txt')    # 以文本读方式打开文件，文件操作指针在文件对象的开头
>>>stxt=f.read()     # 返回由文件内容构成的字符串，读取结束，文件操作指针指向文件末尾
>>>print(stxt)
```

第一行，中华民族是一个伟大的民族。

第二行，中国人民勤劳、勇敢。

第三行，祝我们的祖国美丽富强！

```
>>>f.seek(0)                  # 使文件操作指针指向文件开头
>>>s1=f.readline()            # 读取第一行数据，以字符串返回，操作指针移到第二行开头
>>>print(s1)
```

第一行，中华民族是一个伟大的民族。

```
>>>print(f.readlines())       # 读取第二行以下所有行，返回以每行内容为数据项的列表
['第二行，中国人民勤劳、勇敢。\n', '第三行，祝我们的祖国美丽富强！']
>>>f.seek(0)
>>>print(f.read(8))           # 读取当前操作位置前 8 个字符（汉字）
'第一行，中华民族'
>>>f.seek(0)
>>>print(f.readlines(20))     # 以行为单位读取当前行开始 20 个字符
['第一行，中华民族是一个伟大的民族。\n', '第二行，中国人民勤劳、勇敢。\n']
>>>f.seek(8)                  # 读写指针从开头向后移动 8 个字节，gbk 每个汉字编码为 2 个字节
>>>f.tell()                   # 返回当前读写头位置
8
>>>f.read(4)                  # 从当前位置读 4 个字
'中华民族'
>>>f.close()                  # 关闭文件
```

注意：文件的换行符。如果采用二进制打开文件，换行符只有一个符号“\n”，对应一个字节；如果采用文本方式打开文件，换行符表示为一行的结束，辅助程序对文件进行处理，文件的换行符是真实存在的字符。

另外，若以文本模式打开文件，seek()函数的第2个参数whence只能为0，即从文件开头计算偏移字节数。

例7_2　遍历文件“文件\test.txt”各行，输出各行内容，且在各行前面加序号。

（1）问题分析与算法设计

首先以读文件方式mode=“r”即默认方式打开文件，遍历每一行（段）并按要求输出内容。

（2）编程实现

```
f=open("文件\\test.txt")
i=0
for line in f.readlines():    # 遍历每一行
      i+=1
      print('行{}:{}'.format(i,line),end='')
f.close()
```

（3）调试运行代码

保存并运行程序，输出结果如下：

```
行1:第一行，中华民族是一个伟大的民族。
```

```
行2：第二行，中国人民勤劳、勇敢。
行3：第三行，祝我们的祖国美丽富强！
```

说明：

对于代码“for line in f.readlines():”通常写为“for line in f:”遍历文件中各段内容，更加简洁。

7.3.2 文件的写入操作

Python提供了两种文件的写入方法，见表7.6。

表7.6 文件的写入方法

方法（fp是文件对象）	功能
fp.write(s)	向文件写入一个字符串或字节流
fp.writelines(lines)	将一个列表写入文件中，列表中的元素为字符串类型
fp.flush()	将缓冲区的数据立刻写入文件中

例7_3 创建文件“文件\wtest.txt”并写入一个字符串，字符串由键盘输入。

（1）问题分析与算法设计

使用写文件方式mode=“w”在“文件”目录中创建文件wtest.txt，然后通过键盘输入一个字符串并使用write()方法向文件中写入字符串，最后关闭文件。

（2）编程实现

```
f=open("文件/wtest.txt","w")
s=input("请输入一个字符串：")
f.write(s)
f.close()
```

（3）调试运行程序

保存并运行程序，执行结果如下：

```
请输入一个字符串：将输入字符串写到文件中！↙
```

按【Enter】键后，生成的文件wtest.txt内容为“将输入字符串写到文件中！”。

说明：write()方法也可以用于写二进制文件。使用内置函数bytes()可以将一个整数或者数据项为整数的组合数据转换为字节类型。

例如：

```
>>>f=open("文件/wtest.dat","w+b")
>>>f.write(bytes([3,4,5]))
>>>f.seek(0)        #将读写指针移动到文件开头
>>>print(f.read())
b'\x03\x04\x05'
>>>f.close()
```

例7_4 将“test.txt”文件内容（见图7.2）的每一行加上序号“1、2、3……”。

(1) 问题分析

以读写方式打开文件，读取文件每一行内容，行前加上序号后，添加到列表中，最后将列表内容重新写到文件中，覆盖原来的内容。

(2) 编程实现

```
f=open('文件/test.txt',mode='r+')
i=1
ls=[]
for line in f:
    ls.append(str(i)+"\t"+line)
    i+=1
f.seek(0)
f.writelines(ls)
f.close()
```

(3) 调试运行程序

保存并运行程序，原文件内容被修改，如图7.3所示。

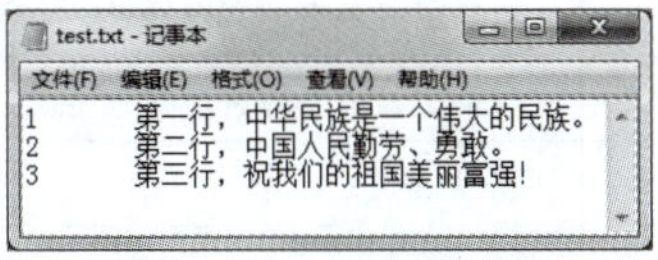

图7.3　修改后的文件内容

7.3.3　上下文管理器和 with 语句

在程序中，执行某些操作之前可能需要先执行一些准备工作的语句，当操作完成后还需要执行一些扫尾工作的语句，例如文件操作时，需要先打开文件，文件处理结束还要关闭文件。

Python支持上下文管理器，上下文管理器是实现了上下文协议的类，通过上下文管理器可以定义和控制执行前的准备及执行后的收尾动作。文件对象可以使用with关键字调用上下文管理器。

with语句的一般语法形式如下：

```
with 上下文管理器表达式 as 变量:
    语句块
```

功能：with语句将上下文管理器表达式的结果赋给变量，并执行所控制的语句块，执行结束自动关闭变量所代表的对象。

例如，打开文件读取到文件每一行并输出，最后关闭文件，基本代码可以写为

```
with open('文件/test.txt ') as f:
        for line in f:
            print(line,end=' ')
```

with语句在文件结束后会自动关闭文件，因此不再需要close()方法来关闭文件。使用with语句使代码更精简、更健壮，所以是Python中操作文件对象的推荐用法。

7.4 文件目录管理库os

7.4.1 os 概述

使用Python内置的os库可以非常方便地对文件和目录进行管理，包括获取当前目录、更改默认目录和获取目录列表、创建或删除文件目录、文件重命名、删除文件等。使用os库之前，先导入，一般导入形式为

```
import os
```

os库常用函数见表7.7。

表7.7 os库常用函数

函　　数	功　　能
getcwd()	返回当前目录的绝对路径
chdir(path)	更改默认目录
listdir(path=None)	返回指定目录中的文件和目录列表
scandir(path=None)	返回指定目录中的文件目录（不包括子目录）
walk(top, topdown=True)	返回指定目录下的目录树
mkdir(path)	创建目录
rmdir(path)	删除目录
rename(src, dst)	文件重命令
remove(path)	删除文件

7.4.2 获取当前目录

os库的getcwd()用来获取当前目录，语法格式为

```
getcwd()
```

功能：返回当前目录的绝对路径，getcwd()没有参数。

例如，执行以下语句，输出当前目录的绝对路径：

```
>>>os.getcwd()
'E:\\源码\\第7章文件'
```

7.4.3 更改默认目录

在对文件或文件夹操作时，更改当前目录即默认目录可以简化文件路径的表示，提高代码的可读性。chdir()用来更改默认目录，语法格式：

```
chdir(path)
```

功能：将path所标识的目录设置为默认目录，path可以是绝对目录也可以是相对目录。

例如：

```
>>>os.chdir('./osTest')   #设置当前目录的子目录 osTest 为当前目录
>>>os.getcwd()
 'E:\\ 源码 \\ 第 7 章文件 \\osTest'
```

7.4.4 获取文件、目录列表

1. listdir() 函数

listdir() 函数用来返回指定目录中的文件和目录列表。语法格式为

```
listdir(path=None)
```

功能：以列表类型返回 path 目录中的文件目录名称，默认为当前目录。

例如，获取当前目录 osTest 中所有文件目录和 osTest 的子目录 aaa 中的文件目录，代码如下：

```
>>>os.listdir()
 ['aaa', 't1.txt', 't2.txt']
>>>os.listdir('aaa')
 ['a1']
```

2. scandir() 函数

scandir() 函数用来返回指定目录中的文件目录，默认为当前目录。语法格式为

```
scandir(path=None)
```

scandir() 函数是返回一个 ScandirIterator 类型的迭代器，可以使用 for 循环遍历每一个类型为 DirEntry 的文件目录。DirEntry 对象常用属性和方法见表 7.8。

表7.8　DirEntry对象属性和测试方法

属　性	含　义
name	获取文件或目录名称
path	获取文件或目录路径
is_dir()	DirEntry 对象是否是一个文件
is_file()	DirEntry 对象是否是一个目录

例如，使用 scandir() 输出子目录 osTest 中的文件和目录名称、路径和是否为文件、是否为目录。代码如下：

```
import os
print(f"{'DirEntry':22}{'name':10}{'path':20}{'is_file()':12}{'is_dir()'}")
for ent in os.scandir('./osTest'):
    print(f'{str(ent):22}{ent.name:10}{ent.path:20}{str(ent.is_file()):12}\
{ent.is_dir()}')
```

保存并运行代码，输出结果如下：

```
DirEntry                  name       path                 is_file()      is_dir()
```

```
DirEntry 'aaa'>          aaa      ./osTest\aaa        False       True
<DirEntry 't1.txt'>      t1.txt   ./osTest\t1.txt     True        False
<DirEntry 't2.txt'>      t2.txt   ./osTest\t2.txt     True        False
```

DirEntry对象使用f-string格式化输出时，不能直接设置域宽，但可以将之转换为字符串后再设置域宽输出。另外，使用f-string输出布尔型量True和False时，如果直接设置域宽则会将布尔量自动转换为数字量输出，可以先将之转换为字符串后再输出即为布尔型形式。

3. walk()函数

walk()函数是一个简单易用的文件、目录遍历器，可以帮助我们高效处理文件、目录方面的事情。walk()函数返回指定目录下的目录树，即包括指定目录及其子目录中的文件目录。语法格式为

```
walk(top, topdown=True)
```

功能：返回的是一个生成器（generator），通过for遍历来获得其中的所有内容。每次遍历的对象都是返回一个三元组（root, dirs, files）：

root：指当前正在遍历的这个文件夹的本身的路径。

dirs：列表类型，内容是该文件夹中所有的目录的名字（不包括子目录）。

files：列表类型，内容是该文件夹中所有的文件（不包括子目录）。

参数：

top指定需要遍历的目录；

topdown为True，则优先遍历top目录，否则优先遍历top的子目录，默认为True。

例如，遍历当前目录osTest及其子目录中所有文件目录，代码如下：

```
>>>for p in os.walk('.'):
    print(p)
```

输出：

```
('.', ['aaa'], ['t1.txt', 't2.txt'])
('.\\aaa', ['a1'], [])
('.\\aaa\\a1', ['a2'], ['t11.txt'])
('.\\aaa\\a1\\a2', [], [])
```

说明：

第一行，表示当前目录中有aaa子目录和t1.txt、t2.txt文件；

第二行，子目录aaa中，有a1子目录，没有文件；

第三行，子目录a1中有a2子目录和t11.txt文件；

第四行，子目录a1中的a2子目录是一个空目录。

根据输出绘制目录树如图7.4所示。

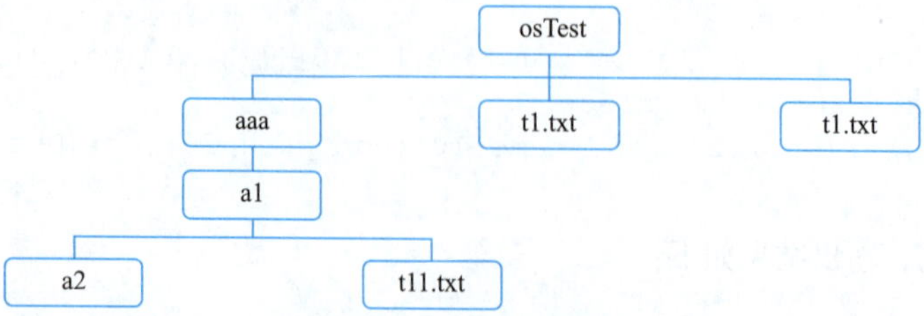

图7.4 osTest目录树

具体应用时，三个函数如何选择呢？如果只需要列出指定目录中的文件目录，使用listdir()函数比较简单；如果不只需要列出文件目录还需要判断是文件还是目录，就需要使用scandir()函数；如果要遍历指定目录下所有的文件目录，就要使用walk()函数。

7.4.5　创建和删除目录

mkdir()函数用来创建目录，rmdir()用来删除目录，两个函数的参数都为路径path，path的最后一个名称是要创建或删除的目录名，语法格式为

```
mkdir(path)
rmdir(path)
```

例如，在当前目录osTest中创建bbb和ccc子目录，并删除ccc子目录，代码如下：

```
>>>os.mkdir('bbb')
>>>os.mkdir('ccc')
>>>os.listdir()
 ['aaa', 'bbb', 'ccc', 't1.txt', 't2.txt']
>>>os.rmdir('ccc')
>>>os.listdir()
['aaa', 'bbb', 't1.txt', 't2.txt']
```

7.4.6　文件重命名

rename()函数用来对文件重命名，语法格式如下：

```
rename(src, dst)
```

功能：将原文件名src改名为dst。

例如，在bbb子目录中创建b.txt文件，写入“123456”，然后将b.txt重命名为“b1.txt”。代码如下：

```
>>>f=open('bbb/b.txt','w')
>>>f.write('123456\n')
>>>f.close()
>>>os.rename('bbb/b.txt','bbb/b1.txt')
>>>os.listdir('bbb')
 ['b1.txt']
```

例7_5　当前目录有“作业3”子文件夹，如图7.5所示，其中有若干以学号和姓名命名的文件夹，形如“001-张小明”，文件夹中有学生上交的作业，文件名形如a2.py、a4.py等，主文件名最后一个数字是作业序号，现要求将每个同学的作业名称改为形如c2.py、c4.py格式。

（1）问题分析

首先使用scandir()和for循环遍历“作业3”文件夹中所有目录，然后再遍历每一个子目录中的文件目录，并将其中的文件改名。

(2)编程实现

```
import os
d=os.scandir('作业3')                  #获取作业3中所有文件目录
for e in d:                            #遍历每个目录
    p2='作业3/'+e.name+'/'
    per=os.scandir(p2)                 #获取每个目录中的文件目录
    for p in per:                      #遍历每个学生目录
        #将原文件名形如a1.py改为c1.py
        os.rename(p2+p.name,p2+'c'+p.name[1:])
```

(3)调试运行程序

保存并运行程序,“作业3”文件夹里的每个学生文件夹中的文件名都改成了形如c1.py形式,如图7.6所示。

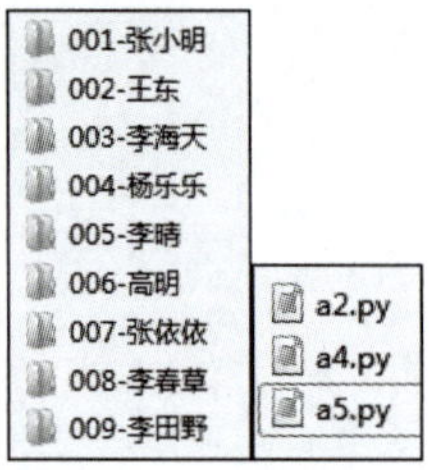

图7.5 学生作业文件夹及文件夹中文件名情况

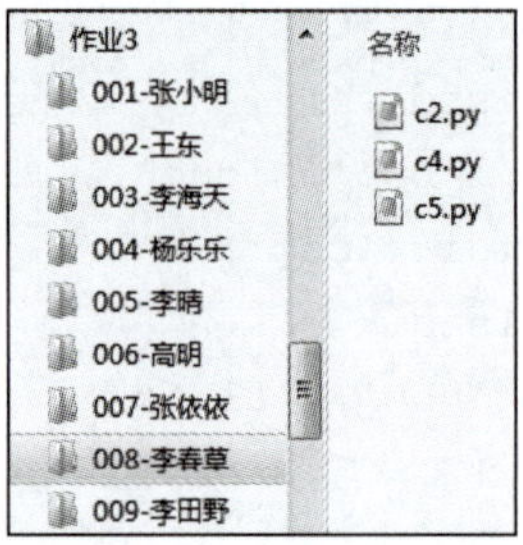

图7.6 文件重命名后

7.4.7 删除文件

remove()函数用来删除指定目录中的文件。语法格式为

```
os.remove(path)
```

例如,删除bbb子目录中的b1.txt,代码如下:

```
>>>os.remove('bbb/b1.txt')
>>>os.listdir('bbb')
 []
```

7.5 数据的格式化

一组数据在被计算机处理前需要具有一定的组织结构,表示数据之间的基本关系和逻辑,进而形成数据的维度。根据数据的关系不同,数据组织可以分为一维数据、二维数据和高维数据。

7.5.1 一维数据

一维数据由具有平等关系的有序或无序数据项构成,采用线性方式组织,类似于数学中数组的概念。例如，中国的直辖市即可表示为一维数据“北京，上海，天津，重庆”，具有线性特点。一维数据非常常见，任何表示为序列或集合的数据都可以看作是一维数据。

1. 一维数据的表示

一维数据是最简单的数据组织结构，由于是线性结构，在Python中主要采用列表形式表示。

例如，中国直辖市数据可以表示为一个列表存储到一个变量中。

```
>>>ls=['北京','上海','天津','重庆']
>>>print(ls)
['北京', '上海', '天津', '重庆']
```

2. 一维数据的存储

一维数据的文件存储有多种方式，总体思路是采用特殊字符作为分隔符分隔各数据，常用的分隔符包括空格、逗号、换行符、分号或其他特殊字符。分隔符都是英文符号。

其中，使用逗号分隔的存储格式叫作CSV格式（comma-separated values，逗号分隔值），它是一种通用的、相对简单的文件格式，在商业和科学上广泛应用，大部分文本编辑器都支持直接读入或保存为CSV的文件格式，如Windows平台上的记事本，也可以使用微软的Office Excel创建、编辑和保存为CSV文件。存储的文件一般采用“.csv”为扩展名。

将列表对象保存为CSV文件，采用字符串的join()方法比较方便。

例如，中国直辖市数据表示的列表对象保存到当前文件夹的“文件”子文件夹中，文件名为lsToCSV.csv，操作代码如下：

```
>>>ls=['北京','上海','天津','重庆']
>>>s=','.join(ls)      # 字符串的join()方法，返回由","连接列表各元素生成的字符串
>>>f=open('文件/lsToCSV.csv','w')
>>>f.write(s)
>>>f.close()
```

生成的lsToCSV.csv文件内容如图7.7所示。

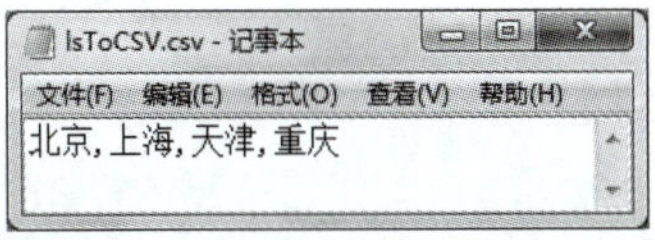

图7.7 一维数据的存储文件

3. 一维数据的处理

对一维数据进行处理首先需要从CSV格式文件中读取一维数据，并将其表示为列表对象。

需要注意，从CSV文件中读取内容时，通常最后一个元素后面包含了一个换行符“\n”。对于数据的表达和使用来说，这个换行符是多余的，可以采用字符串的rstrip()方法去掉数据尾部的换行符，进一步使用split()方法以逗号分隔成列表对象。

例如，读取lsToCSV.csv文件中的内容并转化为列表对象。

操作代码如下：

```
>>>f=open('文件/lsToCSV.csv')  # 打开文件
```

```
>>>s=f.read()                    # 读取文件内容返回字符串类型
>>>s=s.rstrip()                  # 去掉尾部空白
>>>ls=s.split(',')               # 将字符串按逗号分隔，返回由多个数据项生成的列表
>>>print(ls)
['北京', '上海', '天津', '重庆']
```

由于一维数据采用简单的列表形式表示，一维数据的处理与列表类型的操作一致，不再赘述。

7.5.2 二维数据

二维数据也称为表格数据，由关联关系数据构成，采用二维表格方式组织。

例如，学生表内容见表7.9，表格第一行列标题“姓名”、“性别”、“年龄”和“平均成绩”，是数据外的说明部分，表格其他行的纵向各列为具体数据，形成了二维数据关系。

表7.9 学生表

姓 名	性 别	年 龄	平均成绩
张小明	男	19	91
李红	女	18	97
王大鹏	男	18	96

说明：表示二维数据的表格也可以没有列标题，即首行被看作二维数据的一部分。

1. 二维数据的表示

二维数据是由多个一维数据构成，可以看作是一维数据的组合形式，因此二维数据可以采用二维列表来表示，即列表的每一个元素对应二维数据的一行，这个元素本身也为列表，内部列表各元素对应这一行中的各列值。

例如，表7-10中的数据采用列表方式表示，形式如下：

```
>>>ls=
[
['姓名','性别','年龄','平均成绩'],
[ '张小明','男','19','91'],
[ '李红','女','18','97'],
[ '王大鹏','男','18','96']
]
```

说明：为便于操作，二维数据一般采用相同的数据类型存储，因此上例中将数值统一表示为字符串类型。

2. 二维数据的存储

二维数据由一维数据组成，用CSV格式文件存储，CSV文件每一行是一维数据，整个CSV文件是一个二维数据。

例7_6 将表7-10的数据存储为CSV文件，文件名为score.csv。

（1）问题分析

二维列表对象输出为CSV格式文件，通常采用对列表遍历和字符串的join()方法。

（2）编码实现

```
ls=[['姓名','性别','年龄','平均成绩'], #二维数据表示为列表对象
    ['张小明','男','19','91'],
    ['李红','女','18','97'],
    ['王大鹏','男','18','96']]
f=open('文件/scores.csv','w')           #打开文件
for line in ls:                         #遍历列表的每一个元素（第一个元素也是一个列表）
      f.write(','.join(line)+'\n')      #每一个子列表的所有元素连接为一个字符串写到文件中
f.close()
```

（3）调试运行程序

保存并运行程序，生成的scores.csv文件内容如图7.8所示。

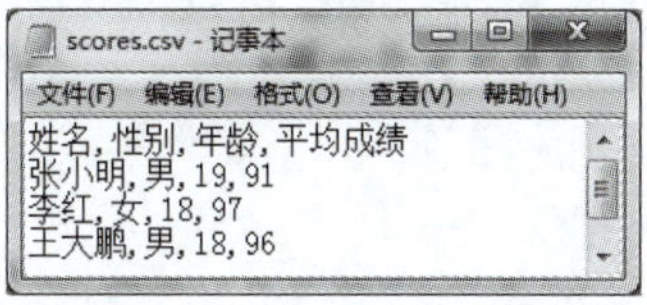

图7.8 score.csv文件内容

3. 二维数据的处理

对二维数据进行处理首先需要从CSV格式文件读取二维数据，并将其表示为二维列表对象。例如，从scores.csv文件读取数据并存储到列表中。

编码实现：

```
ls=[]
with open('文件/scores.csv') as f:
      for line in f:                          #遍历文件每一行
            lt=line.strip().split(',')        #去掉每行首尾段落结束符并分割为列表
            ls.append(lt)                     #将行列表添加到列表中生成二维列表
print(ls)
```

运行代码，测试结果如下：

```
[['姓名', '性别', '年龄', '平均成绩'], ['张小明', '男', '19', '91'], ['李红',
'女', '18', '97'], ['王大鹏', '男', '18', '96']]
```

将文件中二维数据读取到列表对象后，下一步的处理实质是对二维列表的处理。与一维列表不同，二维列表一般需要借助循环遍历实现对每个数据的处理，基本代码格式如下：

```
for row in ls:
    for item in row:
        <对第row行第item列元素进行处理>
```

例7_7 将文件score.csv中的数据读出来并进行格式化输出，打印成表格形式。

（1）问题分析

使用read()函数读出CSV文件所有内容，遍历第一行，去掉每行后的回车符并按逗号分隔数据形

成一个列表，作为子列表追回到大列表中，这样将所有数据保存到一个二维列表。最后遍历列表按格式进行输出。

(2) 编程实现

```
ls=[]
with open('文件/scores.csv') as f:
    for line in f:
        lt=line.rstrip('\n').split(',')
        ls.append(lt)
for row in ls:
    line=''
    for item in row:
        line+='{1:{0}<5}'.format('　',item)
    print(line)
```

(3) 调试运行程序

保存并运行程序，输出结果如下：

```
姓名　　性别　　年龄　　平均成绩
张小明　男　　　19　　　91
李红　　女　　　18　　　97
王大鹏　男　　　18　　　96
```

说明：为了解决中文和数字混排输出时的不能对齐问题，在“line+='{1:{0}<5}'.format('　', item)”语句指定每个数据的输出域宽为5，这样若数据不足5位则使用全角空格填充，而非默认的半角空格填充，从而可解决不对齐问题。

7.5.3 高维数据

高维数据相比一维数据和二维数据能表达更加灵活和复杂的数据关系。高维数据由键值对类型的数据构成，采用对象方式组织，可以多层嵌套。

高维数据在Web系统中十分常用，是互联网内容的主要组织方式，衍生出HTML、XML、JSON等具体数据组织的语法结构。下面介绍JSON格式字符串以及JSON格式字符串与Python对象的相互转码。

1. JSON格式数据

JSON（JavaScript object notation）是一种轻量级的数据交换格式，易于阅读和编写，同时也易于机器生成。

JSON数据有两种结构，即对象和数组，通过这两种结构可以表示各种复杂的结构。

(1) JSON对象

JSON对象是一个无序的用花括号“{}”括起来的“键:值”对的集合，“键:值”对之间使用逗号分隔，数据结构为{key:value,key:value,…}。在面向对象的语言中，key为对象的属性，value为对应的属性值，很容易理解，取值方法为“对象.key”获取属性对应的属性值，属性值的类型可以是数字、字符串、数组、对象等类型。

例如：表示一个学生对象的JSON格式：

```
{
    "姓名":"张小明",
    "性别":"男"
}
```

（2）JSON 数组

JSON数组是用中括号“[]"括起来的值的有序集合，值之间使用逗号分隔，数据结构形为["Python","Java","Javascript",…]，元素类型可以是数字、字符串、数组、对象等，使用索引（元素在数组中的位置编号）获取元素值。

例如，一组学生对象的JSON格式为

```
{
  "学生":[
        {"姓名":"张小明","性别":"男"},
        {"姓名":"李红","性别":"女"},
        {"姓名":"王大鹏", 性别":"男"}
        ]
}
```

注意：

① JSON简单值包括数字、字符串和布尔值，其中字符串必须使用双引号括起来。

② JSON对象中的属性名必须使用双引号括起来。

③ JSON中不能使用注释。

例7_8　有学生成绩表见表7.10，它不是一个二维表，而是一个高维表。怎样使用JSON格式表示学生成绩表中的数据呢?

表7.10　学生成绩表

姓　名	性　别	年　龄	成　绩		
			语　文	数　字	英　语
张小明	男	19	98	100	99
李红	女	18	97	98	96

（1）问题分析

使用JSON格式可以表示高维数据之间的关系。

（2）JSON 字符串表示

```
{
  "学生": [
    {
      "姓名": "张小明",
      "性别": "男",
```

```
            "年龄": "19",
            "成绩": {
              "语文": "98",
              "数学": "100",
              "英语": "99"
            }
          },
          {
            "姓名": "李红",
            "性别": "女",
            "年龄": "18",
            "成绩": {
              "语文": "97",
              "数学": "98",
              "英语": "96"
            }
          }
      ]
    }
```

JSON数据也可以写为压缩格式，即去掉其中的空格与回车。例如，上述JSON数据可以写为

```
{"学生":[{"姓名":"张小明","性别":"男","年龄":"19","成绩":{"语文":"98","数学":"100","英语":"99"}},{"姓名":"李红","性别":"女","年龄":"18","成绩":{"语文":"97","数学":"98","英语":"96"}}]}
```

把JSON格式数据写到文件中，假设文件名称为“test.json”，保存起来，如图7.9所示。为便于阅读，采用非压缩格式。

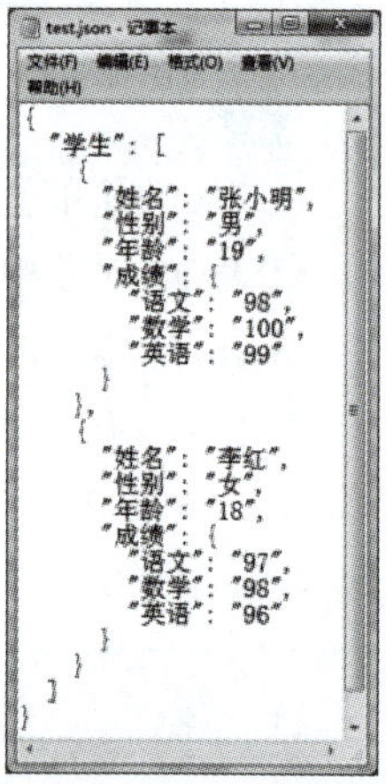

图7.9 JSON文件格式

2. Python中的json库

Python提供了标准库json可以实现Python对象和JSON数据之间的转码，常用函数及其具体功能见表7.11。

表7.11 json库常用函数

函数（可选参数略）	功　能
dumps(obj)	对Python对象obj进行转码，将其转化为JSON字符串
dump(obj,fp)	将Python中的对象obj转化成JSON存储到文件fp中，其中fp为文件对象
loads(s)	将JSON字符串s解析为Python对象
load(fp)	将文件fp中的JSON的格式转化成Python对象

Python对象与JSON格式相互转码时，它们的数据类型会发生变化，对应关系见表7.12。

表7.12　Python对象与JSON数据转换时的类型对照表

Python对象	JSON数据
dict	object对象
list, tuple	array数组
str, unicode	string字符串
int, long, float	number数字
True	true布尔值
False	false布尔值
None	null空

（1）load() 函数

使用load()函数将文件中的JSON字符串解析为Python对象。

例7_9　读取test.json文件中的JSON数据，将JSON字符串解析为Python对象，并查看对象的类型和内容。

编码实现：

```
import json
fp=open('test.json',encoding='gbk')
print(fp.read())
fp.seek(0)
jtod=json.load(fp)
fp.close()
print(type(jtod))
print(jtod)
```

保存代码并执行，输出结果如下：

```
{
  "学生": [
   {
      "姓名": "张小明",
      "性别": "男",
      "年龄": "19",
      "成绩": {
        "语文": "98",
        "数学": "100",
        "英语": "99"
      }
   },
   {
      "姓名": "李红",
      "性别": "女",
      "年龄": "18",
      "成绩": {
```

```
            "语文": "97",
            "数学": "98",
            "英语": "96"
          }
        }
      ]
    }
    <class 'dict'>
    {'学生': [{'姓名': '张小明', '性别': '男', '年龄': '19', '成绩': {'语文': '98', '数学': '100', '英语': '99'}}, {'姓名': '李红', '性别': '女', '年龄': '18', '成绩': {'语文': '97', '数学': '98', '英语': '96'}}]}
```

从中可以看出，程序正确地读取了test.json中的json格式数据，使用load()函数将JSON格式转换成了Python中的字典对象（格式与JSON的压缩格式类似）。

（2）dump()函数

使用dump()函数可以对Python对象进行转码，转化为JSON字符串，如果Python对象中含有中文，在dump()函数中使用ensure_ascii=False参数进行转码。

例7_10　将学生表（见表7.13）中的数据使用字典表示，并转换为JSON字符串保存到文件中，然后从文件中读取数据并使用字典表示出来。

表7.13　学生表

姓　名	性　别	年　龄	平均成绩
张小明	男	19	91
李红	女	18	97

（1）问题分析

使用字典表示学生表中数据，可把“学生”当作字典的键，其值为列表类型，每个学生信息为列表的元素，类型为字典。

使用dump()将字典转换为JSON字符串，写到文件中；使用load()函数把从文件中读取的JSON字符串转换为字典。

（2）编程实现

```
import json
ls={'学生':[{'姓名':'张小明','性别':'男','年龄':19,'平均成绩':91}
,{'姓名':'李红','性别':'女','年龄':18,'平均成绩':97}]}
fp=open('dtoj2.json',mode='w+')
json.dump(ls,fp,ensure_ascii=False)          # 字典转换为JSON字符串保存到文件中
fp.seek(0)
print(json.load(fp))                         # 读取文件将JSON格式转换为字典并输出
fp.close()
```

（3）调试、运行程序

保存并运行程序，输出结果如下：

```
{'学生': [{'姓名': '张小明', '性别': '男', '年龄': 19, '平均成绩': 91},
{'姓名': '李红', '性别': '女', '年龄': 18, '平均成绩': 97}]}
```

打开生成的dtoj2.json文件，文件内容如下：

```
{"学生": [{"姓名": "张小明", "性别": "男", "年龄": 19, "平均成绩": 91},
{"姓名": "李红", "性别": "女", "年龄": 18, "平均成绩": 97}]}
```

从输出结果可以看出，Python字典数据与JSON字符串正确地进行了相互转码。另外，从表示形式上，JSON字符串与字典表示类似，只是JSON中的字符串需要使用双引号括起来，而字典中字符串可以使用单引号、双引号或三引号括起来。

dumps()函数是将Python对象转换为JSON格式字符串，loads()函数是将JSON格式数据转换为Python对象，例7_10也可以使用这两个函数实现，在此不再详述。

7.6　图像处理库PIL入门

7.6.1　PIL库概述

PIL（Python image library）库是Python语言的第三方库，需要通过pip工具安装（Anaconda已预装）。在Windows操作系统中安装PIL库的方法是：

打开cmd窗口（须先激活Python虚拟环境），在命令提示符后输入命令“pip install pillow”按【Enter】键即可在线联网安装。

PIL库支持图像存储、显示和处理，它能够处理几乎所有图片格式，主要包括两种操作：

① 图像归档：对图像进行批处理、生成图像预览、图像格式转换等。

② 图像处理：图像基本处理、像素处理、颜色处理等。

7.6.2　PIL库Image类

1. 创建Image对象

PIL中，任何一个图像文件都可以用Image对象表示。Image类的图像读取和创建Image对象常用方法见表7.14。

表7.14　创建Image对象的方法

方　法	功　能
Image.open(filename)	根据参数加载图像文件，生成Image对象
Image.new(mode,size,color)	根据给定参数创建新的图像文件
Image.open(io.StringIO(buffer))	从字符串中获取图像，生成Image对象

例7_11　使用交互方式打开“文件”子目录中的图像dog.jpg并查看对象类型和显示图像。

代码如下：

```
>>>from PIL import Image
>>>im_dog=Image.open('文件/dog.jpg')        #加载图像
```

```
>>>type(im_dog)
PIL.JpegImagePlugin.JpegImageFile
>>>im_dog                                        # 显示图像
```

显示的图像如图7.10所示。

图7.10 使用Image显示图像

2. 获取图片的常用属性

使用Image创建的图片对象常用属性见表7.15。

表7.15 Image对象常用属性（im为Image对象）

属　性	描　述
im.format	标识图像格式或来源，如果图像不是从文件读取，值是None
im.mode	图像的色彩模式，"L"为灰度图像、"RGB"为真彩色图像、"CMYK"为出版图像
im.size	图像宽度和高度，单位是像素（px），返回值是二元元组（tuple）

例如，接例7_11，查看im_dog图片的格式、模式和尺寸，代码如下：

```
>>>im_dog.format,im_dog.mode,im_dog.size
('JPEG', 'RGB', (750, 500))
```

3. 图像转换和保存

Image对象的图像转换和保存方法见表7.16。

表7.16 Image对象的图像转换和保存方法

方　法	描　述
im.save(filename, format)	图像以filename文件名保存，format是图片格式
im.convert(mode)	转换为新模式（L为灰色）的图像，生成副本
im.thumbnail(size)	修改图像大小，size是缩略图尺寸的二元元组，就地修改
im.tell()	返回动画当前帧编号
Im.seek(fnum)	转到指定的帧，并返回当前帧

例如，将例7_11中图像转换为灰色生成新图像，新图像大小修改为宽度75、高度50，并保存为png格式，代码如下：

```
>>>im_dog2=im_dog.convert('L')  # 彩色 'RGB' 变为灰色 'L'，可反之
>>>im_dog2.thumbnail((75,50))
>>>im_dog2.save('dog.png','png')  # 图片格式可以扩展名不一致，后者为准
```

图7.11　图像灰色缩略图

保存的图像文件如图7.11所示。

例7_12　GIF文件图像提取。对一个GIF格式动画文件，提取其中各帧图像并保存为文件。

（1）问题分析

使用Image类的open()方法打开文件，tell()获取当前帧号并保存到变量current中，save()保存图像文件，使用seek()定位下一帧。当处理完最后一帧继续定位下一帧时就会产生异常，使用try...except语句捕获异常并处理。

（2）编码实现

```
from PIL import Image
im_cat = Image.open('文件/cat.gif') # 读入GIF文件
try:
    while True:
        current=im_cat.tell()            # 获取当前帧图片
        im_cat.save('文件/cat/cat{:02d}.png'.format(current+1))# 保存当前帧图片
        im_cat.seek(current+1)           # 获取下一帧图片
except Exception as e:
    print('处理结束')
    print(e)
```

（3）调试、运行程序

运行代码，原gif文件和生成的png图片文件如图7.12所示。

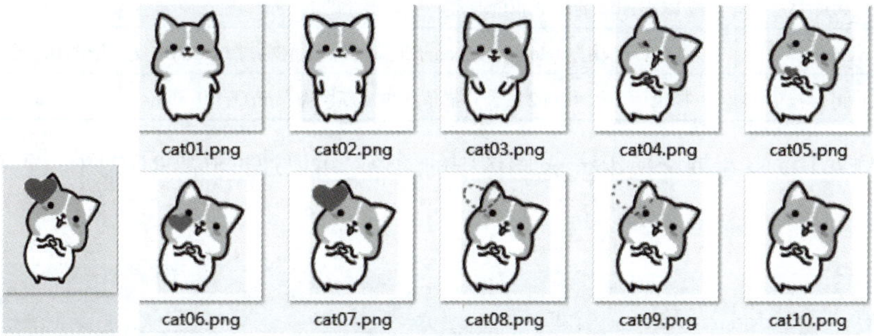

图7.12　原gif文件和生成的png文件

4. 图像缩放和旋转

Image对象可以缩放和旋转图像，见表7.17，其中，rotate()方法以逆时针旋转的角度值作为参数来旋转图像。

表7.17　图像缩放与旋转方法

方　法	描　述
im.resize(size)	按size（元组）大小调整图像，生成副本
im.rotate(angle)	按angle角度旋转图像，生成副本

例如，接例7_10，将im_dog对象的大小设置为宽150高100、旋转60度并显示出来。

执行代码如下：

```
>>>im_dog3=im_dog.resize((150,100))
>>>im_dog3=im_dog3.rotate(60)
>>>im_dog3
```

生成的新图片如图7.13所示。

图7.13 图像缩放与旋转后

5. 图像颜色通道的操作

Image对象能够对每个像素点或者一幅RGB图像的每个通道单独进行操作，常用方法见表7.18，其中split()方法能够将RGB图像各颜色通道提取出来，Image类的merge()方法能够将各独立通道再合成一幅新的图像。

表7.18 图像像素和通道处理方法

方法	描述
im.point(func)	根据函数func()对每个像素进行运算，生成图像副本
im.split()	提取RGB图像的每个颜色通道，生成图像副本
Image.merge(mode,bands)	合并通道，采用mode色彩，bands是新的色彩通道，如split()方法获取的(R,G,B)元组
im.blend(im1,im2,alpha)	将两幅图片im1和im2按公式插值后生成新图像：im1*(1.0−alpha)+im2*alpha

例如，接例7_10，如果要交换dog.jpg图像中的颜色，可以通过分离RGB图片的三个颜色通道实现颜色交换。

代码如下：

```
>>>r,g,b = im_dog.split()
>>>im_dog4 = Image.merge("RGB", (b, g, r))
>>>im_dog4.save('文件/dogBGR.jpg')
```

生成的图像如图7.14所示。

图7.14 颜色变换后的图像

例7_13 修改dog.jpg图像各颜色通道的像素点，使R通道的像素点的值为原值的1.2倍，B通道只选择像素值小于100的点，G通道的像素点不变。

（1）问题分析

操作图像各颜色通道的每个像素点采用split()和point()方法实现，参数采用lambda表达式实现。

（2）编程实现

```
from PIL import Image
im=Image.open('文件/dog.jpg')                    #打开图片文件
r,g,b=im.split()                                 #获得RGB通道数据
newg=g.point(lambda i: i * 1.2)                  #将G通道颜色值改为原来的1.2倍
newb=b.point(lambda i: i < 100)                  #选择B通道值低于100的像素点
om=Image.merge(im.mode, (r, newg, newb))         #合形成新图像
om.save('文件/dog_point.jpg')                    #输出图片
```

运行代码，生成的图片如图7.15所示。

图7.15 修改颜色后的图片

6. 图像的过滤

利用Image对象的filter()方法可以使用ImageFilter类提供的预定义滤波器作为参数对图像进行过滤。filter()方法格式如下：

```
filter(ImageFilter.fuction)
```

PIL库的ImageFilter类提供了过滤图像的滤波器，见表7.19。

表7.19 ImageFilter类过滤图像的滤波器

滤 波 器	描 述
ImageFilter.BLUR	图像的模糊效果
ImageFilter.CONTOUR	图像的轮廓效果
ImageFilter.DETAIL	图像的细节效果
ImageFilter.EDGE_ENHANCE	图像的边界加强效果
ImageFilter.EDGE_ENHANCE_MORE	图像的阈值边界加强效果
ImageFilter.EMBOSS	图像的浮雕效果
ImageFilter.FIND_EDGES	图像的边界效果
ImageFilter.SMOOTH	图像的平滑效果
ImageFilter.SMOOTH_MORE	图像的阈值平滑效果
ImageFilter.SHARPEN	图像的锐化效果

例7_14 提取dog.jpg图像的轮廓图，使图像变得更加抽象、更具想象空间。

编码实现：

```
from PIL import Image
from PIL import ImageFilter
im=Image.open('文件/dog.jpg')
om=im.filter(ImageFilter.CONTOUR)
om.save('文件/dogContour.jpg')
```

运行程序，生成的图像如图7.16所示。

图7.16 图像轮廓图

7.6.3 图像的增强

PIL中的ImageEnhance类提供了更高级的图像增强需求，它提供调整色彩度、亮度、对比度、锐化等功能。ImageEnhance类的常用方法见表7.20。

表7.20 ImageEnhance类的增强方法

方 法	描 述
ImageEnhance.enhance(factor)	对选择属性的数值增强factor倍
ImageEnhance.Color(im)	调整图像的颜色平衡
ImageEnhance.Contrast(im)	调整图像的对比度
ImageEnhance.Brightness(im)	调整图像的亮度
ImageEnhance.Sharpness(im)	调整图像的锐度

例7_15 增强dog.jpg图像的图像对比度，将其对比度增强为初始的20倍。

编码实现：

```
from PIL import Image
from PIL import ImageEnhance
im=Image.open('文件/dog.jpg')
om=ImageEnhance.Contrast(im)              #对比度
om=om.enhance(20)                         #对比度增强20倍
om.save('文件/dog_enhance.jpg')
```

执行代码，生成的新图像与原图像对比如图7.17所示。

（a）原图像　　　　（b）对比度增强后的图像

图7.17　图像增强效果

7.7　应用案例

7.7.1　案例1：统计作业上交情况

在当前目录的“案例素材”文件夹中有“作业1”～“作业3”文件夹和存放在student.txt文本文件中的学生名单，如图7.18所示，每个文件夹中存放了学生上交的作业。请编程实现统计学生上交作业情况并保存到CSV文件中，CSV格式如图7.19所示。

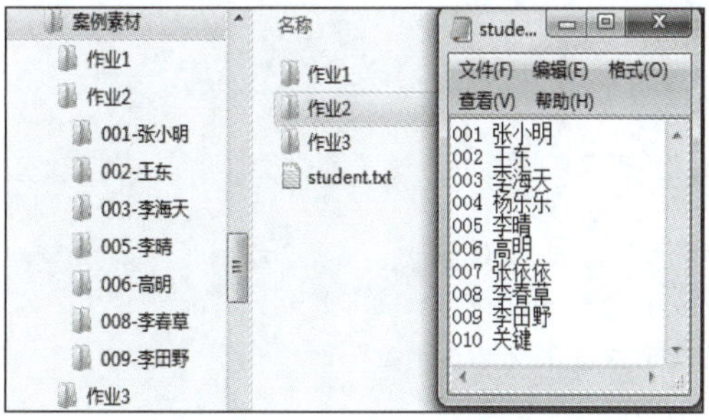

图7.18　学生作业文件夹和学生名单

	A	B	C	D	E	F	G	H	I	J	K	L	M	N	O	P	Q
1	学号	姓名	a1.py	a2.py	a3.py	a4.py	a5.py	b1.py	b2.py	b3.py	b4.py	b5.py	c1.py	c2.py	c3.py	c4.py	c5.py
2	1	张小明	1	1	1	0	0	1	0	1	1	0	1	1	1	1	0
3	2	王东															
4	3	李海天															
5	4	杨乐乐															
6	5	李晴															
7	6	高明															
8	7	张依依															
9	8	李春草															
10	9	李田野															
11	10	关键															

图7.19　学生作业上交情况

1. 问题分析

①生成学生学号和姓名的列表，形如“[['001','张小明'],['002','王东']]”。

②将作业上交情况保存到字典中，形如“{'作业1':{'001':['张小明','a1.py','a2.py','a4.py']}”。

③每次作业5道题，已交为1，未交插入0，形如“{'作业1':{'001':['张小明',1,1,0,1,0]}”。

④每次作业没交的同学设置其5道题均为0，形如“{'作业2':{...,004 ['杨乐乐', 0,0,0,0,0],...}”。

⑤ 将作业上交情况添加到学生列表中，形如“[['001','张小明',[1,1,0,1,0],[1,1,0,1,0],[1,1,0,1,0],..']”。

⑥ 输出到CSV文件。

2. 编程实现

```
import os
#① 将学生名单按学号与姓名填入 CSV 文件
cp='./案例素材/'
stud=open(cp+'student.txt')
std=[]
for line in stud:                              #生成学号与姓名的列表
    no,name=line.strip().split()
    std.append([str(no),name])
stud.close()
#② 将学生作业情况存到字典中
hm={'作业1':{},'作业2':{},'作业3':{}}
walks=list(os.walk(cp))
for p,ds,fs in walks:
     if len(ds)==0 and len(fs)!=0:
            p=p.split('\\')
            hmn=p[0].split('/')[2]
            #print(hmn)
            no,name=p[1].split('-')
            hm[hmn][no]=[name]+fs
#③ 每次作业5道题，已交为1，未交插入0
zy=['a','b','c']
n=0
for hme in hm:
     print(hme)
     for hmename in hm[hme]:
          hmls=hm[hme][hmename]
          for i in range(1,6):
                if zy[n]+str(i)+'.py' not in hmls:
                     hmls.insert(i,0)
                else:
                     hmls[i]=1
          print(hmename,hmls)
     n+=1
#④ 每次作业没交的同学设置5道题上交为0
for no,name in std:
     for hme in hm:
          if no not in list(hm[hme].keys()):
                hm[hme][no]=[name,0,0,0,0,0]
```

```
#⑤ 将作业上交情况添加到学生列表中
for stt in std:
    for hmname in ('作业1','作业2','作业3'):
        stt.append(hm[hmname][stt[0]][1:])
#⑥ 输出到CSV文件
hw=open(cp+'homework2.csv','w')          #保存到文件
title=('学号','姓名','a','b','c')
for tt in title[:2]:                     #输出列标题
    hw.write(tt+',')
for tt in title[2:]:
    for i in range(1,6):
        hw.write(tt+str(i)+'.py'+',')
hw.write('\n')
for stt in std:                          #输出数据
    hw.write(str(stt[0])+',')
    hw.write(stt[1]+',')
    for st in stt[2:]:
        for i in range(5):
            hw.write(str(st[i])+',')
    hw.write('\n')
hw.close()
```

运行程序，生成的CSV文件如图7.20所示。

	A	B	C	D	E	F	G	H	I	J	K	L	M	N	O	P	Q
1	学号	姓名	a1.py	a2.py	a3.py	a4.py	a5.py	b1.py	b2.py	b3.py	b4.py	b5.py	c1.py	c2.py	c3.py	c4.py	c5.py
2	1	张小明	1	1	0	1	0	1	1	0	1	0	1	1	0	1	0
3	2	王东	1	1	1	0	0	1	1	0	1	0	1	1	1	0	0
4	3	李海天	1	1	0	0	1	1	1	0	1	1	1	1	0	0	1
5	4	杨乐乐	1	1	1	0	0	0	0	0	0	0	1	1	1	0	0
6	5	李晴	0	1	1	1	0	0	1	1	1	0	0	0	0	0	0
7	6	高明	1	0	1	1	0	1	0	1	1	0	1	0	1	1	0
8	7	张依依	1	1	1	0	0	0	0	0	0	0	1	1	1	0	0
9	8	李春草	0	1	0	1	1	0	1	0	1	1	0	1	0	1	1
10	9	李田野	1	1	1	0	0	1	1	1	0	0	1	1	1	0	0
11	10	关键	1	1	0	1	0	0	0	0	0	0	1	1	0	1	0

图7.20　生成的学生情况统计表CSV文件

说明： 使用Excel打开CSV文件时，学号会自动转换为数字类型，使用记事本打开仍为字符串类型，形如“001”。

7.7.2　案例2：绘制图像字符画

位图图片是由不同颜色像素点组成的规则分布，如果采用字符代替像素，图像就成为了字符画。

1. 问题分析

定义一个字符集，将这个字符集替代图像中的像素点。

```
ascii_char="$@B%8&WM#*oahkbdpqwmZO0QLCJUYXzcvunxrjft/\|()1{}[]?-_+~<>i!;:,\"^`'."
```

定义彩色向灰度的转换公式如下，其中R、G、B分别是像素点的RGB颜色值：Gray=R*0.2126+G*0.7152+B*0.0722

因此，像素的RGB颜色值与字符集的对应函数如下：

```
def get_char(r, b, g, alpha=256):    #8位灰度通道
    if alpha == 0:
        return ' '
    gray=int(0.2126*r+0.7152*g+0.0722*b)
    unit =alpha/len(ascii_char)     #每个字符代表颜色值
    return ascii_char[gray//unit]
```

2. 编码实现

编码实现与代码测试见表7.21所示。

表7.21 编码实现和代码测试

编 程 实 现	代 码 测 试

编程实现：

```
from PIL import Image
ascii_char="$@B%8&WM#*oahkbdpqwmZO0QLCJUYXzcvunxr\
jft/\|()1{}[]?-_+~<>i!;:,\"^`'."
def get_char(r,g,b,alpha=256):
    if alpha==0:
        return ' '
    gray=int(0.2126*r+0.7152*g+0.0722*b)
    unit=256/len(ascii_char)
    return ascii_char[int(gray//unit)]
def main():
    im=Image.open('文件/starPic.jpg')
    WIDTH,HEIGHT=180,30
    im=im.resize((WIDTH, HEIGHT))
    txt=""
    for i in range(HEIGHT):
        for j in range(WIDTH):
            txt+=get_char(*im.getpixel((j, i)))
        txt+='\n'
    fo=open("文件/starPic_char.txt","w")
    fo.write(txt)
    fo.close()
main()
```

代码测试：

(a)原图片

(b)字符图片

小　结

本章主要介绍了文件和数据格式化相关的知识，包括计算机文件的定义、文件的基本操作以及数据维度和一维、二维和高维数据的格式化等，介绍了文件目录操作库os和高维数据处理json库，介绍了图像处理库PIL中的Image类和ImageEnhance类的基本用法，最后给出了2个具体应用案例。通过本章的学习，读者应能够了解计算机中文件的概念、熟练存取文件、掌握文件目录基本操作和

数据维度组织，并掌握常见的数据组织形式。

思考与练习

一、单选题

1. 打开一个已有文件，在文件末尾添加信息，正确的打开模式为________。

A. r　　B. w　　C. a　　D. w+

2. 文件默认打开方式是________。

A. rt　　B. rb　　C. wt　　D. wb

3. 文件打开默认编码是________。

A. gbk　　B. utf-8　　C. Unicode　　D. ASCII

4. 假设文件不存在，使用open()函数打开文件会报错的是________。

A. r　　B. w　　C. a　　D. w+

5. 下列方法中，用于向文件写入数据的是________。

A. open()　　B. read()　　C. close()　　D. write()

6. 下面代码段，假设能正确打开a.txt文件，说法正确的是________。

```
f=open('a.txt')
for words in f:
    print(words)
f.close()
```

A. 遍历文件中所有行并输出　　B. 遍历文件中每一个字符并输出

C. 遍历结束读写指针指向文件开头　　D. 文件是以二进制方式打开的

7. 下面关于CSV格式文件说法错误的是________。

A. 数据之间使用分号作为分隔符　　B. 可以使用记事本或Excel打开文件

C. 数据之间使用逗号作为分隔符　　C. 既能存储二维数据，也能存储一维数据

8. 使用open()的________模式打开文件时，若指定的文件存在，则写入内容覆盖原文件，若不存在，就会创建文件。

A. r　　B. a　　C. r+　　D. w

9. 读写文件时，要移动文件读写指针位置，则使用的方法是________。

A. tell()　　B. seek()　　C. read()　　D. write()

10. 文件的________方法是以列表类型返回文件中全部段落内容。

A. read()　　B. readlines()　　C. writelines()　　D. write()

二、填空题

1. Python中使用内置的________函数可以打开文件。

2. 文件经过读写后，应调用________方法关闭文件以释放资源。

3. seek()方法用于指定文件的读写位置，该方法的________参数表示要偏移的字节数。

4. readlines()方法读取整个文件内容后会返回一个________。
5. 一维数据通常使用________存储，以便在Python里进行处理。
6. CSV格式文件使用________分隔符分隔数据。
7. json库的________函数可以将JSON字符串解析为Python字典对象。

三、判断题

1. 文件打开的默认方式是只读。（ ）
2. 以读写方式打开一个文件，若文件已经存在，文件内容会被清空。（ ）
3. 使用write()方法写入文件时，数据会追加到文件末尾。（ ）
4. 使用read()方法只能一次性地读取文件所有内容。（ ）
5. 形如"for <变量名> in <文件变量名>"的语句是遍历文件中每一个字符。（ ）
6. 使用with语句打开文件时，操作结束会自动关闭文件。（ ）
7. JSON格式与Python中字典格式完全相同。（ ）
8. CSV格式文件既可以存储一维数据也可以存储二维数据。（ ）

四、简答题

1. 请简述文本文件和二进制文件的区别。
2. 请简述读取文件的三种方法read()、readline()、readlines()的区别。
3. 请简述二维数据的存储与处理方法。

五、编程题

1. 编写程序，读取一个Python源代码文件，打印文件中所有行（不包括以字符#开头的行）。
2. 编写程序，读取一个存储了若干数字的文件，对其中的数字排序后输出。
3. 编写程序，对自己喜欢的图片进行缩放、提取缩略图。
4. 编写程序，对gif动画提取其中所有的静态图片。

第8章 函　数

函数是已命名的、具有特定功能的独立代码块。在解决大规模、复杂问题时采用“函数化”策略，将一个大而复杂的任务分解为多个较简单的子任务，再为每个子任务设计算法，将描述其算法的一组语句封装为一个独立代码块，为每个独立代码块定义一个名字以及能与其他独立代码块通信的接口。这种独立代码块定义就是函数。本章将介绍Python中支持的函数类型、用户自定义函数、函数的调用和应用、函数化编程。

知识导图

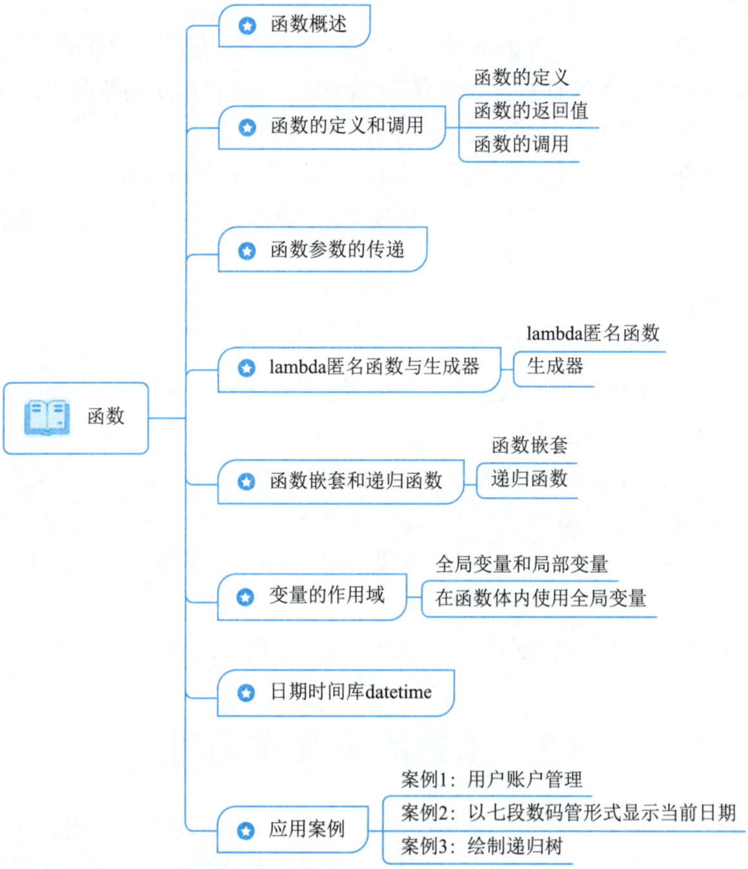

学习目标

- 了解：了解过程递归函数的定义与应用。
- 理解：理解Python中支持的各类函数、递归函数。
- 应用：函数定义、调用及应用。
- 分析：分析问题需求，将较复杂问题分解为多个函数来实现，进行函数化编程。
- 养成：培养分解思维，化大为小、化整为零，将大的目标分解为小的目标，然后逐一攻破。

8.1 函数概述

Python函数包括内置函数、标准库函数、第三方库函数和用户自定义函数四类。

1. 内置函数

Python内置函数是指安装Python后可以直接使用的、包含在“_ _builtin_ _”模块中的函数，例如input()函数、print()函数等，在Python解释器中用“dir(_ _builtin_ _)”语句可以查看函数列表，用“函数名？”可以查看其随机帮助。

2. 标准库函数

Python有许多标准库，在安装Python解释器时会自动安装，包括与绘图有关的turtle库，与数学相关的math库和random库，与文件目录操作有关的os库，与字符串正则匹配相关的re库以及与日期和时间相关的datetime库，等等。

在使用标准库中的函数时，需要先使用“import 库名”或“from 库名 import 函数名表”等方式导入，调用其中的函数时，根据导入方式分别使用不同的调用格式“库名.函数名（参数表）”或“函数名（参数表）”。

3. 第三方库函数

Python的开源特性使得第三方库特别多，目前已超过了数十万个，这也是Python重要的特征和优势，例如著名的numpy数组运算库就包含了很多用于数组运算的函数，pandans数据分析库包含大量用于数据分析的函数和处理方法。

标准库和第三方库称为Python计算生态。

4. 用户自定义函数

用户自定义函数是程序开发人员根据解决问题的需要由自己编写的函数，主要供自己使用，可以一次定义多处使用。

函数的定义、调用和参数传递方式等，是本章要重点介绍的内容。

8.2 函数的定义和调用

在程序开发过程中，如果一段代码被多处重复使用，就可以将这段代码封装起来并加以命名，在使用时只要按名称调用即可，这段命名的代码称为用户自定义函数。另外，对于功能复杂的问题，可以分解为多个功能单一的问题，每个问题用一个函数来实现，从而简化程序的开发。

用户自定义函数需要先定义后使用（调用）。

8.2.1　函数的定义

Python使用关键字def定义函数，函数定义的一般语法形式如下：

```
def 函数名([参数表]):
    ['''文档字符串''']
    函数体
```

在函数定义中包括关键字def、函数名、可选参数表、可选文档字符串和函数体，具体地说：

① def表示函数定义开始，称为函数头，该行用一个冒号结束。

- 函数名是函数的名称，是一个标识符，必须符合Python标识符命名规则，尽量见名知义。
- 函数名后紧跟一对圆括号()，括号内可以有0～n个参数，多个参数时参数之间用逗号分隔。这里的参数称为形式参数，简称形参。形参没有确定的值，只有被调用时才分配内存空间，调用结束后释放所分配的内存空间。

② 文档字符串即DocString，一般用于描述函数的功能、参数说明等，可以省略。

③ 函数体必须左缩进，它包含实现函数功能的语句，如果想定义一个什么也不做的函数，函数体可以用pass语句（空语句）表示。

例8_1　定义一个函数，函数功能是用来输出一个“Happy birthday to you!”字符串。

函数定义代码如下：

```
def happy():
    '''在控制台打印字符串'''
    print('Happy birthday to you!')
```

如果要根据在函数调用时传入的值来进行处理，这时函数定义中要使用参数。

例8_2　定义一个函数，函数功能是向某人说生日快乐，例如“Happy birthday to小明!”，其中“小明”是调用时传入的值。

问题分析：在函数定义时设置形参，在函数调用时接受传递来的实参值。

函数定义代码如下：

```
def happy2(name):                    #name为形参
    '''在控制台打印字符串'''
    print('Happy birthday to {}!'.format(name))
```

注意：函数定义后并不能直接执行，需要调用才能执行。

8.2.2　函数的返回值

例8_1中happy()函数的功能是输出一个字符串，除了这类情况外，函数调用结束通常还需要返回值，以便对返回值进一步处理。函数的返回值即函数值使用return语句来实现。

return语句有三种语法形式：

```
return 表达式表
return(表达式表)
return
```

函数返回值可以是基本数据类型或组合数据类型，既可以返回单个值，也可以返回由多个值构成的元组。return语句的功能是结束被调函数的运行，返回到主调函数调用处，若有返回值则作为函数值一并返回，可以对返回值继续处理。

说明：

① 若函数无返回值，则return语句可以省略，执行完函数调用后，自动返回到主调函数调用处，函数值为None。

② 若函数定义中有return语句但后面无任何表达式，则也可以使用“return None”语句。

例8_3　定义一个函数，求两个数的较大数并作为函数值返回。

函数定义代码如下：

```
def mmax(a,b):
    m=a
    if m<b:
        m=b
    return m
```

③ 函数定义中可以包含多个return语句。

例如，例8_3的mmax(a,b) 函数定义代码可以改写为

```
def mmax2(a,b):
    if a>b:
        return a
    return b
```

④ return语句可以返回多个值

例8_4　定义函数，计算两个数的和与差并作为函数值返回。

函数定义代码如下：

```
def square(x,y):
   ''' 返回两个数和与差 '''
   return x+y,x-y
```

例8_5　定义打印五角星函数，要求五角星大小、颜色、位置能够根据需要进行设置。

（1）问题分析

使用turtle库绘制五角星，只要将五角星大小、颜色、位置x、y坐标设置为形参，在实际调用时就可以设置这些参数的值。

（2）编程实现

函数定义代码如下：

```
import turtle as t
def star(size,colors,x,y):
    t.color(colors)
    t.up()
    t.goto(x,y)
```

```
    t.down()
    t.begin_fill()
    for i in range(5):
        t.fd(size)
        t.rt(144)
    t.end_fill()
    return
```

8.2.3 函数的调用

函数定义后并不能直接执行，必须通过调用才能执行。

函数调用一般语法形式如下：

```
函数名([参数表])
```

说明：

① 函数调用时圆括号内的参数称为实际参数，简称实参。实参必须要有确定的值，在函数调用时实参值传递给形参，形参被分配实际的内存空间。

② 如果有多个实参，实参之间用逗号分隔。

③ 如果没有实参，调用形式为“函数名()”，圆括号不能省略。

④ 调用时如果不指明参数名字，则将实参按位置顺序对应传递给形参，程序执行流程转换到被调用函数，函数调用结束后返回到主调程序调用位置处继续执行。

程序调用一个函数的步骤如下：

① 主调程序在函数调用处暂停执行。

② 调用时将实参值复制给被调函数的形参。

③ 执行被调函数的函数体语句。

④ 被调函数调用结束将函数值返回给主调程序调用时的暂停处并继续执行。

例8_6　调用例8_4定义的square()函数，输出两个数的和与差。

程序源代码、执行过程和运行结果见表8.1。

表8.1　函数定义、调用、执行过程

<table>
<tr><th>程序源代码</th><th>执行过程</th></tr>
<tr><td><pre>def square(x,y):
    '''返回两个数和与差'''
    return x+y,x-y

a,b=eval(input('a,b='))
s1,s2=square(a,b)
print('{0}+{1}={2},{0}-{1}={3}'.\
format(a,b,s1,s2))</pre></td><td rowspan="3">程序第1～3行是函数定义，函数只有在被调用时才执行，因此前3行不能直接执行，程序从第5行开始执行。
执行第5行首先调用input()函数，在控制台显示提示信息“a,b=”，等待用户从键盘输入数据。假设输入数据为“10,7”，按【Enter】键后，系统就会将“10,7”以字符串类型作为input()的函数值返回，紧接着调用eval()函数去掉字符串的定界符并将之赋给a,b变量，即“a,b=10,7”，将10赋给变量a，7赋给b。
执行第6行语句调用函数squrare(a,b)，程序流程会转到第1行函数定义的头部，将实参a、b的值按位置顺序分别赋给形参x、y，然后执行函数square()的函数体，第2行是注释语句不执行，执行第3行计算x+y、x-y并将结果当作函数值返回，结束函数调用返回程序第6行，将函数值以变量同步赋值方式依次赋给s1、s2。
执行第7行语句以指定的格式输出数据。在输出格式的槽中指定了数据的序号，这样可以将一个数据输出在不同槽中。输出结果后程序运行结束</td></tr>
<tr><td>执行结果</td></tr>
<tr><td><pre>a,b=10,7↙
10+7=17,10-7=3</pre></td></tr>
</table>

8.3 函数参数的传递

通常，将函数定义时设置的参数称为形式参数（简称为形参），将函数调用时传入的参数称为实际参数（简称为实参）。函数的参数传递是指将实参传递给形参的过程。函数参数的传递可以分为5种方式：

① 位置参数的传递。

② 关键字参数的传递。

③ 默认参数的传递。

④ 参数的打包与解包。

⑤ 混合参数的传递。

函数定义中，形参可以是必选参数，也可以是可选参数；函数调用时，既可以使用参数的位置传值，也可以根据参数名称来传值。

1. 位置参数的传递

函数在被调用时会将实参按照相应的位置依次传递给形参，也就是说将第1个实参传递给第1个形参，将第2个实参传递给第2个形参，以此类推。

例8_7 定义一个可返回两个数中较大数的函数getMax()，并调用getMax()函数进行测试。

代码与测试结果如下：

```
>>>def getMax(a,b):
        if a>b:
            return a
        return b
>>>print(getMax(7,16))
16
```

以上代码中，getMax()函数调用时，会将第1个实参7传递给第1个形参a，将第2个实参16传递给第2个形参b，执行getMax()函数中的代码，函数返回值16作为print()函数的参数，输出16。

按位置传递参数的方式需要记住形参的顺序，不需要知道形参名称。这种传值方式适合形参个数少的情况。

2. 关键字参数的传递

当参数很多，很难记住参数的顺序，或可选参数比较多，而只想给部分参数传值，此时仍使用位置传值是不可取的，而且可读性也比较差。Python提供了关键字参数的方式传参，不需要记住参数的顺序，但需要使用形参名称，通过“形参=实参”的格式将实参与形参相关联，将实参按照相应的关键字传递给形参。

例8_8 定义一个连接网络的函数connect()，调用connect()函数，按关键字参数的方式传递实参。

代码与测试结果如下：

```
>>>def connect(ip,port):
        print(f'设备{ip}:{port}连接成功！')
```

```
>>>connect(ip='http://127.0.0.1',port=3360)
设备 http://127.0.0.1:3360 连接成功!
```

执行代码时，就会将http://127.0.0.1传递给形参ip，3360传递给形参port。

需要说明的是，实参无论采用位置参数的方式传递，还是关键字参数的方式传递，每个形参都是有名称的，怎么区分采用哪种方式传递呢？Python 3.8中新增了仅限位置形参的语法，使用符号“/”来限定部分参数只接收位置参数传递方式的实参。

例如，如下代码：

```
>>>def fun(a,b,/,c):
        print(a,b,c)
```

fun()中的a，b只接收位置参数传递方式的实参，而c为普通参数，可以接收采用位置参数传递方式的实参或关键字参数传递方式的实参。

调用fun()函数及执行结果如下：

```
>>>fun(1,2,33)
1 2 33
>>>fun(1,2,c=33)
1 2 33
```

3. 默认参数的传递

在定义函数时，如果某些参数指定了默认值，则调用函数时，既可以为这些参数重新指定参数值，也可以直接使用默认值作为参数值。因此，函数定义中，未指定默认值的参数称为必选参数，指定了默认值的参数称为可选参数。

例8_9　定义一个函数printS()，用来将指定字符串复制times次后输出，默认为2次。

代码与执行结果如下：

```
>>>def printS(s,times=2):      #times 为可选参数
    print(s*times)
>>>printS("Hello!")            #"Hello!" 赋给形参 s，times 使用默认值 2
Hello!Hello!
>>>printS("Hello!",3)          #times 重新指定参数值 3
Hello!Hello!Hello!
```

说明：

由于函数调用时可以按照参数在参数表中的位置顺序为形参传值，因此在定义函数时可选参数必须放在必选参数的后面。例如，printS()函数中带默认值的可选参数times必须定义在必选参数s的后面，而不能放在s的前面。

4. 参数的打包与解包

函数支持将实参以打包和解包的形式传递给形参。

（1）打包

如果函数在定义时无法确定需要接收多少个数据，那么可以在定义函数时在形参名前添加“*”或“**”，使用打包的参数，可以是元组类型或字典类型。

“*”：接收以元组类型打包的多个值。

“**”：接收以字典类型打包的多个值。

① 元组类型参数。

在定义函数时，也可以设置可变数量参数，通过在形参前面增加星号“*”实现。调用时，这些参数被当作元组类型传递给形参。

例如，定义一个形参为*args的函数test2()，代码如下：

```
>>>def test2(*args):
    print(args)
```

调用test2()函数时传入多个实参，多个实参会在打包后被传递给形参。代码和执行结果如下：

```
>>>test2(11,22,33,44)
(11  22  33  44)
```

调用test2()函数时不传入实参，代码和执行结果如下：

```
>>>test2()
()
```

由上可知，Python将传递给test2()函数的所有值打包成元组后传递给args参数，若函数没有接收到任何数据，则参数args为空元组。

注意：带有星号的可变数量参数只能出现在形参表的后面。

例如：

```
>>>def mysum(a,*b):
    print(type(b))                    #显示b的类型
    for i in b:                       #累加和
        a+=i
    return a
>>>print(mysum(2,3,1,4,5))           #调用函数，2赋给形参a，(3,1,4,5)作为元组赋给形参b
<class 'tuple'>                       #b是元组类型
15                                    #输出函数值15
```

② 字典参数。

如果参数是字典类型，则在函数定义时形参名称前面加两个星号“**”，放在形参表最后。函数调用时，实参要写为“参数名=表达式”形式，多个实参用逗号分隔。

例如，定义一个形参为**kwargs的函数test3()，代码如下：

```
>>>def test3(**kwargs):
        print(kwargs)
```

调用test3()函数，传入多个绑定关键字的实参，代码和执行结果如下：

```
>>>test3(x=1,y=2,z=3)
{'x':1,'y':2,'z':3}
```

由以上可知，Python解释器将传给test3()函数的所有具有关键字的实参打包成字典后传递给了形参kwargs。

需要说明的是，虽然函数中添加“*”或“**”的形参可以是符合命名规范的任意名称，但一般建议使用“args”和“kwargs”。若函数没有接收到任何数据，参数“args”和“kwargs”为空，即它们为空元组或空字典。

（2）解包

函数调用时，如果实参是元组类型的数据，那么可以使用“*”拆分成多个值，并将每个值按位置参数传递的方式赋值给形参；如果实参是字典类型的数据，那么可以使用“**”拆分成多个键值对，并将每个值按照关键字参数传递的方式赋值与键名对应的形参。

例如，定义一个带有5个形参的函数test4()，调用test4()传入一个包含5个元素的元组，并使用“*”对该元组执行解包操作。代码与执行结果如下：

```
>>>def test4(a,b,c,d,e):
        print(a,b,c,d,e)
>>>t=(1,2,3,4,5)          # 元组
>>>test4(*t)              # 元组前加 * 解包，按位置传值
1 2 3 4 5
```

由上可知，元组被解包成多个值。

再如，调用test4()传入一个包含5个元素的字典，并使用“**”对该字典执行解包操作。代码与执行结果如下：

```
>>>d={'a':11,'b':22,'e':33,'c':44,'d':55} # 字典
>>>test4(**d)                             # 字典前加 ** 解包，按关键字名称传值
11 22 44 55 33
```

5. 混合参数传递

几种参数的传递方式可以混合使用，但要遵循一定的优先级规则，按优先级从高到低依次为：按位置参数传递→按形参名称传递→按默认参数传递→元组打包传递→字典打包传递。

在函数定义中，带有默认值的参数必须位于普通参数（不带默认值或标识的参数）之后，带有*标识的参数必须位于带有默认值的参数之后，带有**标识的参数必须位于带*标识的参数之后。

例如，定义一个混合了多种形式的参数的函数，代码与执行结果如下：

```
>>>def test(a, b, c=33, *args, **kwargs):
          print(a, b, c, args, kwargs)
>>>test(1, 2)           #1, 2 分别传递给形参 a,b，按位置传递
1 2 33 () {}
>>>test(1, 2, 3)        #1, 2, 3 分别传递给形参 a,b,c
1 2 3 () {}
>>>test(1, 2, 3, 4)     #1, 2, 3, 4 分别传递给形参 a,b,c,args
1 2 3 (4,) {}
>>>test(1, 2, 3, 4, e=5)   #1, 2, 3, 4 分别传递给形参 a,b,c,args, e=5 传递给 kwargs
1 2 3 (4,) {'e': 5}
```

由上例可知，元组参数和字典参数也属于带有默认值的参数，其默认值分别为空元组“()”、空字典“{}”。

8.4 lambda匿名函数与生成器

8.4.1 lambda 匿名函数

如果定义的函数很简单可以在一行内写完，且不想费神对函数进行命名，可以使用lambda关键字创建匿名函数（又称为lambda表达式）。

1. 匿名函数的定义

关键字lambda用来定义一个匿名函数，也可以给它绑定一个名称，通常是直接使用lambda函数。语法格式如下：

```
lambda 形参表：返回值
```

例如，定义一个匿名函数，返回两个数的和。函数定义与调用执行结果如下：

```
>>>add=lambda x,y :x+y  # 定义匿名函数并绑定一个名称 add 以便调用
>>>print(add(1,2))       # 调用匿名函数，输出结果为 3
3
```

2. 匿名函数的应用

lambda函数主要应用在函数式编程中。Python提供了很多函数式编程的特性，如内置函数sorted()、filter()、map()、reduce()和列表方法sort()等都支持函数作为参数。

（1）sorted() 函数和 sort() 方法

例如，将列表中的元素按照绝对值大小进行升序排列，测试代码与执行结果如下：

```
>>>list1=[3,5,-4,-1,0,-2,-6]
>>>sorted(list1, key=lambda x: abs(x))  # 调用 sorted() 函数
[0,-1,-2,3,-4,5,-6]
>>>list1.sort(key=lambda x:abs(x))      # 调用 sort() 方法
>>>list1
[0,-1,-2,3,-4,5,-6]
```

当然，sorted()函数或sort()方法也可以使用显式函数，例如：

```
>>>def get_abs(x):
       return abs(x)
>>>list1=[3,5,-4,-1,0,-2,-6]
>>>sorted(list1,key=get_abs)
[0,-1,-2,3,-4,5,-6]
>>>list1.sort(key=get_abs))
>>>list1
[0,-1,-2,3,-4,5,-6]
```

（2）filter() 过滤函数

Python内置函数filter()对可遍历对象进行过滤，语法格式如下：

```
filter(function 或 None,iterator)
```

功能：按function参数（其返回值为True时）对可遍历对象进行过滤，产生一个迭代器（iterator yielding），可对其遍历每个元素或使用list()、tuple()等函数转换为列表或元组。

例如，对列表进行过滤，只保留偶数元素，代码与测试结果如下：

```
>>>ls=[1,2,3,4,5,6]
>>>lt=filter(lambda x:x%2==0,ls)        # 对列表 ls 过滤，只保留偶数
>>>for x in lt:
       print(x,end='  ')
2  4  6
```

（3）map() 映射函数

map()函数用来对可遍历对象中的每一个元素进行变换，即映射，语法形式如下：

```
map(function,iterator)
```

功能：返回一个map迭代器，可以使用list()、set()、tuple()、dict()等生成相应类型对象。

例如，对列表中每个元素求平方，代码与测试结果如下：

```
>>>ls=[3,1,2,4]                                       # 创建列表
>>>lt=list(map(lambda x:x**2,ls))                     # 对列表 ls 中的每个元素求平方
>>>lt
[9,1,4,16]
>>>lt=list(map(lambda x,y:x*y,[1,2,3],[2,3,4]))       # 多个遍历对象，对应元素运算
>>>lt
[2, 6, 12]
```

（4）reduce() 累加函数

reduce()函数在Python 2是内置函数，从Python 3开始移到了functools库中。reduce()函数是对可迭代对象进行累加，其格式如下：

```
reduce(function, sequence[,initial])->value
```

对迭代对象进行函数累加，initial是累加器初始值，返回一个值。

```
>>>import functools as ols
>>>ls=[3,1,2]
>>>ols.reduce(lambda x,y:x+y,ls)
6
>>>ols.reduce(lambda x,y:x+y,ls,10)
16
>>>ols.reduce(lambda x,y:x+y,{},1)    # 可迭代对象长度为 0，initial 不能省略
```

```
1
>>>ols.reduce(lambda x,y:x+y,{2})
2
```

reduce的工作过程：在迭代sequence（tuple，list，dict，set，string等可迭代对象）的过程中，首先把前两个元素传给函数参数，函数加工后，然后把得到的结果和第3个元素作为两个参数传给函数参数，函数加工后得到的结果又和第4个元素作为两个参数传给函数参数，依次类推。如果传入了initial值，那么首先传的是initial值和第1个元素。经过这样的累计计算之后合并序列到一个单一返回值。

注意：迭代对象长度可以为0，但此时initial不能省略，作为函数默认值返回；迭代对象也可长度为1，若省略initial则返回迭代对象的元素值。

那么是不是任何情况下lambda函数都要比常规函数更清晰明了呢？肯定不是。Python中哪种方式更清晰就用哪种方式，不要盲目地都使用lambda表达式。lambda并不会带来程序运行效率的提高，只会使代码更简洁。

如果可以使用for...in...if来完成，坚决不用lambda。

如果使用lambda函数，lambda函数内不要包含循环。如果包含循环，最好定义普通函数来完成，使代码获得可重用性和更好的可读性。

8.4.2 生成器

在Python中，使用了yield的函数被称为生成器（generator）。跟普通函数不同的是，生成器是一个返回迭代器的函数，只能用于迭代操作，更简单地理解生成器就是一个迭代器。

1. 使用yield创建生成器

在调用生成器运行的过程中，每次遇到yield时函数会暂停并保存当前所有的运行信息，返回yield的值，并在下一次执行next()方法时从当前位置继续运行。

调用一个生成器函数，返回的是一个迭代器对象。

例如：使用yield实现斐波那契数列。生成器代码与调用执行结果如下：

```
>>>def fibonacci(n):    # 生成器函数 - 斐波那契
        a, b= 1,1
        for i in range(n):
            yield a
            a, b = b, a + b
>>>f=fibonacci(10)      #f 是一个迭代器，由生成器返回生成
>>>for i in f:
        print(i,end='  ')
1  1  2  3  5  8  13  21  34  55
```

再如：使用yield创建0～n中能被3整除的生成器。

```
>>>def g(n):
        for i in range(n):
```

```
            if i%3==0:
                yield i
>>>for i in g(10):
        print(i,end='  ')
0  3  6  9
```

2. 使用圆括号 () 创建生成器

将列表推导式的[]改成()就可以创建一个生成器。

例如：

```
>>>g=(2*i for i in range(10) if i % 3 is 0)   #g是一个生成器
>>>print(type(g))
<class 'generator'>
```

对生成器进行tuple()、list()或set()等进行变换生成各种类型的对象。

```
>>>t=tuple(g)     #使用生成器创建一个元组
>>>t
(0, 6, 12, 18)
>>>g =set(i*2 for i in range(10) if i % 3==0)
>>>g
{0, 6, 12, 18}
>>>g =(i*2 for i in range(10) if i % 3==0)
>>>tuple(g)
(0, 6, 12, 18)
>>>tuple(g)       #生成器使用结束，元素指针指向末尾
()
```

8.5 函数嵌套和递归函数

函数嵌套和递归函数都是Python语言常用的程序结构，本节通过实例介绍相关程序的设计。

8.5.1 函数嵌套

在用户函数定义的函数体中，又调用或定义了另一个用户函数，称作函数的嵌套。函数的嵌套分为两种形式，一种是函数调用嵌套，另一种是函数定义嵌套（也称为内嵌函数）。

1. 函数调用嵌套

函数调用嵌套是指一个用户函数的定义中又调用了另一个用户函数，前者称为主调函数，后者称为被调函数。

例8_10 定义使用turtle库打印彩色五角星的函数，要求五角星的大小、颜色、位置可变；定义另一个函数能输出任意个数的彩色五角星。

（1）问题分析

定义输出五角星函数star()，函数原型为star(size,colo='red',x=0,y=0)，其中参数分别表示大小、颜色和位置坐标。

定义输出n个五角星的函数starN(n)，其中参数n表示输出五角星的个数。

（2）编程实现

```
from turtle import *
from random import randint
def star(size,colo='red',x=0,y=0):              # 打印一个五角星
    up()
    goto(x,y)
    down()
    color(colo)
    begin_fill()
    for i in range(5):
        fd(size)
        rt(144)
    end_fill()

def starN(n):                                   # 打印 n 个五角星
    colors=['red','blue','yellow','purple','green','orange']
    for i in range(n):
        size=randint(10,50)
        index=randint(0,5)
        x=randint(-300,300)
        y=randint(0,300)
        star(size,colors[index],x,y)           # 调用 star() 函数

starN(20)                                       # 调用函数
done()
```

运行结果如图8.1所示（只截取了窗口的上半部分）。

图8.1 满天星

在该程序中，用户函数starN()的功能是输出n个五角星，在它的函数体中调用了用户函数star()，这就是所谓的函数调用嵌套。

在执行程序时，调用starN()函数，其实参为20，则调用star()函数20次。

说明：主调函数与被调函数的定义，位置关系任意，但主程序要在函数定义之后。

例如，有以下程序：

```
def f1():
        print('执行f1')
        print('调用f2')
        f2()
def f2():
        print('执行f2')
f1()
```

运行程序，结果为

```
执行f1
调用f2
执行f2
```

2. 内嵌函数

在Python中，如果一个用户函数B只被另一个用户函数A使用，则B函数的定义可以放在A函数的定义中，称为函数的嵌套定义，B也称为A的内嵌函数。

例8_10的程序可以修改为以下代码，功能相同。

```
from turtle import *
from random import randint
def starN(n):                              #用户函数定义
        colors=['red','blue','yellow','purple','green','orange']
        def star(size,colo,x,y):           #用户函数中又定义了另一个函数
                up()
                goto(x,y)
                down()
                color(colo)
                begin_fill()
                for i in range(5):
                        fd(size)
                        rt(144)
                end_fill()
        for i in range(n):
                size=randint(10,50)
                index=randint(0,5)
                x=randint(-300,300)
                y=randint(0,300)
                star(size,colors[index],x,y)

starN(20)
done()
```

8.5.2 递归函数

函数作为一种代码封装，可以被其他代码调用，当然，也可以被函数体内部代码调用。递归函数是由递归定义产生的，若在定义一个函数的过程中直接或间接地调用了被定义的函数本身，那么这种定义就是递归定义，所定义的函数就称为递归函数。递归函数可以使程序简洁、代码紧凑，但只有使用递归方式描述的问题才能使用递归函数实现。下面分两种情况对递归函数进行讨论。

1. 公式递归问题

能够使用一个递归公式描述的问题归类为公式递归问题。公式递归问题实现起来比较容易，只要给出递归公式就能直接编写递归函数。求解公式递归问题包括以下两个步骤：

① 用递归公式描述问题。

② 将递归公式函数化。

例8_11 用递归函数计算n的阶乘$n!$。

（1）用递归公式描述问题

若使用fac(n)表示$n!$，则$n!$的递归定义：

$$\mathrm{fac}(n)=\begin{cases}1 & (n=0)\\ n\times \mathrm{fac}(n-1) & (n>0)\end{cases}$$

该递归公式描述了计算$n!$的方法，给出了求解问题的思路，计算机将按照算法描述，利用语言系统的递归处理功能自动实现递归运算。

递归定义说明：0的阶乘是1，其余各自然数的阶乘是这个自然数乘以比这个数小1的数的阶乘。递归不是循环，因为每次递归都会计算比它更小数的阶乘，直到0!=1，被称为递归的基例。当递归到底了，就需要一个能直接算出值的表达式。

阶乘的例子提示了递归的两个关键特征：

① 存在一个或多个基例，基例不需要再次递归，而是有确定值的表达式。

② 所有递归链要以一个或多个基例收尾。

（2）将递归公式函数化

直观而言，上述递归公式给出了fac(n)的两种取值，当n=0时，其值为1，当n>0时，其值为n × fac(n−1)。由此递归函数代码如下：

```
def fac(n):
    if n==0:
        return 1
    return n*fac(n-1)
```

注意：递归处理由计算机自动完成，包括两个过程：首先是由高到低地递推处理，将问题规模逐步缩小，直到运算规模不能再分解为止，此时必然有一个最小规模值（例如本例中n=0的情况）；然后由低到高逐级回溯，从最小规模值开始逐级求得上层数据，直到解决问题为止。

下面是函数求解fac(3)的求值过程：

（1）由高到低的递推描述

① 调用fac(3)将其描述为3*fac(2)。

② 调用fac(2)将其描述为2*fac(1)。

③ 调用fac(1)将其描述为1*fac(0)。

④ 调用fac(0)，问题已到最低层，有确定值fac(0)=1。

（2）由低到高的回溯求得上层结果

① 由1*fac(0)求得fac(1)。

② 由2*fac(1)求得fac(2)。

③ 由3*fac(2)求得fac(3)。

至此问题结束，基本过程如图8.2所示。

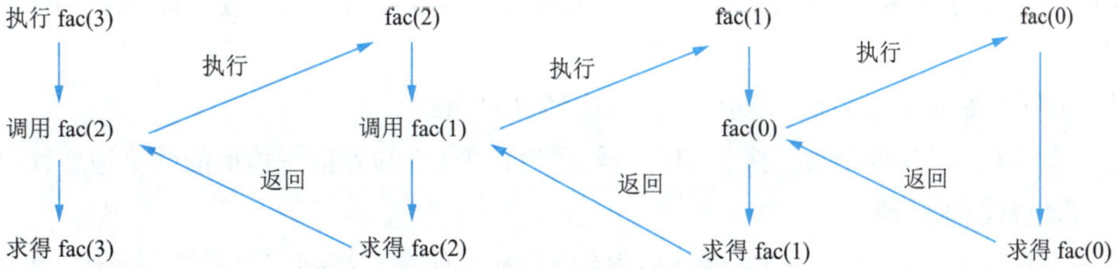

图8.2 计算fac(3)的递归过程

以下是求解*n*!的完整代码：

```
# 递归函数 fac(n)
def fac(n):
      if n==0:
          return 1
     else:
          return n*fac(n-1)
n=eval(input('n='))
print(f'{}!={fac(n)}')
```

说明：

递归函数是向计算机描述的求解问题的方法，递归函数的执行过程是由计算机自动完成的，作为一般程序设计人员不必深究。

对于程序而言，递归函数的目的是执行一系列调用，一直到达某一特殊点时终止。为了保证递归函数是正常执行的，必须遵守下面的规则：

① 递归函数被调用后首先要检查递归调用的终止条件，若已满足，函数就停止递归调用。

② 递归函数被调用时，传递给函数的参数要以某种方式变得“更简单”，使这些参数逐渐靠近递归终止条件。

2. 非公式递归

有的问题不能直接用一个递归公式来描述，但可以用递归方法描述，将此类问题归类为非公式递归问题。

自然界有很多图形很规则，符合一定的数学规律，例如，蜜蜂蜂窝是天然的等边六角形、鹦鹉螺的壳是螺线形、金刚石晶格是正四面体等。科赫（Koch）曲线在众多经典数学曲线中非常著名，由瑞典数学家冯·科赫（H.V.Koch）于1904年提出，由于其形状类似雪花，也被称为雪花曲线，如图8.3所示。

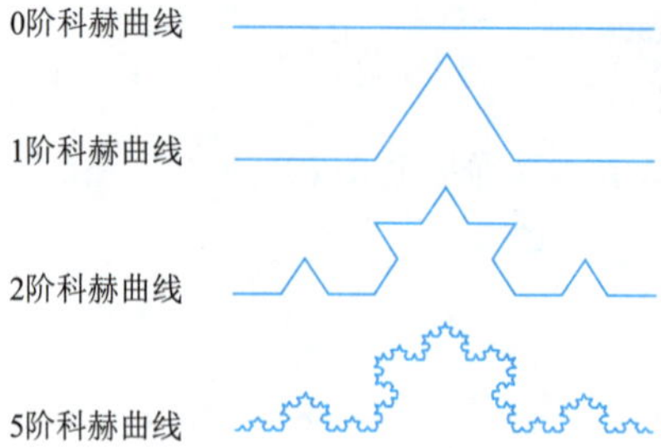

图8.3　科赫曲线

假设正整数n代表科赫曲线的阶数，表示生成科赫曲线过程的操作次数，科赫曲线的基本概念和绘制方法如下：

① 科赫曲线初始化阶数为0，表示为一个长度为L的直线。

② 对于直线L，将其等分为三段，中间一段用边长为$L/3$的等边三角形的两个边替代，得到1阶科赫曲线，它包含四条线段。

③ 进一步对每条线段重复同样的操作后得到2阶科赫曲线。继续重复同样的操作n次可以得到n阶科赫曲线。

科赫曲线属于分形几何分支，它的绘制过程体现了递归思想。如果使用koch(size,n)表示绘制长度为size的n阶科赫曲线，则递归公式可写为

$$\mathrm{koch}(\mathrm{size},\mathrm{n})=\begin{cases}\text{画长为size的直线} & (n=0)\\ \text{按左转（0, 60, −120 ,60）的角度执行 koch}\left(\dfrac{\mathrm{size}}{3},\mathrm{n}-1\right) & (n>0)\end{cases}$$

例8_12　绘制如图8.4所示的3阶科赫曲线。

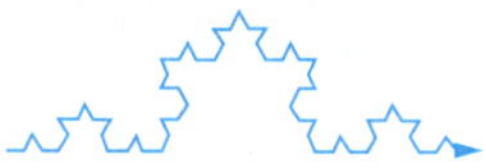

图8.4　科赫曲线

使用turtle库来绘制曲线，代码如下：

```
from turtle import *
def koch(size,n):     #科赫递归函数
    if n==0:
        fd(size)
    else:
        for i in (0,60,-120,60):
            lt(i)
            koch(size/3,n-1)
up()
goto(-100,0)
down()
koch(200,3)
done()
```

修改代码，分别右转3个角度（-60,120,120）绘制科赫曲线就构成一个封闭图形，即雪花曲线。

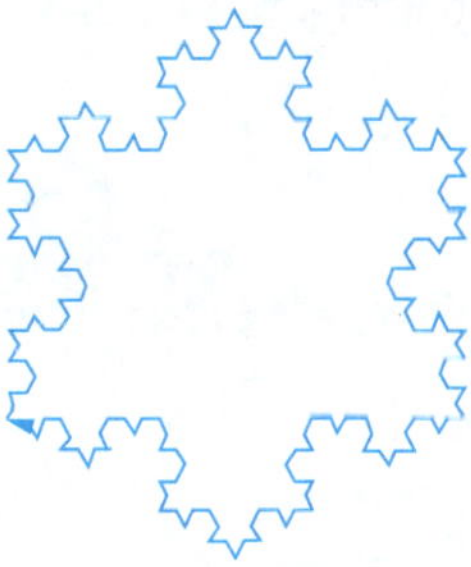

图8.5　雪花曲线

修改代码如下：

```
from turtle import *
def koch(size,n):
    if n==0:
        fd(size)
    else:
        for i in (0,60,-120,60):
            lt(i)
            koch(size/3,n-1)
up()
goto(-100,0)
down()
for i in (-60,120,120):
    rt(i)
    koch(200,3)
done()
```

例8_13　绘制漫天飞雪，如图8.6所示。

图8.6　漫天飞雪

编程实现：

```
from turtle import *
import random
def koch(size,n):
    if n==0:
        fd(size)
```

```
    else:
          for i in (0,60,-120,60):
                lt(i)
                koch(size/3,n-1)
def snow(clr,n):
    x=random.randint(-300,300)
    y=random.randint(0,300)
    size=random.randint(10,30)
    up()
    goto(x,y)
    down()
    color(clr)
    begin_fill()
    for i in (-60,120,120):
          rt(i)
          koch(size,n)
    end_fill()
speed(0)
hideturtle()
ls=['red','blue','yellow','orange','purple','white','#aaff66','#aaddff']
for i in range(30):
     bgcolor('black')
     snow(random.choice(ls),2)
done()
```

8.6 变量的作用域

变量的访问权限取决于变量定义的位置，并非在程序的任意位置都可以访问到。变量的有效范围称为变量的作用域。

8.6.1 全局变量和局部变量

1. 全局命名空间和局部命名空间

变量可以看作是值的名字。在执行x=7赋值语句后，名称x引用值7，这就像字典一样，键引用值，当然，变量和所对应的值是个“不可见”的字典，使用内建函数vars()可以返回这个字典：

```
>>>x=7
>>>scope=vars()
>>>scope['x']
7
```

这类“不可见字典”称为命名空间或者作用域，函数之外创建的空间称为全局命名空间，每个函数调用都会创建自己的作用域，称为局部命名空间。

2. 全局变量和局部变量

根据作用域的不同，变量可以分为两大类：全局变量和局部变量。

全局变量是指在函数之外定义的变量，用赋值语句定义，一般没有缩进，在程序执行全过程中从定义变量位置开始到程序结束都有效，即全局变量的作用域从创建它开始到程序结束，它不会受函数范围的影响。

局部变量是指在函数内部定义的变量，仅在函数内部有效，函数执行结束之后局部变量将被释放，此时无法进行访问，即局部变量的作用域是创建该变量的函数体内。形参相当于局部变量，只在函数体内起作用。

使用赋值语句给变量赋值，如果之前变量在同一命名空间中不存在，则创建变量并赋值；如果变量在同一命名空间中已存在，则称为变量的重新赋值。

3. 局部变量的定义和使用

如果在函数定义中，使用赋值语句定义了一个变量，即使与全局变量同名，此变量也为局部变量。

例如，函数定义代码及测试结果如下：

```
>>>n=3                      # 全局变量
>>>def f2():
         n=10               # 创建局部变量 n 并赋值，全局变量被屏蔽
         print(n)
    return
>>>f2()
10                          # 局部变量的值
>>>n                        # 全局变量
3
```

由此可以看出，在函数内定义的变量是局部变量，无论放在什么位置，无论是否与全局变量同名，局部变量会屏蔽同名全局变量。

变量必须先赋值（先创建变量，分配内存空间，后赋值）后使用，否则会出现异常。

例如，有以下代码及测试结果：

```
>>>n=3
>>> def f3():
         print(n)           # 此变量为局部变量
         n=10               # 定义局部变量 n
         return
>>>f3()
Traceback (most recent call last):
  File "<iPython-input-50-c43e34e6d405>", line 1, in <module>
    f3()
  File "<iPython-input-49-51cca8f69e66>", line 2, in f3
    print(n)
UnboundLocalError: local variable 'n' referenced before assignment
```

上面程序出现异常，是因为在f3()函数定义中，print(n)函数的参数n是局部变量，没创建就使用，

错！此语句要放在定义语句“n=10”的后面，要先创建后使用。

8.6.2 在函数体内使用全局变量

在函数体内使用全局变量，有两种方式：

方式一：在函数体内，直接使用已定义的全局变量，前提是函数体内不要出现该变量的赋值语句，否则，该变量为局部变量。

例如，函数内使用全局变量：

```
>>>n=3
>>>def f1(a,b):
       c=a*b                #c是局部变量
       print(n)             #全局变量，直接使用
       return c
>>>s=f1('Hello!',n)
3                           #输出n的值
>>>print(s)
'Hello!Hello!Hello!'
>>>print(n)                 #全局变量，继续使用
3
>>>print(c)                 #局部变量已不存在，出现异常
Traceback (most recent call last):
  File "<iPython-input-35-2b66fd261ee5>", line 1, in <module>
    print(c)
NameError: name 'c' is not defined
```

方式二：在函数体内使用global声明全局变量，其使用方法如下：

```
global 变量
```

例如，在f3()函数定义中，如果需要修改全局变量n的值，则使用关键字global声明。代码如下：

```
>>> n=3
>>>def f3():
       global n             #声明n是全局变量
       print(n)
       n=10                 #修改全局变量的值
       return
>>>f3()
3
>>>print(n)
10
```

如果此时的全局变量不是整数n，而是列表类型ls，会怎样呢？例如，如下代码及运行结果：

```
>>>ls=[]
>>>def f5(a,b):
```

```
        ls.append(a)
        return a*b
>>>s=f5('Hello!',3)
>>>print(s,ls)
Hello!Hello!Hello! ['Hello!']
```

由上可知，如果全局变量是列表类型，在函数定义中未定义同名的局部变量，则使用的是全局变量。如果在函数定义中定义了同名的变量呢？例如，如下代码及运行结果：

```
>>>ls=[]
>>>def f6(a,b):
       ls=[a,b]             #创建局部变量
       return ls
>>>s=f6('Hello!',3)
>>>print(s,ls)
['Hello!', 3] []
```

从上例可知，如果在函数定义中定义了列表类型的变量，且与全局变量同名，则函数内这个变量为局部变量，它会屏蔽全局变量。当退出函数调用后，局部变量消失，全局变量有效。

由上述示例，可以得出Python函数对变量的作用遵守如下原则：

① 在函数体内使用的变量，如果在函数内没有重新赋值，则为全局变量，此全局变量必须在函数外定义，在函数内可以改变全局变量的值（但不能使用赋值语句，例如列表使用append()方法）。

② 函数体内创建的变量，没有使用关键字global声明，称为局部变量，仅在函数内部使用，函数退出后局部变量被释放，局部变量可能改变全局变量的值。如有同名全局变量，则被局部变量屏蔽，其值不变。

```
>>>ls=[]
>>>def f8(a):
        lt=ls               #创建lt引用，使得lt和ls指向同一个列表对象
        lt.append(a)        #lt指向的列表添加一个元素，会改变全局变量
     return
>>>f8(3)
>>>print(ls)                #其值发生了变化
[3]
```

③ 在函数体内，如果变量使用关键字global声明，则对该变量的赋值是创建全局变量或是对已有全局变量重新赋值，而非创建局部变量，当函数退出后全局变量及其值被保留。

④ 使用nonlocal关键字可以在嵌套作用域中修改局部作用域中声明的变量。其使用方法如下：

```
nonlocal 变量
```

例如，有以下代码：

```
>>>def ff1():
         n=10               #局部变量n
```

```
        def ff2():
            nonlocal n    #n 仍是 ff1() 函数中定义的局部变量
            n=20
        ff2()
        print(n)
>>>ff1()
20
```

由上测试结果可知，使用nonlocal可以在嵌套作用域中修改局部作用域中定义的变量。

8.7 日期时间库datetime

datetime库为日期和时间处理提供了简单的方法，在支持日期和时间算法的同时，该库是为了处理输出格式化而进行有效的属性抽取。

datetime库包括表示日期的date类、表示日期和时间的datetime类和表示时间的time类等多个类，每个类中有一些相关的函数。

datetime库是标准库，首先需要导入datetime库才能使用其中的函数，通常导入的形式为

```
>>>from datetime import date,time,datetime
```

1. 获取系统当前日期

```
>>>today=date.today()
datetime.date(2024, 5, 31)
>>>print(today)
2024-05-31
```

2. 获取当前日期和时间

```
>>>dt=datetime.now()
>>>dt
datetime.datetime(2024, 5, 31, 17, 20, 41, 992258)
>>>print(dt)
2024-05-31 17:20:41.992258
```

3. 创建一个时间变量

```
>>>tm=time(21,56,35)
>>>print(tm)
21:56:35
```

4. 日期、时间的格式化

前面的dt变量中的最后部分包含了“0.992258”秒，这与一般习惯不符，利用datetime.strftime()函数可以将已有的datetime对象转换成指定格式的字符串。

```
>>>dt.strftime('%Y-%m-%d %H:%M:%S')
```

```
'2024-05-31 17:20:41'
```

其中，日期时间的格式控制符以“%”开头，后跟特殊字符，见表8.2。

表8.2 格式控制符

控制符	含义	控制符	含义	控制符	含义
%a	简化星期	%y	2位年份	%H	24小时制
%A	星期全称	%Y	4位年份	%I	12小时制
%b	简化月份	%m	月份	%M	分钟
%B	月份全称	%d	天	%S	秒

5. timestamp()与fromtimestamp()——本地时间与全球统一时间戳相互转换

```
>>>dt=datetime(2024,5,31,17,30)                    # 创建日期和时间
>>>print(dt)
2024-05-31 17:30:00
>>>ts=dt.timestamp()                               # 把 datetime 对象转换为时间戳
>>>ts
1717147800.0
>>>print(datetime.fromtimestamp(ts))               # 将时间戳转换为日期和时间
2024-05-31 17:30:00
```

提示：在计算机中，1970年1月1日00:00:00 UTC+00:00时区（UTC称为世界标准时间）的时刻被称为epoch time（新纪元时间），记为0，当前可读时间是从epoch time开始的秒数，称为timestamp（时间戳）。时间戳与时区无关，全球各地的计算机在任何时刻的时间戳都是一样的，而datetime对象则跟时区有关。

```
例如，查看当前本地时间和 UTC 时间：
>>>print(datetime.now(),datetime.utcnow()) # now() 返回本地时间，utcnow() 返回 UTC 时间
2024-05-31 17:42:49.785203 2024-05-31 09:42:49.785203
从结果看，中国时间和 UTC 时间两者相差 8 个小时。
```

8.8 应用案例

8.8.1 案例1：用户账户管理

某些网站要求访问者在访问网站内容之前先进行登录；若访问者没有该网站的账号，则需要先进行注册，注册信息保存在网站服务器中，登录时根据注册信息验证访问者的身份。为保证账户安全，访问者可时常修改账号密码；若访问者不再访问此网站，可以选择注销账号。

本案例要求实现注册、登录、修改密码和注销等四项功能的用户账户管理程序，用户账号以文件形式存储。

1. 问题分析

① 以菜单方式显示系统功能。

② 注册信息包括用户名和密码，用户名不能重复，合法的账号追加到文件中。

③ 登录时根据用户名和密码验证用户身份。

④ 修改时，根据用户名查找到用户名对应的密码并修改。

⑤ 注销账号，即从文件中删除指定的用户名和密码。

本程序需要使用文件和字典来实现。

2. 算法设计

创建函数，每个功能如下：

① menu()菜单函数，用来显示系统菜单。

② readfile(afile)生成字典函数，打开用户文件，读取文件内容保存到用户字典中。

③ savefile(afile)保存文件函数，打开用户文件，将用户字典内容保存文件中。

④ regist(afile)用户注册函数，输入用户名和密码，调用readfile(afile)函数，然后查找用户字典使得用户名不能重复，将合法的用户名和密码保存到字典中，调用savefile(afile)函数将字典内容保存到用户文件中。

⑤ login(afile)用户登录函数，输入用户名和密码，调用readfile(afile)函数，然后在用户字典中查找用户名和密码，若存在则登录成功，否则登录失败。

⑥ edit(afile)修改密码函数，输入用户名和原密码，调用readfile(afile)函数，然后在用户字典中查找相应用户，若用户存在，则输入新密码后在字典中替换原密码，调用savefile(afile)函数保存文件。若用户不存在则给出错误提示。

⑦ remove(afile)注销用户函数，调用readfile(afile)函数，然后输入用户名与密码，在用户字典中查找用户，若用户存在则从字典中删除该用户信息，调用savefile(afile)函数保存文件。若用户不存在则给出错误提示。

⑧ dispfile(afile)显示全部账号函数，调用readfile(afile)函数，然后输出用户字典中所有用户名和密码。

⑨ main()主函数，显示系统菜单，根据输入的功能号调用函数实现相应功能，并重新显示系统菜单，输入0则退出系统。

3. 编程实现

编写代码及测试结果见表8.3。

表8.3 用户账号管理编程实现

编程实现	测　试

def menu():
    print('\n\t\t用户账号管理')
    print('-'*40)
    print('\t1.注册\t\t　2.登录')
    print('\t3.修改密码\t\t4.注销账号')
    print(\t5.显示所有账户'\t0.退出')
    print('-'*40,end='')
    global ch
    ch=eval(input('\t请选择功能号: '))
 	
def regist(afile):
    uname=input('用户名: ')
    pword=input('密　码: ')
	用户账号管理
	-- 	
	1.注册　　　　2.登录
	3.修改密码　　4.注销账号
	5.显示所有账户　0.退出
	-- 	
	请选择功能号: 1
	用户名: eee
	密　码: 111
	注册成功!

续表

<table>
<tr><th>编程实现</th><th>测　试</th></tr>
<tr><td>

```
    readfile(afile)
    if d.get(uname):
      print('用户名已经存在！')
    else:
      d[uname]=pword
      savefile(afile)
      print('注册成功！')
    return

def login(afile):
    uname=input('用户名：')
    pword=input('密　码：')
    readfile(afile)
    if d.get(uname)==pword:
        print('登录成功！')
    else:
        print('账号或密码错误！')
    return

def edit(afile):
    uname=input('用户名：')
    pword=input('原密码：')
    readfile(afile)
    if d.get(uname)==pword:
        nword=input('新密码：')
        rword=input('再次确认：')
        if nword==rword:
            d[uname]=nword
            savefile(afile)
            print('修改成功')
            return
        print('两次密码不一致，修改失败！')
        return
    else:
        print('帐号或密码错误！')
def remove(afile):
    uname=input('用户名：')
    pword=input('原密码：')
    readfile(afile)
    if d.get(uname)!=pword:
        print('账号或密码错误！')
        return
    cir=input('确实要注销账号吗(y/n)？')
    if cir.upper()=='Y':
        del(d[uname])
        savefile(afile)
        print('账号已注销！')
        return
    print('注销失败！')

def readfile(afile):
    f=open(afile)
    users=f.read()
    ls=users.strip().split('\n')
    for ac in ls:
```

</td><td>

```
              用户账号管理
-----------------------------------
        1.注册          2.登录
        3.修改密码      4.注销账号
        5.显示所有账户  0.退出
-----------------------------------
    请选择功能号：2
用户名：eee
密　码：111
登录成功！
              用户账号管理
-----------------------------------
        1.注册          2.登录
        3.修改密码      4.注销账号
        5.显示所有账户  0.退出
-----------------------------------
    请选择功能号：3
用户名：fff
原密码：111
新密码：2
再次确认：fff
两次密码不一致，修改失败！
              用户账号管理
-----------------------------------
        1.注册          2.登录
        3.修改密码      4.注销账号
        5.显示所有账户  0.退出
-----------------------------------
    请选择功能号：3
用户名：fff
原密码：111
新密码：222
再次确认：222
修改成功！
              用户账号管理
-----------------------------------
        1.注册          2.登录
        3.修改密码      4.注销账号
        5.显示所有账户  0.退出
-----------------------------------
    请选择功能号：4
用户名：eee
原密码：111
确实要注销账号吗(y/n)？y
账号已注销！
```

</td></tr>
</table>

续表

<table>
<tr><th>编程实现</th><th>测　　试</th></tr>
<tr><td><pre>
        uname,pword=ac.split(',')
        d[uname]=pword
    f.close()

def dispfile(afile):
    readfile(afile)
    for uname in d:
        print(uname,d[uname])

def savefile(afile):
    f=open(afile,'w')
    for k in d:
        f.write('{},{}\n'.format(k,d[k]))
    f.close()
    return

def main():
    afile='user.txt'
    while True:
        menu()
        if ch==1:
            regist(afile)
        elif ch==2:
            login(afile)
        elif ch==3:
            edit(afile)
        elif ch==4:
            remove(afile)
        elif ch==5:
            dispfile(afile)
        elif ch==0:
            print('谢谢，再见！')
            break
        else:
            print('输入功能号错误！')

d={}
main()
</pre></td><td><pre>
              用户账号管理

        1.注册   2.登录
        3.修改密码   4.注销账号
        5.显示所有账户 0.退出

    请选择功能号：5
aaa 123
ddd 111
fff 222

              用户账号管理

        1.注册   2.登录
        3.修改密码   4.注销账号
        5.显示所有账户 0.退出

    请选择功能号：0
谢谢，再见！
</pre></td></tr>
</table>

8.8.2 案例 2：以七段数码管形式显示当前日期

七段数码管（seven-segment indicator）由7段数码管拼接而成，每段有亮或不亮两种情况，改进型的七段数码管还包括一个小数点位置。16进制的数码管数字如图8.7所示。

图8.7　七段数码管编码与绘制16进制数字

1. 问题分析

定义drawDigit()函数，用来根据数字构成确定7段数码管的7条线是否显示（相当于显示管亮）。

定义DrawLine()函数用来画线段，drawGap()函数用来画线段之间的间隙。

定义wordpos()函数，用来设置“年”“月”“日”3个字的属性。

定义drawDate()函数用来输出当前日期。

定义main()函数用来调用各种函数输出当前日期。

调用main()函数执行程序。

2. 编码实现

程序源代码与测试结果见表8.4。

表8.4 七段数码管显示当前日期

编码实现	测试结果

```
import turtle
import time
#绘制一条线，并且将turtle转向
def drawLine(draw):
    # 使每一条线段起末存在间隙
    drawGap()
    turtle.pendown() if draw else turtle.penup()
    turtle.fd(40)
    # 使每一条线段起末存在间隙
    drawGap()
    turtle.right(90)
#使每一条线段起末存在间隙
def drawGap():
    turtle.penup()
    turtle.fd(5)
#绘制一个数
def drawDigit(digit):
    drawLine(True) if digit in [2,3,4,5,6,8,9] else drawLine(False)
    drawLine(True) if digit in [0,1,3,4,5,6,7,8,9] else drawLine(False)
    drawLine(True) if digit in [0,2,3,5,6,8,9] else drawLine(False)
    drawLine(True) if digit in [0,2,6,8] else drawLine(False)
    turtle.left(90)
    drawLine(True) if digit in [0,4,5,6,8,9] else drawLine(False)
    drawLine(True) if digit in [0,2,3,5,6,7,8,9] else drawLine(False)
    drawLine(True) if digit in [0,1,2,3,4,7,8,9] else drawLine(False)
    turtle.left(180)
    turtle.penup()
    turtle.fd(20)

def wordpos(word):
    x,y=turtle.pos()
    turtle.sety(y-40)
    turtle.pencolor("green")
    turtle.write(word,font=("simhei",58,"normal"))
    turtle.sety(y)
    turtle.fd(100)

def drawDate(date):
    for i in date:
        if i=='N':
            wordpos('年')
```

续表

编码实现	测试结果

```
            elif i=='Y':
                wordpos('月')
            elif i=='R':
                wordpos('日')
            else:
                turtle.pencolor("purple")
                drawDigit(eval(i))
def main():
    turtle.setup(1000,350,200,200)
    turtle.penup()
    turtle.fd(-400)
    turtle.pensize(5)
    #获取当前时间并且对时间格式进行标准化
    drawDate(time.strftime('%YN%mY%dR',time.gmtime()))
    turtle.hideturtle()
    turtle.done()

main()
```

8.8.3 案例3：绘制递归树

要求：使用turtle绘制递归树。

1. 问题分析

定义递归函数tree()，参数L为树干、树枝的长度，colors为树叶的颜色，默认为红、绿、蓝三种颜色。函数功能是当L大于指定长度时，则为树枝，否则为树叶。绘制树枝时，随机设置倾斜度和剪枝比例。绘制树叶时，从设置的颜色中随机选择一种颜色并简化树叶为小圆点。

最后调用函数tree()，绘制递归树。

2. 编码实现与测试结果

编写代码及测试结果见表8.5。

表8.5 递归树代码与测试结果

编码实现	测试结果

```
from turtle import *
from random import randint,uniform
def tree(L,colors=('red','green','blue')):
    if L>20:
        an=randint(10,40)#角度
        e=uniform(0.6,0.9)#缩短比
        fd(L)
        lt(an)
        tree(L*e)
        rt(2*an)
        tree(L*e)
        lt(an)
        fd(-L)
    else:
        n=randint(0,2)
        dot(10,colors[n])
```

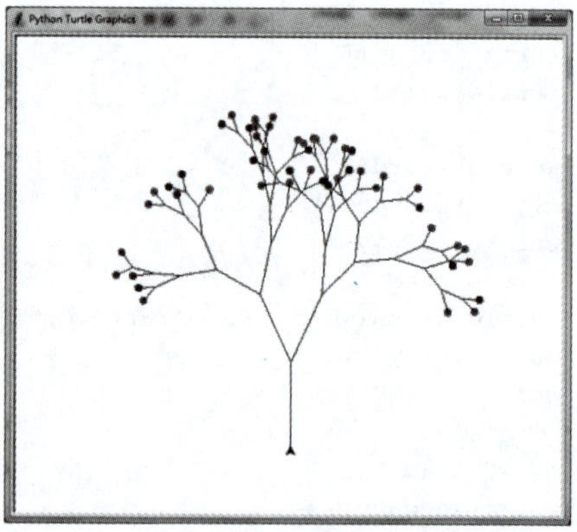

续表

编码实现	测试结果
up() goto(0,-200) down() lt(90) tree(100) done()	

小　结

本章主要介绍了用户函数相关的知识，包括函数的定义、函数的调用、函数的返回值、参数的传递方式、lambda函数、函数的嵌套和递归函数，介绍了datetime库基本用法，最后给出了3个具体应用案例。通过本章的学习，读者应能够掌握用户函数的定义和使用，在程序开发中能够函数式编程。

思考与练习

一、单选题

1. 定义一个函数使用的关键字是________。

A. def　　B. return　　C. define　　D. function

2. 如果一个函数调用后，需要有返回值，则函数定义中要使用________语句。

A. pass　　B. return　　C. define　　D. else

3. 函数调用后不需要返回值，则函数体中________语句可以有也可以没有。

A. pass　　B. define　　C. return　　D. else

4. 如果函数定义时，参数指定了默认值，则该参数称为________。

A. 必选参数　　B. 可选参数　　C. 元组参数　　D. 字典参数

5. 下列选项中不属于参数的传递方式的是________。

A. 位置传递　　B. 关键字传递

C. 参数的打包和解包　　D. 必选参数

6. 下面关于函数的说法，错误的是________。

A. 函数可以减少重复的代码，使程序更加模块化

B. 不同的函数中可以使用名称相同的变量

C. 调用函数时，实参的顺序与形参的顺序可以不同

D. 匿名函数与使用def定义的函数没有区别

7. Python使用________关键字定义匿名函数。

A. def　　B. function　　C. lambda　　D. func

8. 运行下列代码段，输出结果是________。

```
def f(one,two,*args):
    print(args)
f(2,1,3,4)
```

A. (2,1,3,4)　　B. (3,4)　　C. (4,3)　　D. (2,1)

9. 运行下列代码，输出结果是________。

```
x=10
def fun(a):
    global x
    x=20
    return a+x
print(fun(30),x)
```

A. 50 10　　B. 50 20　　C. 40 10　　D. 40 20

二、填空题

1. ________是组织好的实现单一功能或相关联功能的代码段。
2. 匿名函数是无须定义________的函数。
3. 若函数体中又调用了自身，则这个函数称为________。
4. Python使用________关键字可以将局部变量声明为全局变量。
5. 全局变量是指在函数________定义的变量。
6. 局部变量是指在函数________定义的变量。

三、判断题

1. 函数在定义完成后会立即执行。　( )
2. 变量在程序的任意位置都可以被访问。　( )
3. 使用函数可以提高代码的复用性。　( )
4. 在任意函数内部都可以直接访问或修改全局变量。　( )
5. 函数的位置参数有严格的位置关系。　( )

四、简答题

1. 请简述位置参数传递、关键字参数传递、默认参数传递的区别。
2. 请简述函数参数混合传递的规则。
3. 请简述全局变量和局部变量的区别。

五、编程题

1. 编写函数，输出1～100中偶数之和。
2. 编写函数，判断用户输入的整数是否是回文。回文数是一个正向和逆向都相同的整数，例如12321、9889等。
3. 编写函数，求2个正整数的最小公倍数。

第9章 面向对象编程

面向对象是程序开发领域的重要思想，它模拟了人类认识客观世界的思维方式，将开发中遇到的事物皆看作对象。Python支持面向对象编程，而且Python 3.X版源码全是基于面向对象设计。因此，了解面向对象编程思想对学习Python非常重要。面向对象进行编程，对象作为程序的基础构件，是由数据以及对数据可以实施的操作构成。将一组具有相同特征（数据和操作）的对象抽象为类。类是对象的模板，对象是类的实例。本章介绍面向对象编程的基本知识，包括类、对象的创建与使用等。

知识导图

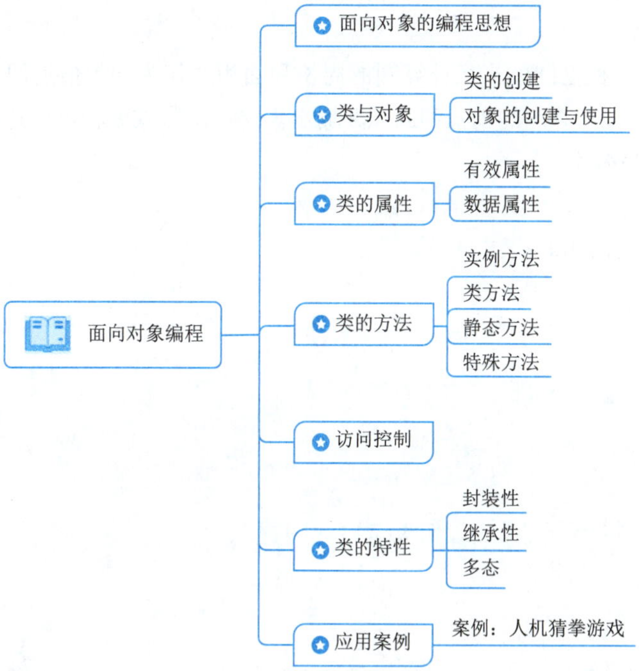

学习目标

- **了解：** 了解类方法、静态方法。
- **理解：** 理解面向对象、类和对象的概念。
- **应用：** 应用面向对象思想，进行软件开发。

- **分析**：面对具体问题，能够进行面向对象分析、设计、编码。
- **养成**：培养正确的思维模式，才能更好地解决问题，事半功倍。

9.1 面向对象的编程思想

早期的开发语言采用面向过程的编程思想，开发程序时首先分析解决问题的具体步骤，然后使用编程语言实现这些步骤的功能，对于复杂问题可以划分为多个功能较单一的模块，采用函数实现这些功能模块，最后通过调用函数完成系统功能。面向过程只考虑函数中封装的代码逻辑，而不会考虑函数的归属关系。面向对象与面向过程不同，它关注的不是解决问题的过程，而是首先分析问题，从中提炼出多个对象，将不同对象各自的特征和行为进行封装，之后通过控制对象的行为来解决问题。

下面以计算圆的周长和面积为例，分别按面向过程编程和面向对象编程，从而了解它们之间差别。

1. 面向过程编程

（1）问题分析

通过键盘使用input()函数输入数据r，使用eval()函数将输入的数据r由字符串类型转换为数字类型；然后根据数学知识圆的周长为L=2*r*3.14，圆的面积为s=r*r*3.14；最后使用print()函数将计算结果输出到控制台。

也可以定义函数area(r)，根据圆的半径计算圆的周长和面积并作为函数值返回，最后从键盘输入圆的半径，调用函数area()，计算圆的周长和面积并输出。这种函数式编程可以达到函数代码的重用，降低开发难度，提高开发效率。

（2）编程实现

面向过程的函数式编程代码如下：

```
def area(r):
      L=2*3.14*r
      s=3.14*r**2
      return L,s
r=eval(input('r='))
L,s=area(r)
print(f'半径：{r}，周长：{L:.2f}，面积：{s:.2f}')
```

2. 面向对象编程

（1）问题分析

问题域中只涉及了一个对象圆，圆有半径、周长和面积等特征，因此可以抽象出圆类，其数据属性为半径，圆的周长和面积通过对半径的操作可以得到。

（2）编程实现

面向对象编程的代码如下：

```
class Circle():                    #创建类
```

```
    def __init__(self,r): # 创建圆对象时自动调用的初始化方法
        self.r=r
    def perimeter(self):    # 计算圆的周长的方法
        return self.r*2*3.14
    def area(self):         # 计算圆的面积的方法
        return self.r**2*3.14
# 类的应用
r=eval(input('r='))
circle=Circle(r)                     # 创建对象
L=circle.perimeter()                 # 获取圆的周长
s=circle.area()                      # 获取圆的面积
print(f'半径：{r}，周长：{L:.2f}，面积：{s:.2f}')
```

面向对象程序由对象作为程序基础构件，对象是由数据以及对数据可以实施的操作构成。一个类描述了一组具有相同特征（数据及操作）的对象。简单来说，类属于模板的范畴，描述了对象的特征，而对象属于值的范畴，是类的实例。在面向对象编程中，需要先定义类，然后才能使用该类创建类的实例即类的对象。

Python中有许多已定义好的类（如列表、字典等），也允许程序开发者自己定义类。

9.2　类与对象

面向对象编程有两个核心概念：类和对象，其中对象映射了现实世界中真实存在的事物，既可以是具体的事物，如这本书就是一个对象，也可以是抽象的概念，例如一份成绩单。类是一组具有相同特征和行为的对象的抽象，例如，“书是人类进步的阶梯”这里的书就是一个类，不具体指哪一本书。

9.2.1　类的创建

1. 类的概念

简单地说，类是对一组具有相同特征（数据及操作）的对象的抽象，使用类可以创建实例，即对象。类是实例的模板，对象是类的实例。

现实世界中，一类事物具有相似的特征和行为，人们通常会对这一类事物进行命名以区别于其他事物。同理，程序中的类也有一个名称，也包含描述类特征的数据成员（通常称为属性），以及描述类行为的成员函数（通常称为方法）。

2. 类的创建

Python中，使用关键字class来定义类，一般形式如下：

```
class 类名([继承类类名表]):
    '''类文档字符串'''
    属性名 = 属性值
    def 方法名(self, 其他参数)
        方法体
```

说明：

① 在创建类的代码中，第一行是类头，行尾冒号是必不可少的。类名是自定义类的名称，是类的标识符，类名首字符一般是大写英文字母；类可以继承一个或多个类，使用圆括号括起来。如果继承多个类，类名之间使用逗号分隔。定义类时若没有指明继承其他类，默认继承object超类，类头中类名称后的圆括号可以省略，形如“class 类名：”。

② 除类头行后，类定义中其余行称为类体，类体需要左缩进。类体主要包括属性和方法的定义，其中属性类似变量，方法类似于函数，但方法的参数表中的第一个参数必须是一个指代对象的默认参数self。

③ 与函数定义一样，在定义类时可以有类文档字符串，为查询类时提供帮助信息。

例9_1 狗狗有4条腿，见人会“汪汪汪”。定义一个Dog类，它有一个leg属性和greet()方法。

定义Dog类的代码如下：

```
class Dog():            # 或：class Dog:
    '''定义Dog类，有一个leg属性和一个greet()方法'''
    leg=4               # 属性
    def greet(self):    # 方法
        print('汪汪汪')
```

这样，用Dog类创建对象都有4条腿，访问greet()方法会输出“汪汪汪”。

3. 定义空类

如果类中没有任何属性和方法，称为空类。空类只是用来搭建程序的基本框架，需要时再具体实现。空类的类体可以用空语句pass语句表示。例如：

```
class MyDate:
    ''' MyDate类正在建设中……'''
    pass
```

4. 命名空间

类定义并运行后，会创建一个新的名称空间，并将名称空间用作局部作用域。名称空间也称为命名空间，是名称（标识符）到对象的映射。向名称空间添加名称的过程涉及绑定标识符到指定对象的操作（以及给该对象的引用计数加1）。简单地说，可以认为名称空间是一个容器或一个域，可以在里面添加名称，将名称绑定到对象上。每个对象可以绑定多个名称，这些名称称为对象的引用。

使用dir(<类名>)可以查看该类创建的命名空间中的所有属性、方法的列表。

9.2.2 对象的创建与使用

类是对象的模板，通过类可以创建实例，该实例又称为类的对象。

1. 创建对象

定义类后，就可以创建该类的对象了。创建类的对象类似函数调用，其形式：

```
类名([<参数表>])
```

例如，创建一个Dog类的对象dog的代码为

```
dog=Dog()
```

在Python中，一切皆是对象——类是类对象，实例是实例对象，函数是函数对象，等等。但在面向对象程序设计中，由于沿用其他程序语言的称呼习惯，对象根据上下文特指实例对象，读者理解意义即可，本章叙述时使用的对象一般是指类创建的对象。

2. 引用对象的属性和方法

对象创建后，类的属性和方法就被绑定在该对象上了，可以使用对象来引用其属性和方法，引用格式：

```
对象名.属性名
对象名.方法(参数表)
```

例如：输出dog对象的leg属性值和调用greet()方法，代码为

```
print(dog.leg)
dog.greet()
```

执行程序，结果如下：

```
4
汪汪汪
```

9.3 类的属性

Python的类支持两种操作：属性引用和实例化，其中属性引用是指访问类的属性，实例化是指以类为模板创建类的实例。类的属性分为有效属性和数据属性。

9.3.1 有效属性

有效属性是创建类时在类命名空间中的所有属性，可以使用命令“dir(<类名>)”来查看类的有效属性。

例如，Dog类运行后，查看Dog类命名空间中的所有属性和方法的代码及结果如下：

```
>>>print(dir(Dog))
```

输出：

```
['__class__', '__delattr__', '__dict__', '__dir__', '__doc__', '__eq__', '__format__', '__ge__', '__getattribute__', '__gt__', '__hash__', '__init__', '__init_subclass__', '__le__', '__lt__', '__module__', '__ne__', '__new__', '__reduce__', '__reduce_ex__', '__repr__', '__setattr__', '__sizeof__', '__str__', '__subclasshook__', '__weakref__', 'greet', 'leg']
```

其中，__doc__是Dog类的一个有效属性，通过__doc__属性可以查看Dog类的文档字符串：

```
>>>print(Dog.__doc__)
```

输出：

```
定义 Dog 类，有一个 leg 属性和一个 greet() 方法。
```

9.3.2 数据属性

类的数据属性按照声明方式的不同又分为两类：类属性和实例属性。

1. 类属性

类属性是声明在类内部、方法外部的属性。例如，Dog类内部声明的leg就是一个类属性。类属性可以通过类或对象进行访问，但只能通过类进行修改。

例9_2 创建Dog类的对象dog，并分别通过类和对象访问、修改类属性。代码如下：

```
class Dog(object):
    ''' 定义 Dog 类，有一个 leg 属性和一个 greet() 方法 '''
    leg=4
    def greet(self):
        print(' 汪汪汪 ')
dog=Dog()                    # 创建 dog 对象
print(Dog.leg)               # 通过类访问类属性
print(dog.leg)               # 通过对象访问类属性
Dog.leg=3                    # 通过类修改类属性
print(Dog.leg)               # 访问类的属性
print(dog.leg)               # 访问对象的属性
dog.leg=2                    # 通过对象修改类属性
print(Dog.leg)               # 访问类的属性
print(dog.leg)               # 访问对象的属性
```

执行代码，结果如下：

```
4
4
3
3
3
2
```

分析输出结果可以得出如下结论：类属性可以通过类或对象来访问，但类属性的修改只能通过类来修改，不能通过对象来修改。最后一次通过dog访问类属性的值为2，说明它不是访问的类属性。实质是使用“dog.leg=2”时创建了一个与类属性同名的实例属性。

2. 实例属性

实例属性是在类的方法内部定义的属性，Python支持动态添加实例属性。

（1）访问实例属性

实例属性只能通过实例来访问。

例9_3　在Dog类中创建一个show()方法，方法内有一个实例属性color，用来设置Dog实例的颜色为白色。

代码如下：

```
class Dog(object):
    leg=4                        # 类属性
    def greet(self):
        print('汪汪汪')
    def show(self):
        self.color='white'       # 实例属性
dog=Dog()                        # 创建 dog 对象
dog.show()                       # 需要先调用方法来添加实例属性 color
print(dog.color)                 # 通过对象访问类属性
print(Dog.color)                 # 通过类访问类属性
```

运行代码，结果如下：

```
white
Traceback (most recent call last):
……
   print(Dog.color)              # 通过类访问类属性发生异常
AttributeError: type object 'Dog' has no attribute 'color'
```

由此可见，show()方法中添加了一个对象属性，可以通过对象访问，但不能通过类访问。

（2）修改实例属性

实例属性通过对象进行修改。例如，在例9_3的代码中插入修改实例属性color的代码：

```
dog=Dog()                        # 创建 dog 对象
dog.show()                       # 调用方法，添中实例属性 color
dog.color='black'                # 修改实例属性
print(dog.color)
```

运行程序，结果如下：

```
black
```

实例属性color的值发生了改变。

（3）动态添加实例属性

Python支持在类的外部通过对象动态添加实例属性。例如，在上面代码中添加实例属性type，指定dog的品种，增加的代码如下：

```
dog.type='泰迪'
print(dog.type)
```

运行代码，结果如下：

```
泰迪
```

由此可见，程序成功添加了实例属性type，并通过对象访问了新增加的实例属性。

另外，通过执行dir(dog)得到结果：'color'，'greet'，'leg'，'show'，'type'，也可以看出dog有三个实例属性2个方法。

9.4 类的方法

Python中类的方法按照调用方式不同可以分为普通方法和特殊方法，普通方法按照定义方式和作用不同可以分为实例方法、类方法和静态方法三类，特殊方法常用的是构造方法和析构方法两类。

9.4.1 实例方法

实例方法类似函数，但它定义在类的内部，以self为第一个形参。例如，在例题9_3中定义的greet()、show()方法都是实例方法，self代表对象本身，它会在实例方法被调用时自动接收由系统传递的调用该方法的对象。

9.4.2 类方法

类方法是定义在类内部，使用装饰器@classmethod修饰的方法，可以通过类和对象调用。类方法的语法格式如下：

```
@classmethod
def 类方法名(cls，参数表)：
    方法体
```

类方法中参数表的第1个参数是cls，代表类本身，它会在类方法被调用时自动接收由系统传递的调用该方法的类。

例9_4 定义一个包含类方法eat()的Animal类。

代码如下：

```
class Animal():
    @classmethod
    def eat(cls):
        print('我是类方法')
```

eat()类方法通过Animal类或实例对象调用类方法，代码如下：

```
animal=Animal()
animal.eat()            #通过类调用类方法
Animal.eat()            #通过对象调用类方法
```

执行代码，结果如下：

```
我是类方法
```

```
我是类方法
```

从以上运行结果可以看出，程序通过类和对象成功地调用了类方法。

类方法中，可以通过cls访问或修改类属性的值。

例9_5 定义一个包含类属性、类方法的Animal类，并在类方法中使用cls访问和修改类属性，然后创建Animal类的实例animal，通过对象animal调用类方法。

代码如下：

```
class Animal():
        leg=4                        # 类属性
        @classmethod
        def eat(cls):                # 类方法
              cls.leg=3              # 修改类属性值
              print(cls.leg)         # 访问类属性并输出
animal=Animal()
animal.eat()
print(Animal.leg)
```

运行代码，结果如下：

```
3
3
```

由此可见，程序在类方法中成功修改和访问了类属性。

9.4.3 静态方法

静态方法是定义在类的内容，使用装饰器@staticmethod修饰的方法。静态方法通常使用类来调用，在类的外部也可以使用类的实例来调用。

静态方法的语法格式如下：

```
@staticmethod
def 类方法名():
      方法体
```

注意：静态方法没有任何默认参数，它适用于与对象无关的操作，或者无须使用类成员的操作，常见于一些工具类。

例9_6 在Animal类中定义一个静态方法dtoc()，示例代码如下：

```
class Animal():
        leg=4                        # 类属性
        @classmethod
        def eat(cls):                # 类方法
              cls.leg=3              # 修改类属性值
              print(cls.leg)         # 访问类属性
```

```
        @staticmethod
        def dtoc():
            print('我是静态方法')
            print(Animal.leg)          #静态方法内通过类调用类属性
            Animal.eat()               #调用类方法
animal=Animal()
animal.dtoc()                          #静态方法通过实例调用
Animal.dtoc()                          #静态方法通过类调用
```

运行代码，结果如下：

```
我是静态方法
4
3
我是静态方法
3
3
```

由此可见，静态方法可以通过类名或实例名调用，其内部可以通过类名调用类属性或类方法。

9.4.4 特殊方法

在类中，除了实例方法、类方法、静态方法外，还有2个特殊方法：构造方法和析构方法，这两个方法是系统内置方法。

1. 构造方法

构造方法即__init__()方法，是类中内置的特殊方法，创建类的实例对象时由系统自动调用，从而实现对象的初始化。每个类默认都有一个无参的__init__()方法，也可以在类中显式定义__init__()方法，但要注意，一旦显式定义了__init__()方法，创建对象时系统就会调用显式构造方法，若无显式构造方法，才调用默认构造方法。

__init__()方法可以分为无参构造方法和有参构造方法。

（1）无参构造方法

当使用无参构造方法创建对象时，所有对象的属性都有相同的初始值。

例9_7 定义Animal类，改写__init__()构造方法，设置Animal实例对象的color属性为“brown”并测试。

代码如下：

```
class Animal():
    def __init__(self):
        self.color='brown'
animal1=Animal()
animal2=Animal()
print(animal1.color)
print(animal2.color)
```

运行代码，结果如下：

```
brown
brown
```

由此可见，生成的Animal实例对象都具有相同的color初始值。这是由于构造函数除了self外无其他形参，因此无法接受实参，所以属性color具有相同的值。

（2）有参构造方法

当使用有参数的构造方法创建对象时，对象的属性可以有不同的初始值。

改写例9_7代码，添加有参构造方法并测试：

```
class Animal():
        def __init__(self):
            self.color='brown'
        def __init__(self,color):     #提示方法重复定义
            self.color=color
animal1=Animal('white')
animal2=Animal('black')
print(animal1.color)
print(animal2.color)
```

运行代码，结果如下：

```
white                                 #有参方法成功调用
black
```

若执行“animal3=Animal()”语句会发生异常！因为无参构造方法已被后面定义的有参构造函数取代。

由此可知，程序调用了类定义中的第2个构造方法，生成的对象的color属性具有不同的值。另外，在一个类的定义中，有参构造方法和无参构造方法可以并存，但在调用时，只能调用一个构造方法，实质是按构造方法的定义顺序，前者被后者覆盖。由此可知，在Python类中可以定义多个同名方法，但最终只有最后一个同名方法有效。

Python不像Java语言，可以在类中定义多个形参不同、名称相同的方法，即Python类不具有重载性，这个缺陷可以通过形参的默认值来弥补。

例如上例中，如果既想使用有参构造方法，又想使用无参构造方法，这时可以将构造方法的定义改写为

```
def __init__(self,color='brown'):
            self.color=color
```

这样，创建类的实例时，可以使用有参构造方法，也可以无参构造方法。

代码如下：

```
animal1=Animal('white')
animal2=Animal()
```

```
print(animal1.color)
print(animal2.color)
```

运行程序，结果如下：

```
white
brown
```

2. 析构方法

析构方法即__del__()方法，是销毁对象时系统自动调用的方法。

每个类默认都有一个无参的__del__()方法，也可以显式定义析构方法。若无显式定义析构方法，则销毁对象时会自动调用默认的析构方法，否则，调用显式定义的析构方法。

例9_8 在Animal中定义一个析构方法，在实例销毁时进行提示。

代码如下：

```
class Animal():
        def __init__(self,color):      # 构造方法
            self.color=color
            print('对象被创建')
        def __del__(self):
            print('对象被销毁! ')      # 析构方法
animal=Animal('white')
print(animal.color)
del(animal)                            # 对象被销毁
```

运行代码，输出结果：

```
对象被创建
white
对象被销毁!
```

由此可见，当销毁animal对象时会调用类中析构方法__del__()。

9.5 访问控制

在大多数面向对象的语言中，使用访问修饰符来限制对类的属性和方法的访问，这在保护数据免受未经授权的访问以及防止数据被操纵方面起着重要的作用。在Python中对类的属性和方法进行访问控制比较简单，只要在命名时使用双下划线"__"开头而不以双下划线结束，就变成了私有属性和方法，这样的属性和方法只能在类的内部访问，不能在类的外部访问。其他的属性和方法都是公共的，在类的内部和类的外部都可以访问。

例9_9 定义一个Person类，使用构造方法对私有属性__name、公共属性_gender和age进行初始化，由公共方法get_name()和set_name()来访问和设置某人的姓名，公共方法print()，私有方法__sing()，创建Person对象测试对属性和方法的访问控制。

```
class Person(object):  #默认继承 object
    __count__=1                                  #公共属性
    def __init__(self,name,gender,age):          #构造方法
        self.__name=name                         #私有属性
        self._gender=gender                      #公共属性
        self.age=age                             #公共属性
    def get_name(self):                          #公共方法
        return self.__name                       #访问私有属性
    def set_name(self,name):                     #公共方法
        self.__name=name                         #访问私有属性
    def print(self):                             #公共方法
        print(self.__name,self._gender,self.age)
    def __sing(self):                            #私有方法
        print('唱歌...')
p=Person('小明','女','19')
p.print()                                        #在类的外部可以访问公共方法
p.set_name('大国')                               #在类的外部可以访问公共方法
p._gender='男'                                   #在类的外部设置公共属性
print(p.get_name(),p._gender,p.age)              #类的外部访问公共方法
#p.__sing()                                      #出错了，类的外部不能访问私有方法
print(Person.__count__)                          #类外部访问公共属性
```

运行代码，输出结果如下：

```
小明 女 19
大国 男 19
1
```

由以上代码可知，私有成员只能在类的内部访问，公共成员在类的内部和外部皆可访问。

注意：私有成员在运行时会被加上下划线和类名。

例如，Person类中有私有属性__name，在类的内部访问时可以写为“self._Person__name”或“self.__name”，前者可以防止父类或子类中的同名冲突，但不能写为“__name”。运行代码时若__name不存在则会提示“_Person__name”不存在。

9.6　类的特性

Python中的类与其他面向对象的编程语言中的类相似，也具有封装性、继承性、重写性、多态性等特性。

9.6.1　封装性

封装性是面向对象的重要特性之一，它的基本思想是对外隐藏类的细节，对外提供用于访问类成员的公共接口。类的外部无须知道类的实现细节，只需要使用公共接口便可以访问类的属性或方

法，从而提高数据的安全性。因此，在定义类时需要满足以下两点要求：

① 将类属性声明为私有属性。

② 添加两类供外界调用的公共方法，分别用于设置或获取私有属性的值。

例9_10 定义一个Person类，有一个私有属性__name和两个公共属性_gender和age，对外提供两个公共方法用来访问和设置__name属性。

代码如下：

```
class Person:
    def __init__(self,name,gender,age):
        self.__name=name
        self._gender=gender      #默认值
        self.age=age
    def set_name(self,name):
        self.__name=name
    def get_name(self):
        return self.__name
p=Person('小英','女',18)
p.set_name('小丽')                    #访问公共方法
print(p.get_name(),p._gender,p.age)
```

运行代码，结果如下：

```
小丽 女 18
```

私有属性不能在类的外部直接访问，可以对外提供公共方法来访问或设置私有属性的值。

9.6.2 继承性

"种瓜得瓜，种豆得豆"，生物界有继承关系，Python中的类也模拟了生物界的继承关系，这也是面向对象的重要特征之一，它主要用于描述类与类之间的关系，在不改变原有类的基础上扩展类的功能。

若类与类之间具有继承关系，被继承的类称为父类或基类，继承其他类的类称为子类或派生类，子类会自动拥有父类的公有成员。

注意：在派生子类时，需要注意一些设计原则。一般来说，子类是父类中更为具体和细化的一种特例，是一种"is-a"的关系，也就是"是一个"的关系。例如，若Student类派生自Person类，则"Student（学生）是一个Person（人）"。

Python类支持单继承和多继承。

1. 单继承

单继承即子类只继承一个父类。例如，学生（Student类）属于人（Person类），它们之间存在继承关系。

Python中单继承的语法格式如下：

```
class 子类名(父类名):
    类体
```

若在定义时不指明该类的父类，那么该类默认继承基类object，object被认为是万类之源。

例9_11　定义一个表示人的类Person和学生类Student，Student是Person类的子类，它的类体为空。代码如下：

```
class Person(object):                              # 默认继承 object
    def __init__(self,name,gender,age):            # 构造方法
        self.__name=name                           # 私有属性
        self._gender=gender                        # 公共属性
        self.age=age                               # 公共属性
    def get_name(self):                            # 公共方法
        return self.__name                         # 访问私有属性
    def set_name(self,name):                       # 公共方法
        self.__name=name                           # 访问私有属性
    def print(self):                               # 公共方法
        print(self.__name,self._gender,self.age)
    def __sing(self):                              # 私有方法
        print('唱歌...')
class Student(Person):                             # 继承 Person 类，单继承
    pass
s=Student('小明','男',19)
s.print()                                          # 子类的继承父类的公有成员
print(s.get_name(),s._gender,s.age)
```

运行代码，结果如下：

```
小明 男 19
小明 男 19.
```

子类继承了父类的构造方法、公有方法，但不能继承父类的私有方法。

2. 多继承

现实世界中很多事物是多个事物的组合，它们同时具有多个事物的特征和行为。例如房车是房屋和汽车的组合，机器人是电子产品与人的组合。Python的子类也可以继承多个父类，这个子类自动拥有所有父类的公有成员。

多继承一般语法形式如下：

```
class 子类名([父类名1[,父类名2,…]]):
    类体
```

例9_12　定义一个表示电子产品的类Eproduction，一个表示人的类Person，一个继承Eproducting和Person的子类Eperson，其类体为空。

代码如下：

```
class Eproduction(object):              # 定义表示电子产品的类 Eproduction
    def start(self):                    # 定义方法
        print("开始工作")
```

```
class Person():                       # 定义表示人的类 Person
    def work(self):                   # 定义方法
        print("工作中...")
class Eperson(Eproduction,Person):    # 定义表示机器人的类 Eperson
    pass
ep = Eperson()
ep.start()                            # 子类对象调用继承自父类 Eperson 的方法 start()
ep.work()                             # 子类对象调用继承自父类 Person 的方法 work()
```

运行代码，结果如下：

```
开始工作
工作中...
```

子类的实例成功调用了父类的方法，也就是子类继承了父类的公有成员方法。

注意：假设不同的父类中拥有同名的方法，那么子类如何继承父类的同名方法呢？

例如，在上例中，如果两个父类同时拥有test()方法，在Eproduction类添加test()方法，代码如下：

```
def test(self):
        print('我是Eproduction的test方法！')
```

在Person类中添加test()方法，代码如下：

```
def test(self):
        print('我是Person的test方法！')
```

并在测试代码末尾添加调用test()方法的代码：

```
ep.test()
```

运行程序，结果如下：

```
开始工作
工作中…
我是Eproduction的test方法！
```

由此可见，子类调用了先继承的Eproduction类的test()方法，即在子类定义中继承的同名方法排在前面的父类优先。

3. 重写性

子类继承父类后，可以直接使用父类的方法，也可以对父类的方法进行改写，称为重写（overriding）。几乎所有的父类方法，包括运算符、初始化方法等都可以重写。

例9_13 创建Dog类的子类MyDog，并改写greet()方法。代码如下：

```
class Dog():
    def __init__(self,name):
```

```
        self.name=name
    def greet(self):
        print('汪汪汪……')
class MyDog(Dog):
    def greet(self):
        print('{}狗高兴地向我摇尾巴'.format(self.name))
mydog=MyDog('花花')
mydog.greet()
```

运行代码，结果如下：

```
花花狗高兴地向我摇尾巴
```

由此可见，子类对象调用的是子类MyDog重写后的greet()方法。

子类重写父类的方法后，无法直接访问父类的同名方法，但可以使用super()函数间接调用父类中被重写的方法。

例如，对上例进行修改，在MyDog类的greet()方法中调用父类的greet()方法，代码如下：

```
class MyDog(Dog):
    def greet(self):
        print('{}狗高兴地向我摇尾巴'.format(self.name))
        super().greet()
```

运行代码，结果如下：

```
花花狗高兴地向我摇尾巴
汪汪汪……
```

由此可见，子类通过super()成功调用了父类被重写前的greet()方法。

除了super()函数外，常用类和实例相关的内建函数见表9.1。

表9.1 常用与类和实例相关的内建函数

函　数	功　能
issubclass(classa,classb)	判断classa类是否是classb的子类
isinstance(obj,classn)	判断obj是否是classn类或其子类的实例
super(type,obj=None)	返回type类的父类
hasattr(obj,attr)	判断obj是否有属性attr
setatt(obj,attr,val)	设置obj的属性attr的值
getatt(obj,attr[,default])	获取obj的属性attr值
delattr(obj,attr)	删除obj的属性attr
vars(obj=None)	返回obj的属性及其值的一个字典，无参则返回局部名称空间字典，即locals()
dir(obj=None)	返回obj的属性的一个列表，若无参数，则返回局部名称空间中的属性，也就是locals().key()

9.6.3 多态

多态是面向对象的重要特性之一，它的直接表现即让不同类的同一功能可以通过同一个接口调用，表现出不同的行为。

例9_14 定义一个狗类Dog和猫类Cat，这两个类都定义shout()方法；定义一个函数shout()，通过这个函数调用Dog类和Cat类中的shout()方法。

定义代码与测试代码如下：

```
class Cat:
        def shout(self):
              print("喵喵喵～")
class Dog:
        def shout(self):
              print("汪汪汪！")
def shout(obj):
        obj.shout()
cat=Cat()
dog=Dog()
shout(cat)
shout(dog)
```

运行代码，结果如下：

```
喵喵喵～
汪汪汪！
```

以上代码通过同一个接口shout()调用了不同类中的同名方法，同一操作获取了不同的结果，体现了面向对象的多态性。

利用多态性编写代码不会影响类的内部设计，但可以提高代码的兼容性，让代码的调用更加灵活。

9.7 应用案例

案例：人机猜拳游戏

猜拳游戏是一个古老、简单、常用于解决争议的游戏。游戏一般包括三种手势：石头、剪刀、布，游戏规则是石头胜剪刀、剪刀胜布、布胜石头。本案例要求基于面向对象思想，编写代码实现人机猜拳游戏。

（1）实例目标

① 理解面向对象思想。

② 熟练定义类。

③ 熟练创建对象、访问类的成员。

④ 熟练使用构造方法。

⑤ 掌握类的继承等特性。

（2）实例分析

① 为了便于玩家的输入，可以将石头、剪刀、布及其序号保存到字典中。

② 创建两个类，玩家类和计算机类，并使用计算机类作为玩家类的子类，两个类使用同一个构造方法，在构造类中创建三种手势与数字对应的字典。

③ 在人机游戏中，人表示玩家，机表示计算机，玩家手势由键盘输入，计算机手势随机产生。

④ 为了增加计算机获胜的概率，可以将玩家的手势保存到一个列表中，通过计算该列表玩家最大概率的手势生成计算机的手势。

（3）编程实现

设计代码如下：

```
import random
class Common:
    play_data = []                                             # 存储玩家手势，类属性
    numdict = {0: '剪刀', 1: '石头', 2: '布'}

class Player(Common):
    def gesture(self):
        player_input = int(input("0.剪刀\t1.石头\t2.布\n请出拳:"))
        self.play_data.append(self.numdict[player_input]) # 添加到玩家手势列表中
        print(self.play_data)                              # 输出临时数据
        return player_input

class AIPlayer(Common):                                        # 计算机玩家
    def ai_gesture(self):
        if len(self.play_data) >= 4:
            # 获取玩家出拳的最大概率
            random.shuffle(self.play_data)
            print(self.play_data)
            max_prob = max(self.play_data, key=self.play_data.count)
            if max_prob=='剪刀':
                return 1
            elif max_prob == '石头':
                return 2
            else:
                return 0
        else:
            computer = random.randint(0, 2)
            return computer


class Game:
    win={'player':0,'aiplayer':0,'equal':0}
    def game_judge(self):
        player = Player().gesture()                            # 调用成员方法
```

```
            aiplayer = AIPlayer().ai_gesture()
            aigesture=Player.numdict[aiplayer]    # 类属性
            if player==0 and aiplayer==2 or player>aiplayer:
                print(f'计算机出拳：{aigesture}\n恭喜，你赢了！')
                self.win['player']+=1
                return
            if player==aiplayer:
                print(f'计算机出拳：{aigesture}\n双方平局！')
                self.win['equal']+=1
                return
            if player<aiplayer:
                print(f'计算机出拳：{aigesture}\n你输了，加油！')
                self.win['aiplayer']+=1
                return
    def game_start(self):
        self.game_judge()
        while True:
            option = input("是否继续:y/n\n")
            if option=='y':
                self.game_judge()
            else:
                break
    def game_end(self):
        pl=self.win['player']
        aipl=self.win['aiplayer']
        equ=self.win['equal']
        winner='你赢了！' if pl>aipl else '计算机赢了！' if pl<aipl else '双方平局'
        print(f'本局比赛，你与计算机的比分是{pl}:{aipl}，{equ}个平局\n{winner}')

if __name__ == '__main__':
    g = Game()
    g.game_start()
    g.game_end()
```

（4）代码测试

在开发环境中录入代码，保存并运行代码，测试结果如下：

```
0.剪刀 1.石头 2.布
请出拳：0
['剪刀']
电脑出拳：布
恭喜，你赢了！
是否继续：y/n
```

```
y
0.剪刀 1.石头 2.布
请出拳:1
['剪刀', '石头']
电脑出拳:布
你输了，加油!
是否继续:y/n
y
0.剪刀 1.石头 2.布
请出拳:2
['剪刀', '石头', '布']
电脑出拳:石头
恭喜，你赢了!
是否继续:y/n
y
0.剪刀 1.石头 2.布
请出拳:1
['剪刀', '石头', '布', '石头']
['石头', '剪刀', '石头', '布']
电脑出拳:布
你输了，加油!
是否继续:y/n
y
0.剪刀 1.石头 2.布
请出拳:2
['石头', '剪刀', '石头', '布', '布']
['布', '布', '剪刀', '石头', '石头']
电脑出拳:剪刀
恭喜，你赢了!
是否继续:y/n
n
本局比赛，你与电脑的比分是 3:2，0 个平局
你赢了!
```

小　结

本章主要介绍了面向对象编程的知识，包括面向对象的概念、类和对象的基础应用、类的成员、构造方法和析构方法、类的封装、继承、多态和重写等特性，最后给出了1个具体应用案例。通过本章的学习，读者应能够理解面向对象的思想和特性、掌握面向对象编程技巧，为以后的程序开发奠定扎实的面向对象思维基础。

思考与练习

1. 声明一个类使用的关键字是________。

A. def　　B. class　　C. define　　D. function

2. 如果一个方法调用后，需要有返回值，则方法定义中要使用________语句。

A. pass　　B. return　　C. define　　D. else

3. 下列方法中，用于初始化属性的方法是________。

A. __del__()　　B. __add__()　　C. __int__()　　D. __init__()

4. 下列关于继承的说法，正确的是________。

A. 如果一个类有多个父类，该类会继承这些父类的所有成员

B. 子类会自动拥有父类的属性和方法

C. 私有属性和私有方法能被子类继承

D. Python支持多继承

5. Python类不具有的特性是________。

A. 封装　　B. 继承　　C. 多态　　D. 重载

6. 在创建对象时第一个被调用的方法是________。

A. 析构方法　　B. 构造方法　　C. self　　D. cls

7. 类中定义的私有成员的名称以________开头。

A. 单下划线_　　B. 双下划线__　　C. 减号-　　C. 双减号--

8. 运行下列代码段，输出结果是________。

```
class MyTest():
    count=10
    def output(self):
        count=2
        self.count+=1
        print(count)
test=MyTest()
test.output()
```

A. 10　　B. 2　　C. 11　　D. 12

二、填空题

1. Python使用________关键字来声明一个类。

2. 类的成员包括________和________。

3. Python可以通过在类成员名之前添加________的方式将公共成员改为私有成员。

4. Python使用________关键字可以将局部变量声明为全局变量。

5. 被继承的类称为________，继承其他类的类称为________。

6. 子类中使用________函数可以调用父类的方法。

7. 类的定义中，未指定继承类则默认继承________类，此类也称为________。

8. Python类具有________、________和________特性。

三、判断题

1. Python中通过类可以创建对象，且只能创建一个对象。 (　　)
2. 实例方法可以由类和对象调用。 (　　)
3. 子类能继承父类全部的属性和方法。 (　　)
4. 创建类的对象时，子类会自动调用构造方法进行初始化。 (　　)
5. 子类中不能重新实现从父类继承的方法。 (　　)

四、简答题

1. 请简述类方法、实例方法和静态方法的区别。
2. 请简述构造方法和析构方法的特点。
3. 请简述面向对象三大特性。

五、编程题

1. 设计一个课程类Course，包括课程编号ID、课程名称name、任课教师teacher和上课地点location（私有属性）共4个属性，另外，还包括构造方法__init__()、显示课程信息的show_info()方法。设计完成后，创建Course类的对象显示课程信息。

2. 设计一个人类Person和学生类，其中Person类有姓名name和年龄age（私有属性）属性和显示人的信息的showInfo()方法，定义一个Person类的子类Student，有专业sobject、sclass班级等属性，皆为私有属性，有两个用来设置属性的方法setSobject和setSclass()，另有一个显示学生姓名、年龄、专业和班级的成员方法showInfo()。设计完成，创建两类的对象，显示学生信息。

第10章 异常处理

编写程序时难免存在错误，出错可能会导致一些非预期的结果或终止程序的运行，排除错误后才能再次编译或解释执行。Python解释器检测到错误时，会终止程序执行并报告错误类型。本章将介绍Python异常发生的情况、常见的异常类，以及Python提供的try...except语句来捕获异常并进行处理，学会灵活使用异常处理语句进行编程。

知识导图

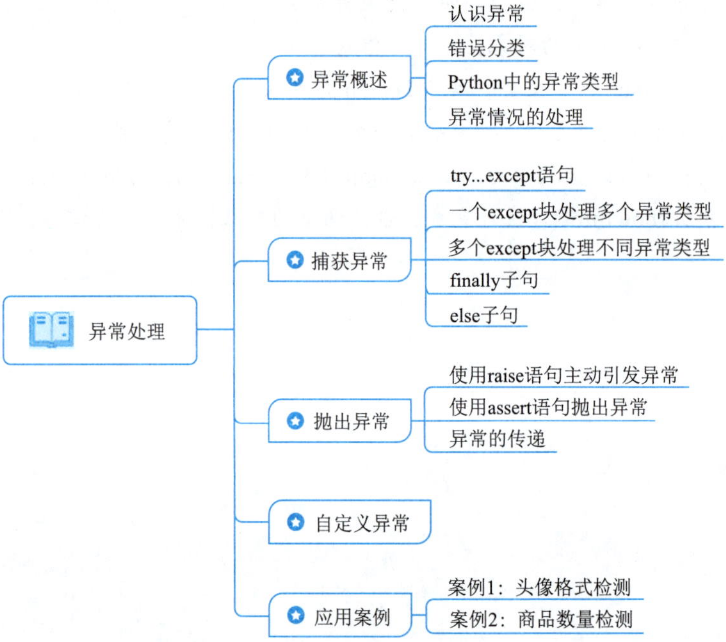

学习目标

- **了解**：了解对多种异常的分类处理，finally子句和else子句的应用场景，raise抛出异常的应用。
- **理解**：理解异常概念与异常的分类，try...except语句格式与执行流程。
- **应用**：灵活应用try...except进行异常处理编程。
- **分析**：对问题求解的各种可能出现的情况进行分析，若用选择控制结构使程序变得复杂或难以实现，就可以考虑是否用异常处理来实现。
- **养成**：失败乃成功之母。善于从失败中吸取经验教训，才能获得成功。

10.1　异常概述

10.1.1　认识异常

程序运行出现异常时，如果程序中没有设置异常处理功能，解释器会采用系统的默认方式处理异常，即返回异常信息、终止程序运行。

异常信息通常包含异常代码所在行号、异常类型和异常的描述信息。

例如，在程序中有除法时，需要对除数为0的情况进行处理，否则会发生错误，输出异常信息如下：

```
>>>1/0
Traceback (most recent call last):
  File "<iPython-input-81-9e1622b385b6>", line 1, in <module>
     1/0
ZeroDivisionError: division by zero
```

以上异常信息中的第2～3行指出异常所在行“line 1”及该行语句“1/0”，第5行指明了本次异常的类型“ZeroDivisionErro”和异常的描述“division by zero”，从中可以判断出异常原因是0作了除数。借助异常报告信息，可以有效地调试程序。

10.1.2　错误分类

程序设计错误可以分为三类：语法错误、逻辑错误和运行时错误。

1. 语法错误

语法错误是由于没有按照程序设计语言规则书写程序而导致的。例如，在Python 3.x中，print()函数误写成了print语句。

2. 逻辑错误

逻辑错误是程序逻辑上发生的错误。例如，引用了错误的变量、算法不正确等，这类错误编译器和解释器无法直接发现。

3. 运行时错误

运行时错误是运行程序时发生的错误，这种错误通常称为异常。例如，除数为0、打开一个不存在的文件等。Python用异常对象（exception object）来表示异常情况，遇到错误时如果异常对象没有被捕获或处理时，程序就会用称为回溯（traceback，或称为跟踪）的一种错误信息给出提示并终止程序的执行。Python中每一个异常对象是异常类的实例。

为了保证程序的健壮性，在写程序时除了要考虑通常情况外还需要考虑可能会发生的异常情况。

10.1.3　Python中的异常类型

Python程序运行出错时产生的每个异常类型都对应一个类，程序运行时出现的异常大多继承自Exception类，Exception类又继承了异常类的基类BaseException。Python中的异常类型和异常类之间的关系如图10.1所示。

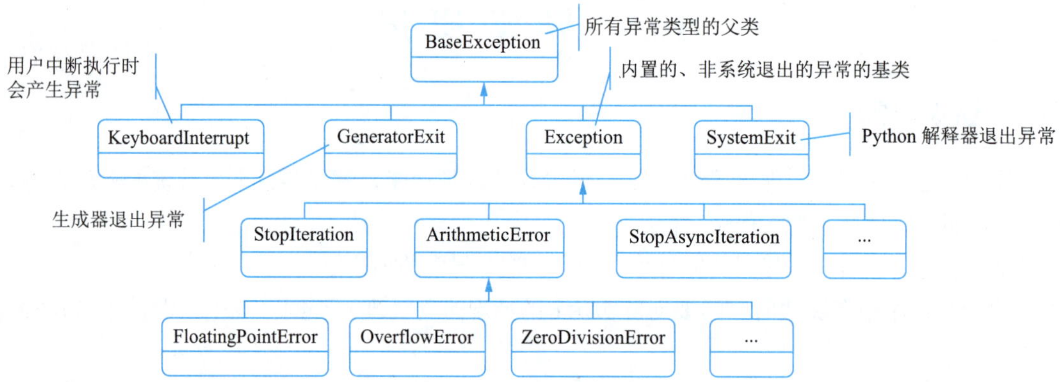

图10.1　异常类型

常见的内置异常类见表10.1。

表10.1　Python异常类

异常类	描述	异常类	描述
BaseException	所有异常的基类	ImportError	导入模块异常
Exception	常规异常的基类	IndexError	索引越界访问异常
ArithmeticError	算术异常	KeyError	映射中不存在此键异常
AttributeError	对象无此属性异常	KeyboardInterrupt	用户中断执行（通常按【Ctrl+C】组合键）异常
ConnectionError	连接异常	NameError	找不到名字（变量）异常
EOFError	结束异常	SyntaxError	语法异常
FileExistsError	文件已经存在发生的异常	TypeError	对类型无效的操作异常
FileNotFoundError	文件或目录不存在异常	ValueError	传入无效的参数值异常
IOError	输入输出操作异常	ZeroDivisionError	除（或取模）运算的第二个参数为0异常

例如，程序中除数为0时就会引发ZeroDivisionError异常，使用了未定义的变量时会引发NameError异常，程序越界访问时会引发IndexError异常，使用对象访问不存在的属性时会引发AttributeError异常，未找到指定文件或目录时会引发FileNotFoundError异常。

查看Python中内建的异常类与查看内建函数的方法相同，使用dir()和help()函数查看异常类及其帮助：

```
>>>print(dir(__builtins__))
['ArithmeticError', 'AssertionError', 'AttributeError', 'BaseException',...]
>>>help(__builtins__.ArithmeticError)
......
class ArithmeticError(Exception)
    Base class for arithmetic errors.
......
```

10.1.4　异常情况的处理

在程序中可以使用if语句处理异常发生时的情况。

例如，当除数为0时的情况，处理代码如下：

```
......
if y!=0:
    print(x/y)
else:
    print('除数为0了! ')
```

使用if处理异常不够灵活，且低效，而且有时需要解决的问题非常复杂。例如，使用input()函数输入一个数值时，由于input()函数返回的数据是字符串类型，需要进行字符串类型与数字类型的转换，如果输入的字符串不能转换为一个合法的数字，则会发生异常。如果使用if语句对输入的数据进行判断会非常复杂。

Python提供了捕获异常机制，可以捕获异常并对其进行处理，以免程序因为异常而终止运行。

10.2 捕获异常

Python既可以直接通过try...except语句实现简单的异常捕获与处理的功能，也可以将try...except语句与else或finally子句组合实现更强大的异常捕获与处理的功能。

10.2.1 try...except 语句

使用try...except语句捕获异常并进行处理。

1. 语法格式

try...except语句基本语法格式如下：

```
try:
    被检测的语句块
except [ <异常类型> [as <异常信息变量>]]:        # 将捕获到的异常信息赋给变量
    异常处理语句块
```

2. 执行过程

执行被检测的语句块时如果发生异常，则结束该语句块的执行，然后判断发生的异常是否是异常类的实例，如果是则执行异常处理块，然后继续运行try...except后面的语句；否则代码发生异常终止程序运行。如果省略了异常类型名，则能对所有发生的异常进行处理，try...except语句执行过程如图10.2所示。

在except子句中加入“as <异常信息变量>”可以查看出错原因，通过异常信息变量的__class__可以查看异常类型等。若有as子句则except后的异常类名不能省略。

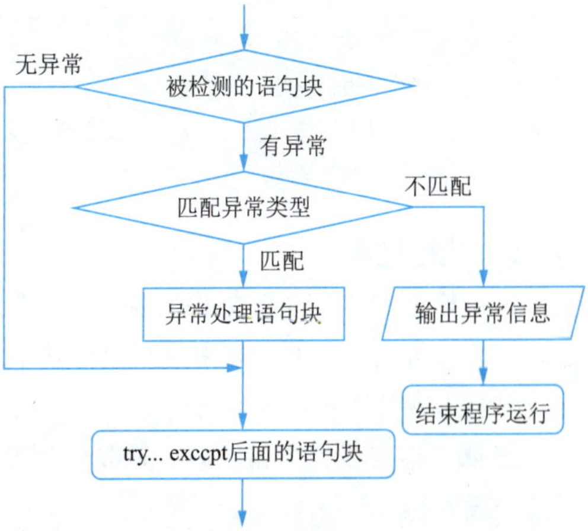

图10.2 try...except执行过程

例10_1 从键盘输入圆的半径，计算圆的面积并输出，若输入数据错误，则提示“输入数据出错了！”并显示错误信息。

```
import math
try:
    r=eval(input('r='))
    s=2*r*math.pi
    print('圆半径为{}，面积为{:.3f}.'.format(r,s))
except Exception as e:
    print('输入数据出错了！')
    print(e)
    print(e.__class__)
print('程序结束！')
```

测试程序，若输入的是错误数据，则处理异常后继续运行：

```
r=w
输入数据出错了！
name 'w' is not defined
<class 'NameError'>
程序结束！
```

再次测试程序，若输入的是正确数据，则执行完try中的语句块后，跳过except中的语句块去执行try...except语句后面的语句块：

```
r=10
圆半径为10，面积为62.832.
程序结束！
```

10.2.2 一个except块处理多个异常类型

使用一个except块可以同时处理多种异常。

1. 语法格式

```
try:
    被检测的语句块
except [(<异常类型1>,<异常类型2>,……) [as <异常对象变量>]:
    异常处理语句块
```

2. 执行过程

执行检测的语句块时如果发生异常，则结束该语句块的执行，然后判断发生的异常是否是所指定的某种异常类的实例，如果是则执行其中的异常处理块，然后继续运行try...except后面的语句；否则代码发生异常终止程序运行。

注意：指定多个异常类时，需要使用圆括号将这些异常类括起来，如果只指定一个异常类，圆括号一般省略。

例10_2 计算两个数的商，对“名称错误”“除数为0”和其他异常进行捕获并处理。

编码实现与代码测试见表10.2。

表10.2 多个except语句块实例

编码实现	代码测试

#两数除法
try:
    x=eval(input('x='))
    y=eval(input('y='))
    z=x/y
    print('{}/{}={}'.format(x,y,z))
except (NameError,ZeroDivisionError,Exception) as e:
    print('输入数据错误或除数为0错误或其他错误！')
    print(e)
print('程序结束！')
	第1次测试：
	x=2
	y=0
	输入数据错误或除数为0错误或其他错误！
	division by zero
	程序结束！
	
	第2次测试：
	x=1
	y=2
	1/2=0.5
	程序结束！

10.2.3 多个 except 块处理不同异常类型

使用多个except块可以对捕获到的多种异常进行不同的处理。

1. 语法格式

```
try:
    被检测的语句块
except [<异常类名型 1> [as <异常对象变量 1>]]:
    异常处理语句块 1
except [<异常类名型 2> [as <异常对象变量 2>]]:
    异常处理语句块 2
…
```

2. 执行过程

执行检测的语句块时如果发生异常，则结束该语句块的执行，然后判断发生的异常是否是异常类1的实例，如果是则执行异常处理块1，然后执行try...except语句后面的语句，否则跳过异常处理语句块1，再判断发生的异常是否是异常类2的实例，如果是则执行异常处理块2，然后执行try...except语句后面的语句，否则跳过异常处理语句块2……如果发生的异常不属于所有指定的异常类，则代码发生异常终止程序运行。

例10_3 计算两个数的商，对“名称错误”“除数为0”和其他异常分别进行处理。

编码实现与代码测试见表10.3。

表10.3 多个except语句块实例

编码实现	代码测试
#两数除法 try: x=eval(input('x='))	第1次测试： x=10 y=a3

续表

编码实现	代码测试

y=eval(input('y='))
    z=x/y
    print('{}/{}={}'.format(x,y,z))
except NameError:
    print('名称错误!')
except ZeroDivisionError:
    print('除数为0错误! ')
except Exception as e:
    print('其他错误! ')
    print(e)
print('程序结束! ')
	名称错误!
	程序结束!
	第2次测试
	x=2
	y=4r
	其他错误!
	unexpected EOF while parsing (<string>, line 1)
	程序结束!
	第3次测试:
	x=1
	y=0
	除数为0错误!
	程序结束!

10.2.4 finally 子句

finally子句可以用在try语句中，无论是否发生异常，finally子句中的语句块都要被执行。带有finally子句的try...except语句格式如下：

```
try:
    被检测的语句块
except [ <异常类型 1> [as <异常对象变量 1>]]:
    异常处理语句块 1
except [ <异常类型 2> [as <异常对象变量 2>]]:
    异常处理语句块 1
…
finally:
    无论是否发生异常都会执行的语句块
```

例10_4 根据圆的半径计算圆的面积，通过break命令测试finally子句的执行。

编程实现和代码测试见表10.4。

表10.4 finally子句示例

编码实现	代码测试

import math
while True:
    try:
        r=eval(input('r='))
        s=2*r*math.pi
        print('圆半径为{},面积为{:.3f}.'.format(r,s))
        break
    except Exception as ex:
        print('输入数据出错了! ',ex)
        print('请重新输入! ')
    finally:
        print('本次循环结束')
	第1次测试
	r=5
	圆半径为5,面积为31.416.
	本次循环结束
	
	第2次测试:
	r=a4
	输入数据出错了! name 'a4' is not defined
	请重新输入!
	本次循环结束
	r=

在上例中，当输入正确的数据没有发生异常，执行break语句结束循环，实际是执行完finally子句中的语句块后才退出循环；当输入错误数据时就发生了异常，自动转到except子句执行其中的语句块，执行结束再执行finally子句中的语句块，然后进入下一次循环。

例10_5 修改例10_4，将finally子句改为普通语句print('本次循环结束')，执行结果有何不同呢？

编程实现和代码测试见表10.5。

表10.5 无finally子句示例

<table>
<tr><th>编码实现</th><th>代码测试</th></tr>
<tr><td><pre>import math
while True:
    try:
        r=eval(input('r='))
        s=2*r*math.pi
        print('圆半径为{},面积为{:.3f}.'.format(r,s))
        break
    except Exception as ex:
          print('输入数据出错了！',ex)
          print('请重新输入！')
    print('本次循环结束')</pre></td><td>第1次测试，输入正确数据：
r=2
圆半径为2,面积为12.566.

第2次测试，输入错误数据：
r=a4
输入数据出错了！ name 'a4' is not defined
请重新输入！
本次循环结束
r=</td></tr>
</table>

由上述测试可知，当程序无异常时，遇到了break直接结束了循环，没有执行最后一句print('本次循环结束')；当程序发生异常时，从异常处转去执行except子句，并执行最后一句print('本次循环结束')。

除了break命令外，return语句也不会影响finally子句的执行。

10.2.5 else子句

一个try...except语句可以与if语句或循环语句一样有一条else子句，如果try块中没有发生异常，而且没有执行return、break等转移语句，则else子句会被执行；否则，else子句不能被执行。

1. 语句格式

带有else子句的异常处理语句格式如下：

```
try:
    被检测的语句块
except [<异常类型> [as <异常对象变量>]]:
    异常处理语句块
else:
    未捕获异常后的处理语句块
finally:
    无论是否发生异常都会执行的语句块
```

2. 执行过程

try...except...else...finally语句执行流程如图10.3所示。

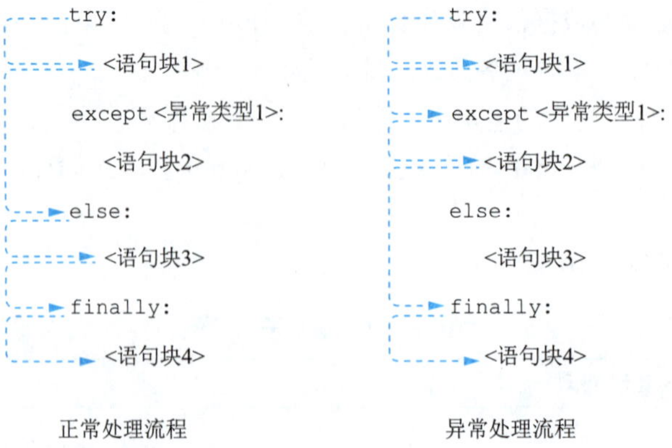

图10.3 try...except语句执行流程

例10_6 修改例10_5程序，测试else子句的执行。

编程实现和代码测试见表10.6。

表10.6 else子句示例

编码实现	代码测试

import math
while True:
    try:
        r=eval(input('r='))
        s=2*r*math.pi
        print('圆半径为{},面积为{:.3f}.'.format(r,s))
    except Exception as ex:
          print('输入数据出错了！',ex)
          print('请重新输入！',end='')
    else:
        print('本次循环结束')
        break
	第1次测试，输入正确数据：
	r=2
	圆半径为2,面积为12.566.
	本次循环结束
	
	第2次测试，输入错误数据：
	r=a3
	输入数据出错了！ name 'a3' is not defined
	请重新输入！
	r=

如果在try子句中添加上break命令，运行程序，若执行了break命令就不会再执行else子句。

10.3 抛出异常

Python程序中的异常不仅可以自动触发，还可以由程序开发人员使用raise或assert语句主动抛出异常。

10.3.1 使用raise语句主动引发异常

raise语句有三种语法格式：

```
raise <异常类型>
raise <异常类对象>
raise
```

以上3种格式都是通过raise语句抛出异常，第1种格式和第2种格式是对等的，都会引发指定类型的异常，其中第1种格式会隐式创建一个该异常类型的对象，第2种格式是最常见的格式，它会直接提供一个该异常类型的对象；第3种格式用于重新引发刚刚发生的异常。

1. 使用异常类引发异常

使用“raise 异常类型”语句可以引发该语句中异常类型对应的异常。

例如，以下代码：

```
>>>raise NameError
```

运行后结果如下：

```
Traceback (most recent call last):
  File "<iPython-input-2-42b67b2fc75d>", line 1, in <module>
    raise NameError
NameError
```

“raise 异常类型”语句在执行时会先隐式创建该语句中异常类的实例，然后才引发异常。

2. 使用异常对象引发异常

使用“raise 异常类对象”语句可以引发该语句中异常类对象对应的异常。

例如，以下代码：

```
>>>raise IndexError()
```

运行后结果如下：

```
Traceback (most recent call last):
  File "<iPython-input-4-7811308d6908>", line 1, in <module>
    raise IndexError()
IndexError
```

以上代码中的IndexError()用于创建异常类对象。创建异常类对象时还可以指定异常的具体信息。

例如，以下代码：

```
>>>raise IndexError('索引下标越界了！')
```

运行后结果如下：

```
Traceback (most recent call last):
  File "<iPython-input-5-802bf995a800>", line 1, in <module>
    raise IndexError('索引下标越界了')
IndexError: 索引下标越界了
```

3. 重新引发异常

使用不带任何参数的raise语句可以引发刚刚发生的异常。

例如，以下代码：

```
try:
```

```
    raise NameError('变量名未定义错误！')
except:
    raise
```

运行后结果如下：

```
Traceback (most recent call last):
  File "<iPython-input-7-503f68f435c7>", line 2, in <module>
    raise NameError('变量名未定义错误！')
NameError: 变量名未定义错误!
```

例10_7 输入百分制成绩，当成绩非法（成绩不在0～100之间）时，抛出异常。

编码实现：

```
def foo(score):
    if score<0 or score>100:
        raise Exception('成绩不能小于0或大于100',score)
    else:
        print('输入正确！')
foo(eval(input('请输入成绩：')))
```

运行程序，测试结果见表10.7。

表10.7 raise子句测试

输入数据分类	测试用例	测试结果
0～100的数据	87	请输入成绩：87 输入正确！
小于0的数据	-6	请输入成绩：-6 Traceback (most recent call last): ... File "E:code/raise测试.py", line 13, in <module> foo(eval(input('请输入成绩：'))) File "E:/code/raise测试.py", line 10, in foo raise Exception('成绩不能小于0或大于100',score) Exception: ('成绩不能小于0或大于100', -6)
大于100的数据	110	请输入成绩：110 Traceback (most recent call last): ... File "E:/code/raise测试.py", line 13, in <module> foo(eval(input('请输入成绩：'))) File "E:/code/raise测试.py", line 10, in foo raise Exception('成绩不能小于0或大于100',score) Exception: ('成绩不能小于0或大于100',110)

在上例中，当输入数据87时，不会引发异常；当输入-6或110时，由于数据分别小于0和大于100，就会执行raise Exception(‘成绩不能小于0或大于100’,score)语句抛出异常导致程序停止，此语句同时指明异常的原因。

10.3.2　使用 assert 语句抛出异常

assert语句又称为断言语句，语法格式为

```
assert 表达式 [, 异常信息 ]
```

语句功能：当表达式的值为False时会引发AssertionError异常，值为True时不做任何操作；表达式后可以使用字符串来描述异常信息。

assert语句可以帮助开发者在开发阶段调试程序，以保证程序能够正确运行。

例10_8　输入两个数计算并输出两数的商，使用断言语句判断用户输入的除数是否为0。

代码如下：

```
n1,n2=eval(input('请输入被除数，除数：'))
assert n2!=0,'除数不能为 0'
res=n1/n2
print('{}/{}={}'.format(n1,n2,res))
```

测试代码，测试结果如下：

第1次测试：

```
请输入被除数，除数：4,5
4/5=0.8
```

第2次测试：

```
请输入被除数，除数：4,0
Traceback (most recent call last):
  …
  File "E:/code/assertTest.py", line 9, in <module>
    assert n2!=0,'除数不能为 0'
AssertionError: 除数不能为 0
```

10.3.3　异常的传递

如果程序中的异常没有被处理，默认情况下会将该异常传递到上一级，如果上一级仍然没有处理异常，那么会继续向上传递，直至异常被处理或程序崩溃。

10.4　自定义异常

虽然Python提供了许多内置的异常类，但在实际开发过程中可以出现的问题难以预料，有时我们需要自定义异常类，以满足当前程序的需求。自定义异常类的方法比较简单，只需要创建一个继承Exception类或Exception子类的类（类名一般以Error为结尾）即可。

例10_9　定义一个异常类，当用户注册时用来限制设置的密码长度。

代码如下：

```
class ShortInputError(Exception):           # 自定义异常类为 Exception 的子类
    '''自定义异常类'''
    def __init__(self, length, atleast):
        self.length = length                # 输入的密码长度
        self.atleast = atleast              # 限制的密码长度
try:                                        # 测试代码
    text = input("请输入密码：")
    if len(text) < 6:                       # 假设密码不能低于 6 位
        raise ShortInputError(len(text), 6)
except ShortInputError as result:
    print("ShortInputError：输入的长度是 %d，长度至少应是 % d" % (result.length,
result.atleast))
else:
    print("密码设置成功")
```

测试代码，测试结果如下：

第1次测试：

```
请输入密码：1234
ShortInputError：输入的长度是 4，长度至少应是  6
```

第2次测试：

```
请输入密码：12345678
密码设置成功
```

10.5 应用案例

10.5.1 案例1：头像格式检测

假设某网站只允许用户上传jpg、png和jpeg格式的文件，本案例要求编写代码，通过异常捕获语句实现用户上传头像格式检测的功能。

1. 案例分析

① Python中未提供用于检测文件格式的异常类，因此需要自定义异常类。

② 使用input()输入头像文件名来模拟网站上传头像图片。

③ 使用try...except捕获文件格式，若符合规定则上传成功，否则显示错误信息。

2. 编码实现

代码如下：

```
class FileTypeError(Exception):
    def __init__(self,err='仅支持jpg/png/jpeg格式'):
        super().__init__(err)
file=input('请输入上传头像的文件名：')
```

```
try:
    if file.split('.')[1] in ('jpg','png','jpeg'):
        print('上传成功！')
    else:
        raise FileTypeError
except FileTypeError as err:
    print(err)
```

3. 代码测试

第1次测试：

```
请输入上传头像的文件名：a.jpgg
仅支持jpg/png/jpeg格式
```

第2次测试：

```
请输入上传头像的文件名：a.jpg
上传成功！
```

10.5.2 案例2：商品数量检测

用户在进行网购时，需要同时选择商品及数量，只有输入的商品数量不小于1才符合规则，小于1则提示错误信息并设为默认值1。请编写代码，实现具有检测商品数量是否符合规则的程序。

1. 编程实现

代码如下：

```
class NumberError(Exception):
    def __init__(self,err='数量不能小于1'):
        super().__init__(err)
try:
    num=eval(input('请输入数量：'))
    if num>=1:
        print('数量合法！')
    else:
        raise NumberError()
except NumberError as err:
    print(err)
    num=1
    print('数量重新设置为{}'.format(num))
```

2. 代码测试

第1次测试：

```
请输入数量：0
数量不能小于1
```

```
数量重新设置为1
```

第2次测试：

```
请输入数量：3
数量合法！
```

小 结

本章介绍了Python异常的相关知识，包括异常的概念和异常类型、异常捕获语句try...except...else...finally、如何抛出异常和自定义异常等，最后给出2个应用案例以巩固读者对异常的用法。通过对本章的学习，读者应能够掌握如何捕获、处理异常和自定义异常等。

思考与练习

一、单选题

1. 下列选项中，关于异常的描述错误的是________。

A. 错误就是异常，异常就是错误

B. 异常是程序运行时产生的

C. IndexError是Exception的子类

D. except子句一定位于else和finally子句之前

2. 若执行1/0会引发________异常。

A. ZeroDivisionError　　B. NameError

C. KeyError　　D. IndexError

3. 当try子句中的代码没有任何错误时，一定不会执行________子句。

A. try　　B. except　　C. else　　D. finally

4. 在完整的异常捕获语句中，各子句的顺序是________。

A. try→except→else→finally　　B. try→else→except→finally

C. try→except→finally→else　　D. try→else→finally→except

5. 下列代码运行后会发生________异常。

```
dig_num=[1,2,3]
print(dig_num[3])
```

A. SyntaxError　　B. IndexError　　C. NameError　　D. keyError

二、填空题

1. Python中所有异常都是________的子类。

2. 当程序中使用了一个未定义的变量时会引发________异常。

3. 自定义异常需要继承________类。

4. 若不满足assert语句中的表达式会引发________异常。

三、判断题

1. try...except语句中只能有一个except子句。 ( )

2. finally在任何情况下都会被执行。 ( )

3. try...except语句中可以有多个finally子句。 ( )

4. raise语句可以抛出指定的异常。 ( )

5. 断言语句中的表达式的值为True时会触发AssertionError异常。 ( )

四、简答题

1. 请简述什么是异常。

2. 请写出raise语句抛出异常的三种格式，并简单介绍每种格式的功能。

五、编程题

1. 编写程序，根据输入的半径计算圆的面积，若半径为负数则抛出异常。

2. 编写程序，根据输入的三角形三条边长判断能否构成直角三角形，若能构成则计算三角形的面积和周长，否则引发异常。

第11章 网络爬虫

在大数据时代，信息的采集是一项重要的工作，互联网中充斥着海量的数据，单靠人工采集信息，不仅效率低，而且成本也高。如何自动而高效地获取互联网信息是开发人员需要考虑的问题，网络爬虫应运而生，并迅速发展成为一门成熟的技术。本章主要介绍用于爬取网络信息的三个主流的函数库requests（获取网页内容）和BeautifulSoup4库（解析网页内容），以及re正则表达式库（获取文本内容）。

知识导图

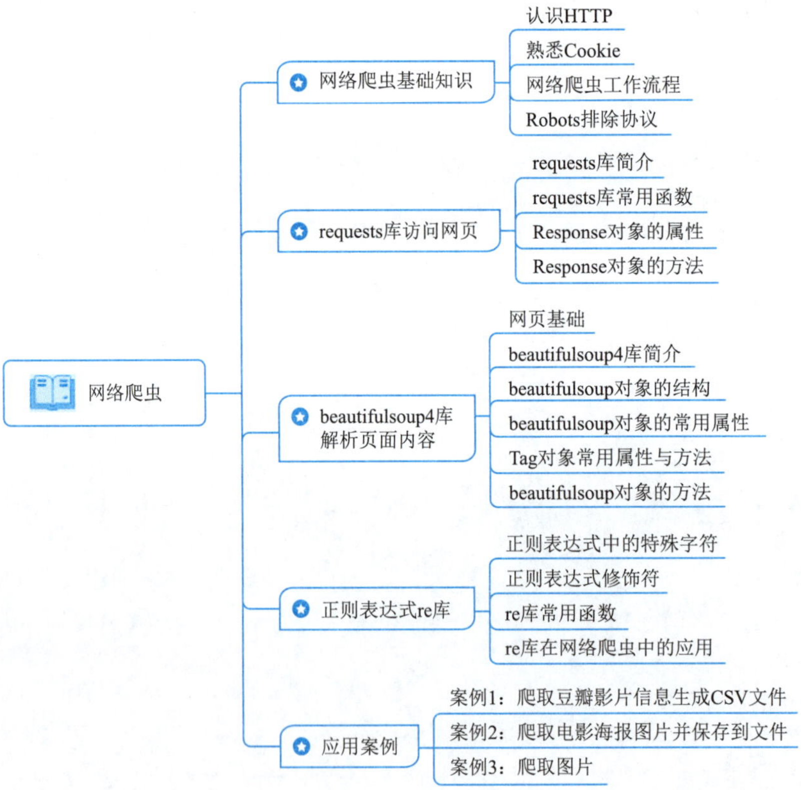

学习目标

- **了解：**了解HTTP协议和Cookie。
- **理解：**理解requests库常用函数，能使用get()函数访问网页，能使用beautifulsoup4库和re库进行页面解析获取网络信息。

- **应用：**综合应用requests库、beautifulsoup4库和re库爬取网络信息。
- **分析：**分析网络爬虫中用到的页面信息，使用beautifulsoup4库解析页面或构造re正则表达式搜索信息。
- **养成：**信息爆炸时代如何获取有效信息？要有意识地培养批判性思维，学会辨别信息的真实性和可靠性，避免盲目相信和传播虚假信息。

11.1 网络爬虫基础知识

11.1.1 认识HTTP

万维网也称为“Web”“WWW”“W3”，英文全称为“World Wide Web”，是一个由许多互相连接的超文本（网页）组成的系统，可以通过浏览器访问。在这个系统中，每个超链接所指向的资源由一个全局“统一资源标识符（URL）”标识，这些资源通过超文本传输协议（Hypertext Transfer Protocol，http）传送给用户，通过单击链接来获得资源。

客户端与服务端之间通过HTTP通信时，需要由客户端向服务器端发送请求（Request），服务器端收到请求后再向客户端发送响应（Response），响应中的状态码将显示此次通信的状态（status_code），不同的类型请求与响应通过头字段（Head）实现。若需要维护客户端与服务器的通信状态，则需要用到Cookie机制。网络爬虫在爬取数据时将会作为客户端模拟HTTP通信过程，该过程也需要通过HTTP实现，请求与响应过程如图11.1所示。

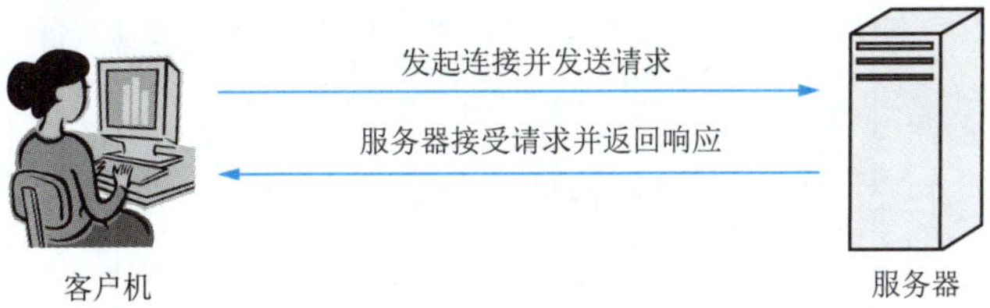

图11.1 HTTP请求与响应过程

1. 请求方法

在HTTP/1.1中定义了8种方法以不同的方式操作指向的资源。下面简要介绍GET方法和POST方法。

（1）GET方法

GET方法用于请求指定网页，并返回页面。GET方法发送请求时，在URL中可以附加请求信息，提交的数据不能超过1024字节。例如，使用搜索引擎搜索信息时，搜索关键字一般附加在URL后与请求一起发送。因此，GET方法适合发送少量且保密性低的信息。

（2）POST方法

POST方法主要是向指定的资源提供数据，请求服务器处理（如提交表单或上传文件等），数据会被包含在请求中，这个请求可能会创建新的资源或修改现有的资源，或两者皆有。使用POST方法发送的数据附加在请求的头部HTML HEADER中，对内容的长度没有限制。因此适合发送保密性高或数据量比较大的信息。例如，登录网站时，需要发送用户名和密码，就要使用POST方法发起请求。

2. 请求与响应

HTTP采用请求/响应模型，客户端向服务器发送一个请求报文，请求报文包含请求的方法、URL、协议版本、请求头部和请求数据。

服务器以一个状态行作为响应，响应的内容包括协议的版本、响应状态、服务器信息、响应头部和响应数据。

客户端与服务器间的请求与响应的具体步骤如图11.2所示。

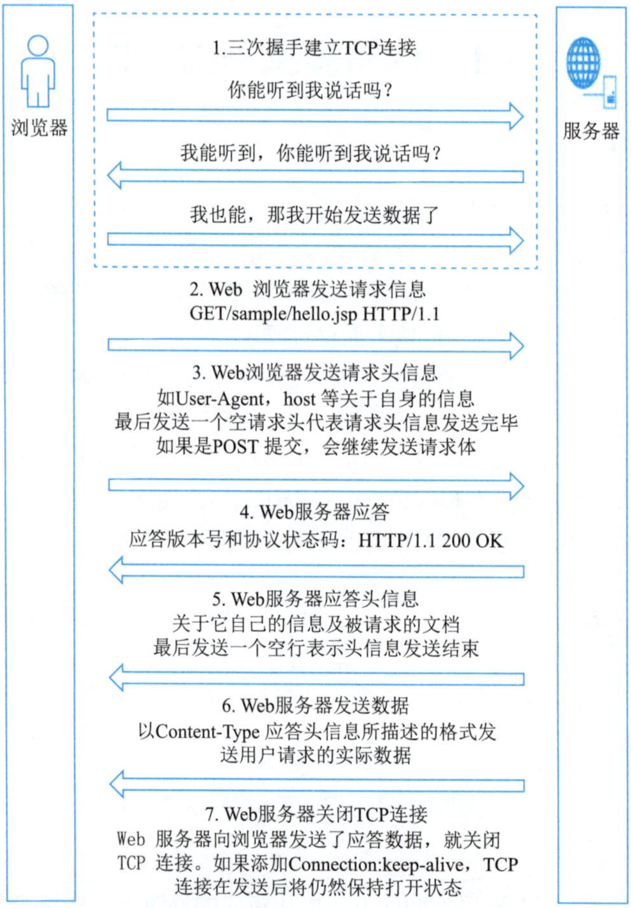

图11.2 HPPT协议请求与响应步骤

（1）连接 Web 服务器

由一个HTTP客户端发起连接，与Web服务器的HTTP端口（默认为80）建立一个TCP套接字连接。

（2）发送 HTTP 请求

客户端经TCP套接字向Web服务器发送一个文本的请求报文。

（3）服务器接受请求并返回 HTTP 响应

Web服务器解析请求，定位该次的请求资源。之后将资源副本写至TCP套接字，由客户端进行读取。

（4）释放连接 TCP 连接

若连接的connection模式为close，则由服务器主动关闭TCP连接，客户端将被动关闭连接，释放TCP连接；若connection模式为keepalive，则该连接会保持一段时间。

（5）客户端解析 HTML 内容

客户端首先会对状态行进行解析，之后解析每一个响应头，最后读取响应数据。

3. 常见 HTTP 状态码

HTTP请求共有67种状态码，常见的状态码见表11.1。根据HTTP状态码，可以知道请求连接是否成功，以便确定是继续进行下一步操作还是有针对性地查找、纠正错误。

表11.1　常见HTTP状态码

常见状态码	状态码含义
200 OK	请求成功，请求所希望的响应头或数据体将随此响应返回
400 Bad Request	由于客户端的语法错误、无效的请求或欺骗性路由请求，服务器不会处理该请求
403 Forbidden	服务器已经理解该请求，但是拒绝执行，将在返回的实体内描述拒绝的原因，或仅返回404响应
404 Not Found	请求失败，请求所希望得到的资源未在服务器上发现，但允许用户的后续请求
500 Internal Server Error	通用错误消息，服务器遇到了一个未曾预料的状况，导致无法完成对请求的处理
503 Service Unavailable	由于临时的服务器维护或者过载，服务器当前无法处理请求。这个状况是暂时的，将在一段时间后恢复

4. HTTP 头部信息

HTTP头部信息（HTTP header fields）是指在超文本传输协议的请求和响应消息中的消息头部分。头部信息定义了一个超文本传输协议事务中的操作参数。在爬虫中经常需要使用头部信息如“User-Agent”“Cookie”向服务器发送模拟信息，通过发送模拟的头部信息将自己伪装成一般的客户端。

百度网页的请求头部信息如图11.3所示。

```
请求标头　　查看源
Accept: text/html,application/xhtml+xml,application/xml;q=0.9,image/avif,image/webp,image/apng,*/*;q=0.8,application/signed-exchange;v=b3;q=0.9
Accept-Encoding: gzip, deflate, br
Accept-Language: zh-CN,zh;q=0.9
Cache-Control: no-cache
Connection: keep-alive
Cookie: BIDUPSID=64E488C4728A9D5CBA037A480B0E23C1; PSTM=1608511190; __yjs_duid=1_57ec712d74f7cd02e0f61ac0abd89ce61627030467641; BCLID_BFESS=10166415301842099792; BDSFRCVID_BFESS=n7tOJeC62ABv1evDxvssrIgDH2KMreRTH68m11rIJ8aNkNy871wbEG0P5M8g0KuMJcEgogKKymOTHrIF_
......
Host: www.baidu.com
Pragma: no-cache
Sec-Fetch-Dest: document
Sec-Fetch-Mode: navigate
Sec-Fetch-Site: none
Sec-Fetch-User: ?1
Upgrade-Insecure-Requests: 1
User-Agent: Mozilla/5.0 (Windows NT 6.1; WOW64) AppleWebKit/537.36 (KHTML, like Gecko) Chrome/86.0.4240.198 Safari/537.36
```

图11.3　请求头部信息

11.1.2　熟悉 Cookie

HTTP是一种无状态的协议，客户端与服务器建立连接并传输数据，在数据传输完成后，本次的连接将会关闭，并不会留存相关记录。这样，服务器无法依据连接来跟踪会话，也无法从连接上知晓用户的历史操作。这严重阻碍了基于Web应用程序的交互，也影响用户的交互体验。

例如，某些网站需要用户登录才能进一步操作，用户在输入账号、密码登录后，才能浏览页面。对于服务器而言，由于HTTP的无状态性，服务器并不知道用户有没有登录过，当用户退出当前页面访问其他页面时，又需重新再次输入账号及密码。

1. Cookie机制

为解决HTTP的无状态性带来的负面作用，Cookie机制应运而生。Cookie本质上是一段文本信息。

当客户端请求服务器时，若服务器需要记录用户状态，就在响应用户请求时发送一段Cookie信息。

客户端浏览器会保存该Cookie信息，当用户再次访问该网站时，浏览器会把Cookie作为请求信息的一部分提交给服务器。

服务器对Cookie进行验证，以此来判断用户状态，当且仅当该Cookie合法且未过期时，用户才可直接登录网站。

2. Cookie的存储

Cookie由用户客户端浏览器进行保存，按其存储位置可分为内存式存储和硬盘式存储。

内存式存储将Cookie保存在内存中，在浏览器关闭后就会消失，由于其存储时间较短，因此也被称为非持久Cookie或会话Cookie。

硬盘式存储将Cookie保存在硬盘中，其不会随浏览器的关闭而消失，除非用户手工清理或到了过期时间。由于硬盘式Cookie存储时间是长期的，因此也被称为持久Cookie。

11.1.3 网络爬虫工作流程

网络爬虫是指从网络上爬取所需要的信息，其工作流程一般分为两个步骤：

① 访问服务器、获取内容。

② 对网页内容进行解析获取信息。

Python语言提供了很多用于访问网页内容的库，例如urllib、urllib2、urllib3、scrapy、requests等，它们使用方式不同，用户体验不同。对于爬取回来的网页内容，可以通过re正则表达式库、beautifulsoup4页面解析库来获取信息。

re是Python标准库，不需安装直接导入即可使用。re库提供了构造正则表达式的方法，通过模式来匹配字符串并做出处理。

requests和beautifulsoup4是第三方库，需要安装，然后导入即可使用。

requests库用来访问网页获取网页内容，常用安装命令是“pip install requests”。

beautifulsoup4库用来解析网页获取需要的信息，常用安装命令是“pip install beautifulsoup4”。

在Anaconda开发平台已经预安装requests库和beautifulsoup4库。

11.1.4 Robots排除协议

使用Python语言实现网络爬虫和信息提交是非常简单的事情，代码行数很少，也无须知道网络通信等方面知识，非常适合非专业读者使用。然而，肆意地爬取网络数据并不是文明现象，通过程序自动提交内容争取竞争性资源也不公平。

Robots排除协议（Robots exclusion protocol），也被称为爬虫协议，它是网站管理者表达是否希望爬虫自动获取网络信息意愿的方法。管理者可以在网站根目录放置一个robots.txt文件，并在文件中列出哪些链接不允许爬虫爬取。一般搜索引擎的爬虫会首先捕获这个文件，并根据文件要求爬取网站内容。Robots排除协议重点约定不希望爬虫获取的内容，如果没有该文件则表示网站内容可以被爬虫获得，然而，Robots协议不是命令和强制手段，只是国际互联网的一种通用道德规范。绝大部分成熟的搜索引擎爬虫都会遵循这个协议，建议个人也能按照互联网规范要求合理使用爬虫技术。

我们爬取网站时，也应该遵守这个约定。在爬取网站之前，应该查看该网站根目录中有无robots.txt文件，如果没有此文件，表示该网站内容可以被爬取，否则，应该根据这个文件的内容，来确定访问范围。

例如，在浏览器的URL中输入“https://www.baidu.com/robots.txt”按【Enter】键，显示robots.txt的内容如图11.4所示。

```
User-agent: Baiduspider
Disallow: /baidu
Disallow: /s?
Disallow: /ulink?
Disallow: /link?
Disallow: /home/news/data/
Disallow: /bh

User-agent: Googlebot
Disallow: /baidu
Disallow: /s?
Disallow: /shifen/
Disallow: /homepage/
Disallow: /cpro
Disallow: /ulink?
Disallow: /link?
Disallow: /home/news/data/
Disallow: /bh
```

……

```
User-agent: EasouSpider
Disallow: /baidu
Disallow: /s?
Disallow: /shifen/
Disallow: /homepage/
Disallow: /cpro
Disallow: /ulink?
Disallow: /link?
Disallow: /home/news/data/
Disallow: /bh

User-agent: *
Disallow: /
```

图11.4　百度网站的robots.txt内容

robots.txt中的User-agent指代理程序，Disallow用来表示不允许爬取网站中指定的文件夹中文件，未指定的是可以爬取的。

11.2　requests库访问网页

11.2.1　requests 库简介

requests库是一个简洁的处理HTTP请求的第三方库，它最大优点是编程过程接近于正常URL访问过程，具有非常丰富的链接访问功能。这个库建立在Python语言的urllib3库基础之上，类似这种在其他函数库上再封装功能提供更友好函数的方式在Python语言中十分常见。在Python的生态圈里，任何人都有通过技术创新或体验创新发表意见和展示才华的机会。

requests库支持非常丰富的链接访问功能，包括国际域名和URL获取、HTTP长连接和连接缓存、HTTP会话和Cookie保持、浏览器使用风格的SSL验证、基本的摘要认证、有效的键值对Cookie记录、自动解压缩、自动内容解码、文件分块上传、HTTP（S）代理功能、连接超时处理、流数据下载等。

11.2.2　requests 库常用函数

网络爬虫和信息交换只是requests的基本功能，与之相应的函数见表11.2。

表11.2 requests常用方法

方 法	功 能
request(method,url,**kwargs)	构造一个请求，是支撑各种访问方式的基础函数
get(url,parms=None,**kwargs)	对应HTTP的GET方式，向网页提交GET请求，是获取网页最常用方式
post(url,data= None,json=None,**kwargs)	对应HTTP的POST方式，向网页提交POST请求
delete(url,**kwargs)	对应HTTP的DELETE方式，向网页提交删除请求
head(url,**kwargs)	对应HTTP的HEAD方式，获取网页头信息
options(url,**kwargs)	对应HTTP的OPTIONS方式，向网页提交OPTIONS请求
put(url,data= None, **kwargs)	对应HTTP的PUT方式，向网页提交PUT请求
patch(url,data=None,**kwargs)	对应HTTP的PATCH方式

1. 参数说明

（1）method 参数

request()方法中的method参数，支持GET、POST、……、PATCH等7种访问方式。

（2）url 参数

url参数是字符串类型，表示请求访问的网址，url超链接必须采用http/https方式访问。

（3）**kwargs 参数

**kwargs参数包括13个访问控制参数，见表11.3，这些参数不是request()方法独有的，同样支持表11.2中延伸的其余7种方法。

表11.3 **kwargs访问控制参数

参 数	说 明
params	字典或字节序列，作为参数附加到url后
data	字典、字节序列或文件对象，作为request的内容
json	JSON格式的数据，作为request的内容
headers	字典，用来定制HTTP请求头
cookies	字典或CookieJar，用来指明request中的cookie
auth	元组，HTTP认证信息，支持HTTP认证功能
files	字典，传输文件
timeout	数字，设定超时时间，以秒为单位
proxies	字典，设定访问代理服务器地址，可以增加登录认证
allow_redirects	True/False，重定向开关，默认为True
stream	True/False，以流方式获取响应内容立即下载开关，默认为True
verify	True/False，请求SSL证书验证开关，默认为True
cert	字符串，本地SSL证书路径

2. get()方法

requests库发送访问请求的代码非常简洁，实现GET请求的函数为get()方法，基本语法格式：

```
requests.get(url, params=None, **kwargs)
```

(1) get() 方法请求网页

例 11_1 向百度网站https://www.baidu.com/发送GET请求，并查看返回对象的类型。

代码如下：

```
import requests
url="https://www.baidu.com"
r=requests.get(url)
print(type(r))
```

保存代码文件，执行代码输出结果：

```
<class 'requests.models.Response'>
```

从而可以看出，get()方法返回一个Response对象。和浏览器的交互过程一样，requests.get()代表请求过程，它返回的Response对象代表响应，返回内容作为一个对象更便于操作。

(2) 使用 get() 方法提交请求信息

使用get()方法也可以向服务器提交请求信息，常用以下两种方法：

① url使用?携带请求信息。

例 11_2 使用百度搜索包含python关键字的网页，在浏览器中网址为http://www.baidu.com/s?wd=python'（忽略掉了非关键内容），使用get()方法请求页面并查看响应URL，代码如下：

```
import requests
url='http://www.baidu.com/s?wd=python'
r=requests.get(url,timeout=30)
print(r.url)            # 查看响应 URL
```

运行代码，输出http://www.baidu.com/s?wd=python。

注意： 制作百度搜索爬虫时，网址中要使用HTTP不要使用HTTPS协议。百度网站拒绝使用HTTPS的爬虫爬取网站。

② 使用params参数提交请求信息。

params允许使用位置参数和关键字参数，以一个字符串字典来提供。

例 11_3 改写例11_2，使用params参数向http://www.baidu.com/s服务器提交搜索关键字{"wd":"python"}并查看响应的url。代码如下：

```
import requests
url='http://www.baidu.com/s'
params={"wd":"python"}
r=requests.get(url,params=params,timeout=30)
print(r.url)            # 查看响应 URL
```

运行代码，输出http://www.baidu.com/s?wd=python，从而表明params参数附加到url上请求页面。若params使用位置参数，则第4行语句改为：

```
r=requests.get(url,params,timeout=30)
```

3. get() 函数添加头部信息

有的网站会拒绝网页爬虫的访问，这时，可以考虑使用get()函数的参数来发送模拟的头部信息，将爬虫伪装成一般的浏览器访问。

例11_4 修改例11_1代码，在get()函数中添加User_Agent和Cookie参数，输出响应的页面内容。

修改后的代码如下：

```
import requests
url="https://www.baidu.com/ "
headers={
            "User-Agent":"Mozilla/5.0(Windows NT 6.1;Win64; x64)AppleWebKit/
537.36(KHTML, like Gecko) Chrome/87.0.4280.141 Safari/537.36"
          #需要更换成自己的Cookie
          ,"Cookie":"BIDUPSID=3BFE548DA65333E828E6B0F39D1C9402"
          }
r=requests.get(url,headers=headers,timeout=30)
r.encoding='utf-8'                    #改变响应的编码方式
print(r.text)                         #输出页面内容
```

运行程序，输出结果如图11.5所示。

```
content="IE=edge,chrome=1"><meta content="always" name="referrer"><meta
name="description" content="全球领先的中文搜索引擎、致力于让网民更便捷地获取信息
找到所求。百度超过千亿的中文网页数据库，可以瞬间找到相关的搜索结果。"><link
rel="shortcut icon" href="//www.baidu.com/favicon.ico" type="image/x-
icon"><link rel="search" type="application/opensearchdescription+xml"
href="//www.baidu.com/content-search.xml" title="百度搜索"><title>百度一下，
```

图11.5 百度页面部分内容

从运行结果可以看出，页面内容正确输出，没有乱码，其中r.encoding='utf-8'是使用Response对象的encoding属性修改响应页面的编码为utf-8。

4. post() 函数

用post方式访问网页时提交的数据附加在消息主体（entity-body）中，不会出现在URL中，且提交的数据量不受限制，因此适合提交私密数据或大量数据。实现post请求方式的函数是post()函数，基本语法格式：

```
post(url,data=None,json=None,**kwargs)
```

post()函数用data参数向网站提交数据，可以是字典、字节流或文件对象，也可以是json格式的数据。

例11_5 使用https://httpbin.org测试post()方法的data、json等参数的应用。

注： https://httpbin.org网站能测试HTTP/HTTPS请求和响应的各种信息，比如cookie、ip、headers和登录验证等，且支持get、post等多种方法，对Web开发和测试很有帮助。

(1) 使用data参数提交请求信息

```
import requests
```

```
url = 'http://httpbin.org/post'
data={'key1':'value1','key2':'value2'}
r=requests.post(url,data=data)
print(r.text)
```

运行代码，输出：

```
{
  "args": {},
  "data": "",
  "files": {},
  "form": {
    "key1": "value1",
    "key2": "value2"
  },
  "headers": {
    "Accept": "*/*",
    "Accept-Encoding": "gzip, deflate",
    "Content-Length": "23",
    "Content-Type": "application/x-www-form-urlencoded",
    "Host": "httpbin.org",
    "User-Agent": "python-requests/2.19.1",
    "X-Amzn-Trace-Id": "Root=1-665bde2a-0344afcb6d8677725093e034"
  },
  "json": null,
  "origin": "113.120.208.68",
  "url": "http://httpbin.org/post"
}
```

由输出结果可以看出，使用post()方法的data参数提交请求信息，作为form表单数据，Content-Type默认为application/x-www-form-urlencoded，响应正文是JSON格式的数据。

请求体r.request.body的值为key1=value1&key2=value2。

（2）使用json参数提交json格式数据

若使用json参数提交字典类型的数据，将代码第4行语句改为：

```
r=requests.post(url,json=data)
```

运行代码，从输出结果（略）可以看出，data的值为{\"key1\":\"value1\",\"key2\":\"value2\"}，form的值为空，Content-Type的值为application/json，json的值为{"key1":"value1","key2":"value2"}。

将字典类型的数据传递给json参数，此时请求体res.request.body的值为b'{"key1":"value1","key2":"value2"}'，即requests将字典转化为了json字符串并编码为字节了。

json格式与字典类型的表示类似，但字符串必须使用双引号作定界符。

对于其他请求方法，感兴趣的读者请自行探索，在此不再赘述。

11.2.3 Response 对象的属性

Response对象常用属性见表11.4，使用时采用<a>.<b>格式形式。

表11.4 Response属性

属　性	描　述
status_code	HTTP请求返回的状态码，整数，200代表连接成功，404表示失败
text	HTTP响应内容的字符串形式，即url对应的页面内容
encoding	HTTP响应内容的编码方式，字符串类型
apparent_encoding	HTTP响应内容的实际编码方式，字符串类型
content	HTTP响应内容的二进制方式
url	HTTP响应URL，字符串类型
headers	HTTP响应头，字典类型
request	HTTP请求信息

1. status_code 属性

status_code属性值表示请求HTTP后的状态，在处理数据之前要先判断返回状态，如果请求未被响应，需要终止内容处理。

例如，如下代码：

```
import requests
r=requests.get("http://www.baidu.com")
print(r.status_code)
```

运行后若输出200则表明连接成功并返回Response对象。

2. text 属性

text属性是请求的响应页面内容以字符串形式展示。例如，在例11_4和例11_5中输出HTTP响应的网页内容。

3. encoding 属性和 apparent_encoding 属性

通过encoding属性既可以查看访问响应页面的编码方式，也可以更改编码方式，通过apparent_encoding属性可以查看响应页面的实际编码方式。

在例11_4的代码中，如果不使用r.encoding='utf-8'语句，则输出r.text出现乱码，通过r.encoding查看响应编码方式是ISO-8859-1，通过r.apparent_encoding查看页面实际编码方式为utf-8。查看响应页面内容时，必须将响应编码方式修改为与页面相同的编码方式，因此通过r.encoding='utf-8'或r.encoding=r.apparent_encoding语句来修改响应的编码方式。

4. content 属性

content属性值是页面内容的二进制形式。

如果请求的页面内容是一张图片，则可以使用content属性得到图片的二进制数据，然后通过文件的二进制写盘方式生成图片文件。

例11_6　编程下载百度首页的logo图片。

首先需要查看logo图片的地址：在浏览器的URL中输入“https://www.baidu.com/”按【Enter】键打开百度首页，在logo图片的右键菜单中选择“复制图片地址”命令。

编写以下代码，将logo图片的地址粘贴到url赋值语句中：

```
import requests
url="https://www.baidu.com/img/PCtm_d9c8750bed0b3c7d089fa7d55720d6cf.png"
r=requests.get(url)
f=open('baidu_logo.png','wb')
f.write(r.content)
f.close()
```

运行代码后，在源程序文件夹中可以找到baidu_logo.png图片文件，打开图片文件如图11.6所示。

图11.6　下载的图片文件

另外，使用Response对象.request.url可以获取请求URL，Response对象.request.body获取请求体body的内容，Response对象.request.headers获取请求头headers的内容。

11.2.4　Response 对象的方法

Response对象的常用方法见表11.5。

表11.5　Response对象的常用方法

方　法	描　述
json()	如果HTTP响应内容是纯JSON格式数据，可用该方法解析JSON数据
raise_for_status()	如果状态码不是200，则产生异常

1. json() 方法

如果HTTP响应内容为纯JSON数据，则使用Response对象的json()方法可以解析JSON数据并返回字典类型的数据，这为解析HTTP带来便利。

例 11_7　访问网址https://movie.douban.com/j/search_subjects?type=movie&tag=热门&page_limit=50&page_start=0会返回豆瓣网热门电影的JSON数据。请编程爬取JSON数据。

代码如下：

```
import requests
url='https://movie.douban.com/j/search_subjects?type=movie&tag=热门&page_limit=50&page_start=0'
headers={'user-agent':'Mozilla/5.0 (Windows NT 10.0; Win64; x64) AppleWebKit/537.36 (KHTML, like Gecko) Chrome/109.0.0.0 Safari/537.36'}
r=requests.get(url,headers=headers)
dt=r.json()      #解析页面 JSON 数据
print(dt)
print('--'*30)
print(type(dt))  #查看 dt 数据类型
```

运行代码，部分输出结果如下：

```
{'subjects': [{'episodes_info': '', 'rate': '8.6', 'cover_x': 570, 'title': '因果报应', 'url': 'https://movie.douban.com/subject/36934908/', 'playable': False, 'cover': 'https://img9.doubanio.com/view/photo/s_ratio_poster/public/p2909638286.jpg', 'id': '36934908', 'cover_y': 855, 'is_new': False}, {'episodes_info': '', 'rate': '7.2', 'cover_x': 1200, 'title': '幸福的国家', 'url': 'https://movie.douban.com/subject/35503392/', 'playable': False, 'cover': 'https://img3.doubanio.com/view/photo/s_ratio_poster/public/p2911494317.jpg', 'id': '35503392', 'cover_y': 1714, 'is_new': True}, ……]}
------------------------------------------------------------
<class 'dict'>
```

由运行结果可知，响应对象的json()方法会将返回的JSON数据转换为字典类型。

2. raise_for_status()方法

访问请求成功则请求状态码status_code的值为200。当请求失败时，会使Response对象的raise_for_status()方法发生异常，可以使用try...except语句捕获异常，避免设置一堆复杂的if语句，这样就避开了状态字200以外的各种意外情况。

例如，以下代码访问网页时可以捕获异常，并对异常做出处理。

```
import requests
try:
    res=requests.get('http://www.baidu.comm',timeout=30)      #故意将URL写错
    res.raise_for_status()          #若产生异常则转到except子句继续运行
    print(res.status_code)
except Exception as e:
    print('发生异常了！',type(e))     #查看异常类型
    print(e)                          #异常原因
```

运行结果：

```
发生异常了！ <class 'requests.exceptions.ConnectionError'>
HTTPConnectionPool(host='www.baidu.comm', port=80): Max retries exceeded with url: / (Caused by NewConnectionError('<urllib3.connection.HTTPConnection object at 0x119B8370>: Failed to establish a new connection: [Errno 11004] getaddrinfo failed'))
```

requests会产生几种常见异常。当遇到网络问题时，例如DNS查询失败、拒绝连接等，requests会抛出ConnectionError异常；遇到无效HTTP响应时，requests则会抛出HTTPError异常；若请求url超时，则抛出Timeout异常；若请求超过了设定的最大重定向次数，则会抛出一个TooManyRedirects异常。

11.3 beautifulsoup4库解析页面内容

11.3.1 网页基础

1. HTML 超文本标记语言

网页可以看作承载各种网站应用和信息的容器，它包括文字、图像、超链接、音频、视频以及动画等内容。通过查看网页的源代码可知，网页实际上是一个HTML文件，该文件包含了一些特殊符号和文本，可通过特殊符号和文本对文字、图片、表格、声音等进行描述。

常用的网页开发技术包括HTML、CSS和JavaScript，其中HTML用于描述网页中的内容，如文本、图片、声音等；CSS用于设定网页的元素样式、页面布局等；JavaScript用于向网页添加交互行为，如验证用户登录信息等。

HTML（hypertext marked language，超文本标记语言）是目前网络上应用最为广泛的语言，也是构成网页文档的主要语言。一个HTML文档由一系列的HTML元素组成，HTML元素的组成如图11.7所示，开始标记、内容、结束标记组合在一起构成了一个完整的HTML元素。各部分的说明如下：

开始标记：标识元素的起始位置，由尖括号包裹着标记名称，如<h1>。

结束标记：标识元素的结束位置，与开始标记类似，只不过在标记名称前加一个“/”，如</h1>。

内容：表示元素的内容，位于开始标签与结束标记之间，如“中华民族是一个伟大、勤劳、勇敢、智慧的民族！”。

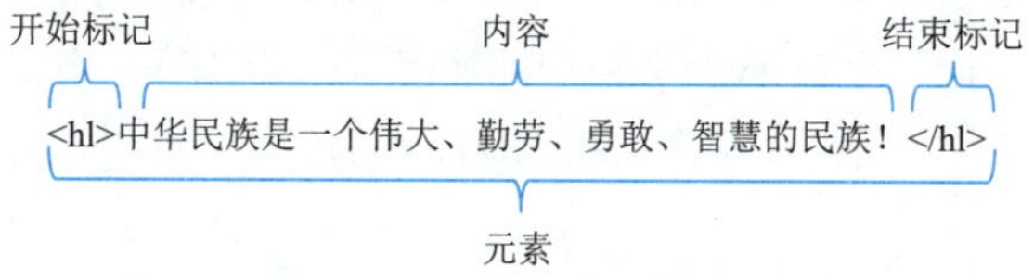

图11.7 HTML元素的组成

HTML提供了很多标记（标签），用于描述网页中的内容，常用标记见表11.6。

表11.6 HTML常用标记

标　记	说　明
<html>	根标记，用于定义HTML文档
<title>	标题标记，用于定义HTML的标题
<h1>……<h6>	标题样式标记，用于定义HTML标题样式，其中<h1>等级最高，<h6>等级最低
<img>	图像标记，用于定义图像
<p>	段落标记，用于定义段落
<a>	超链接标记，用于定义链接
<div>	块级元素，可用于组合其他HTML元素的容器
<script>	用于定义浏览器脚本
<style>	用于定义HTML文档的样式信息

2. 网页的结构

如果想要了解网页的结构，可以在浏览器中打开网页按【F12】键打开开发者工具，选择“元素”

选项卡即可。例如，使用360浏览器打开百度首页，在开发者工具查看网页结构，如图11.8所示。

图11.8 百度首页的页面结构

由图11.8可以看出，百度首页的源代码中包含了众多的HTML元素，这些HTML元素是互相嵌套，具有明显的层次关系。例如，<html>与<head>和<body>存在父子关系，<head>与<body>存在同级关系，<body>与<a>存在父子关系。

HTML页面中使用文档对象模型（document object model，DOM）来描述HTML页面的层次结构。通过使用DOM可以在HTML文档中添加、移除和操作各种元素。

根据互联网联盟W3C的HTML DOM标准，HTML DOM由节点组成，HTML文档的所有内容都是节点，整个HTML文档是一个文档节点，每个HTML元素是元素节点，每个HTML属性是属性节点，每个注释是注释节点。把一个HTML文档中的所有节点组织在一起，就构成一棵HTML DOM树，如图11.9所示，这些节点之间存在层次关系。HTML DOM节点树通过父、子以及兄弟等术语来描述节点之间的关系。

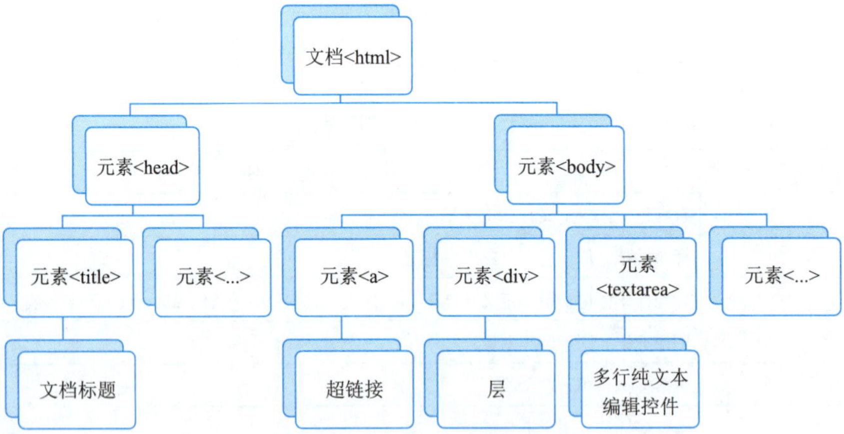

图11.9 HTML DOM节点树

3. 网页分类

网页可分为静态网页和动态网页。

（1）静态网页

静态网页包含的元素诸如文本、图像、Flash动画、超链接等，在编写网页源代码时已经确定，除非网页源代码被重新修改，否则这些内容不会发生变化。值得一提的是，静态网页展示的内容并非完全静止，它也可以有各种视觉上的动态效果，如GIF动画、Flash动画、滚动字幕等。

（2）动态网页

相比静态网页，动态网页有数据库支撑，包含程序以及提供与用户交互的功能，如用户登录、注册、信息搜索等功能，根据用户传入的不同参数，网页会显示不同的数据。

对于网络爬虫来说，静态网页的内容都写在源代码中，比较容易爬取；动态网页的内容不一定写在网页源代码中，可能需要用户登录后才能显示完整，这增加了抓取的难度。

4. 网页数据的格式

互联网包含了许多数据，这些数据一般分为非结构化数据、结构化数据和半结构化数据三种。其中非结构化数据是指数据结构不规则或不完整，没有预定义的数据模型，不方便使用数据库二维表结构表现数据，包括文本、图片、HTML等；结构化数据是方便使用二维表结构来表现数据，这种数据严格遵循数据格式与长度规范，主要是通过关系型数据库来存储和管理，常见的有数据库表和Excel等二维表；半结构化数据介于非结构化和结构化数据之间，包括XML和JSON等。

（1）XML

XML（extensible markup language）是一种类似于HTML的标记语言，称为可扩展标记语言，用户可以按照XML规则自定义标记。

（2）JSON

JSON（JavaScript object notation，JavaScript对象表示法）是一种轻量级的数据交换格式，它采用完全独立于编程语言的文本格式存储和表示数据，具有简洁、清晰的层次结构，便于人们阅读和编写，同时便于机器解析和生成，是理想的数据交换语言。

11.3.2 beautifulsoup4 库简介

beautifulsoup4库（也称为bs4库）是一个解析和处理HTML和XML的第三方库。使用requests库获取HTML页面并将其转换成字符串后，需要进一步解析HTML页面格式，提取有用信息。beautifulsoup4库将专业的Web页面格式解析部分封装成函数，提供了若干有用且便捷的处理函数。beautifulsoup4库的最大优点是能根据HTML和XML语法建立解析树，进而高效解析其中的内容。

beautifulsoup4库采用面向对象思想实现，简单地说，它把每个页面当作一个对象，通过<a>.<b>的方式调用对象的属性（即包含的内容），或者通过<a>.<b>()的方式调用方法（即处理函数）。

在使用beautifulsoup4库之前，需要导入beautifulsoup4库。由于这个库的名字非常特殊且采用面向对象方式组织，可以用from...import方式从库中直接引用BeautifulSoup类：

```
from bs4 import BeautifulSoup
```

11.3.3 BeautifulSoup 对象的结构

beautifulsoup4库中最主要的是BeautifulSoup类，每个实例化的对象是bs4.BeautifulSoup类型，相当于一个页面。采用from...import导入库中的BeautifulSoup类后，使用BeautifulSoup()创建一个BeautifulSoup对象，常用格式如下：

```
BeautifulSoup(markup='', features=None )
```

参数说明：

①markup：需要解析的字符串或文件对象。

②features：指定使用的解析器，常用的有lxml、html.parser和html5lib等。

例11_8 访问百度主页内容，创建BeautifulSoup对象并显示。

代码如下：

```
import requests
from bs4 import BeautifulSoup
r=requests.get("http://www.baidu.com")
r.encoding="utf-8"
soup=BeautifulSoup(r.text,'lxml')
print(type(soup))
print(soup.prettify())
```

运行代码，输出结果为百度主页的HTML代码，其中前半部分内容如图11.10所示。

```
<!DOCTYPE html>
<!--STATUS OK-->
<html>
 <head>
  <meta content="text/html;charset=utf-8" http-equiv="content-type"/>
  <meta content="IE=Edge" http-equiv="X-UA-Compatible"/>
  <meta content="always" name="referrer"/>
  <link href="http://s1.bdstatic.com/r/www/cache/bdorz/baidu.min.css" rel="stylesheet" type="text/css"/>
  <title>
   百度一下，你就知道
  </title>
 </head>
 <body link="#0000cc">
  <div id="wrapper">
   <div id="head">
    <div class="head_wrapper">
     <div class="s_form">
      <div class="s_form_wrapper">
       <div id="lg">
        <img height="129" hidefocus="true" src="//www.baidu.com/img/bd_logo1.png" width="270"/>
       </div>
       <form action="//www.baidu.com/s" class="fm" id="form" name="f">
        <input name="bdorz_come" type="hidden" value="1"/>
        <input name="ie" type="hidden" value="utf-8"/>
        <input name="f" type="hidden" value="8"/>
        <input name="rsv_bp" type="hidden" value="1"/>
        <input name="rsv_idx" type="hidden" value="1"/>
        <input name="tn" type="hidden" value="baidu"/>
        <span class="bg s_ipt_wr">
         <input autocomplete="off" autofocus="" class="s_ipt" id="kw" maxlength="255" name="wd" value=""/>
        </span>
        <span class="bg s_btn_wr">
         <input class="bg s_btn" id="su" type="submit" value="百度一下"/>
        </span>
       </form>
      </div>
     </div>
```

图11.10 百度主页部分代码

说明：本例代码中使用BeautifulSoup对象的prettify()方法，它可以美化HTML代码，按标记自动分行，使显示更加清晰，提高可读性。

BeautifulSoup对象是一个树形结构，包含HTML页面中的每一个Tag（标签）对象，如<head>、<body>等。具体来说，HTML中的每一个标签都变成了BeautifulSoup对象的一个属性，可以直接用<a>.<b>形式获得，其中<b>的名字采用HTML中标记的名字。

11.3.4 BeautifulSoup对象的常用属性

BeautifulSoup对象常用属性见表11.7。

表11.7　BeautifulSoup对象常用属性

属　性	描　述
head	HTML 页面的<head>标签，bs4.element.Tag类型
title	HTML 页面的<title>标签，bs4.element.Tag类型
body	HTML 页面的<body>标签，bs4.element.Tag类型
p	HTML 页面第一个<p>标签，bs4.element.Tag类型
strings	HTML 页面所有呈现在 Web 上的字符串，即标签的内容，generator类型
strippped_strings	HTML 页面所有呈现在 Web 上的删掉前后空白的非空字符串，generator类型

说明：表中前四个属性返回的是bs4.element.Tag类型对象，后两个属性返回的是generator类型的对象。generator类型对象可以使用遍历循环输出其值，或使用list()、tuple()等类型转换函数转换为列表、元组等。

例11_9　查看百度主页的title、p等标签内容和所有标签内容。

代码如下：

```
import requests
from bs4 import BeautifulSoup
url="https://www.baidu.com"
r=requests.get(url)
r.encoding='utf-8'
soup=BeautifulSoup(r.text,'lxml')
print(soup.title)                              # 输出 title 标记
print(soup.p)                                  # 输出第一个 p 标记内容
print((tuple(soup.strings))[:35])              # 返回所有标签内容的前 35 项
print((list(soup.stripped_strings))[:7])       # 返回所有非空标签内容的前 7 项
```

保存并运行代码，输出结果：

```
<title>百度一下，你就知道</title>
<p id="lh"> <a href="http://home.baidu.com">关于百度</a> <a href="http://ir.baidu.com">About Baidu</a> </p>
(' ', '百度一下，你就知道', ' ', ' ', ' ', ' ', ' ', ' ', ' ', ' ', ' ', ' ', ' ', ' ', ' ', ' ', ' ', ' ', ' ', ' ', ' ', ' ', ' ', '新闻', ' ', 'hao123', ' ', '地图', ' ', '视频', ' ', '贴吧', ' ', ' ', '登录')
['百度一下，你就知道', '新闻', 'hao123', '地图', '视频', '贴吧', '登录']
```

11.3.5　Tag 对象常用属性与方法

每一个Tag标签在beautifulsoup4库中也是一个对象，称为Tag对象。例如，title是一个标签对象。每个标签对象在HTML中都有类似的结构：

```
<a class="mnav" href="http://www.nuomi.com">糯米</a>
```

其中，尖括号（<>）中的标签名字是Tag对象的name属性，尖括号内其他项如class、href是

attrs属性，开始标签如<a>与结束标签</a>之间的内容如“糯米”是Tag对象的string属性。因此，可以通过Tag对象的name、attrs和string属性获得相应内容，采用<a>.<b>的语法形式。

标签Tag有四个常用属性，见表11.8。

表11.8 Tag对象的常用属性

属性	描述
name	字符串类型，Tag标签的名称，比如标签a
attrs	字典类型，包含了某个Tag中所有的属性，比如class、href
string	字符串类型，某个Tag所包含的文本，网页中显示的真实文字，比如“糯米”
contents	列表类型，某个Tag下所有子Tag

1. name属性

在同一个HTML页面中，相同名称的标签会有多个，例如百度主页中<a>标签很多处，直接调用soup.a只能返回第一个<a>标签Tag对象。

2. string属性

由于HTML语法可以在标签中嵌套其他标签，所以，string属性的返回值遵循如下原则：

① 如果标签内部没有其他子标签，string属性返回其中的内容。

例如，以下代码中，tilte标签中没有其他子标签：

```
import requests
from bs4 import BeautifulSoup
rs=requests.get("https://www.baidu.com")
rs.encoding="utf-8"
soup=BeautifulSoup(rs.text,"lxml")
print(soup.title)
print(soup.title.string)
```

运行代码，输出结果为

```
<title>百度一下，你就知道</title>
百度一下，你就知道
```

② 如果标签内部每层只嵌套一个标签，string属性返回最里层标签的内容。

例如，html字符串中，<div>标签嵌套了一个<a>标签，<a>标签又嵌套一个<h3>标签，代码如下：

```
from bs4 import BeautifulSoup
html='<div><a><h3>糯米</h3></a></div>'
soup=BeautifulSoup(html,'lxml')
print(soup.div)
print(soup.div.string)
```

运行代码，输出结果为

```
<div><a><h3>糯米</h3></a></div>
糯米
```

③ 除上述两种情况外，其他标签嵌套形式，string属性返回None（空字符串）。

例如，以下代码：

```
import requests
from bs4 import BeautifulSoup
rs=requests.get("https://www.baidu.com")
rs.encoding="utf-8"
soup=BeautifulSoup(rs.text,"lxml")
print(soup.p.prettify())          #p 标签中内嵌 2 个 a 标签
print(soup.p.string)
```

运行代码，输出结果为

```
<p id="lh">
 <a href="http://home.baidu.com">
  关于百度
 </a>
 <a href="http://ir.baidu.com">
  About Baidu
 </a>
</p>
None
```

3. get() 方法

Tag对象的get()方法返回指定属性的值，其格式为

```
get(key, default=None)
```

功能：返回Tag对象key属性的值，若不存在key属性则返回默认值default，若无默认值则返回None。

例如，上例中，若要显示第一个a标签的href值，代码为

```
soup.p.a.get('href')
```

运行结果为

```
'http://home.baidu.com'
```

例 11_10 在浏览器中查看百度首页https://www.baidu.com源码，并显示<a>标签，然后编程抓取百度主页内容，输出<a>标签，查看各种对象的类型。

操作步骤：

① 查看网页源码并显示<a>标签。

在浏览器中打开网页https://www.baidu.com，右击页面空白处打开右键菜单，选择“查看页面源码”命令，如图11.11所示。

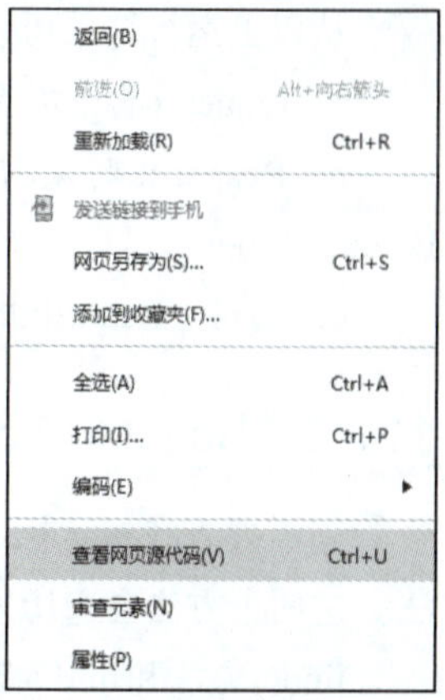

图11.11 页面右键菜单

百度主页相关<a>标签的部分源码如图11.12所示（为了便于查看，内容已格式化）。

② 编程抓取百度首页内容，输出<a>标签，查看各种对象类型。

```
<div id="wrapper" class="wrapper_new">
    <div id="head">
        <div id="s_top_wrap" class="s-top-wrap s-isindex-wrap ">
            <div class="s-top-nav"></div>
            <div class="s-center-box"></div>
        </div>
        <div id="u">
            <a class="toindex" href="/">百度首页</a>
            <a href="javascript:;" name="tj_settingicon" class="pf">设置<i class="c-icon c-icon-triangle-down"></i></a>
            <a href="https://passport.baidu.com/v2/?login&tpl=mn&u=http%3A%2F%2Fwww.baidu.com%2F&sms=5" name="tj_login" class="lb" onclick="return false;">登录</a>
            <div class="bdpfmenu"></div>
    </div>
    <div id="s-top-left" class="s-top-left-new s-isindex-wrap">
        <a href="http://news.baidu.com" target="_blank" class="mnav c-font-normal c-color-t">新闻</a>
        <a href="https://www.hao123.com?src=from_pc" target="_blank" class="mnav c-font-normal c-color-t">hao123</a>
        <a href="http://map.baidu.com" target="_blank" class="mnav c-font-normal c-color-t">地图</a>
        <a href="http://tieba.baidu.com/" target="_blank" class="mnav c-font-normal c-color-t">贴吧</a>
        <a href="https://haokan.baidu.com/?sfrom=baidu-top" target="_blank" class="mnav c-font-normal c-color-t">视频</a>
```

图11.12　百度首页部分源码

使用requests和beautifulsoup4访问、解析页面，代码如下：

```
import requests
from bs4 import BeautifulSoup
url="https://www.baidu.com"
r=requests.get(url)
print('访问百度首页，返回{}类型对象'.format(type(r)))
r.encoding='utf-8'
soup=BeautifulSoup(r.text,'lxml')
print('解析页面，生成{}类型对象'.format(type(soup)))
tag=soup.a
print('获取页面标签，生成{}类型对象'.format(type(tag)))
print('<a>标签：{}'.format(tag))
```

保存并执行代码，输出结果如下：

```
访问百度首页，返回<class 'requests.models.Response'>类型对象
解析页面，生成<class 'bs4.BeautifulSoup'>类型对象
获取页面标签，生成<class 'bs4.element.Tag'>类型对象
<a>标签：<a class="mnav" href="http://news.baidu.com" name="tj_trnews">新闻</a>
```

从以上运行结果可以看出：

a．requests的get()函数访问页面返回Response对象，类型为“requests.models.Response”。

b．Response对象的text属性获取页面内容，使用BeautifulSoup类创建其实例对象，类型为“bs4.BeautifulSoup”。

c．通过“BeautifulSoup对象.标签名称”只获取到指定的一个标签，类型为“bs4.element.Tag”。

11.3.6　BeautifulSoup对象的方法

当需要查找指定标签或所有同名标签时，可以使用BeautifulSoup对象的find()方法或find_all()方法。这两个方法会遍历整个HTML文档，按照条件返回标签内容。

find()方法和find_all()方法两者的区别是：

(1)返回结果

前者返回符合条件的第一个标签，而后者返回符合条件的全部标签内容。

(2)返回结果的数据类型

find()返回bs4.element.Tag类型，即Tag对象，find_all()由于可能返回更多结果，返回元素为Tag对象的列表。

1. find_all()方法

find_all()方法格式如下：

```
find_all(name=None, attrs={}, recursive=True, string=None, limit=None)
```

功能：根据参数找到对应所有标签，返回列表类型。

参数说明：

name：按照Tag标签名称检索，名字用字符串形式，例如“div”“a”等。

attrs：按照Tag标签的属性值检索，需要列出属性名称和值，采用字典表示，格式为“{属性名1:值1,属性名2:值2,…}”。

recursive：设置查找层次，只查找当前标签下一层时使用recursive=False，默认查找所有层。

string：按照string属性内容检索，采用“string=值”格式。

limit：返回结果的个数，默认返回全部结果。

例11_11　按要求编程实现。

要求1：查找百度首页源码中的所有<a>标签并输出。

代码如下：

```
import requests
from bs4 import BeautifulSoup
url="https://www.baidu.com"
r=requests.get(url)
r.encoding='utf-8'
soup=BeautifulSoup(r.text,'lxml')
tags=soup.find_all('a')
print('所有<a>标签:')
for tag in tags:
    print(tag)
```

保存并运行代码，输出结果：

```
所有<a>标签:
<a class="mnav" href="http://news.baidu.com" name="tj_trnews">新闻</a>
<a class="mnav" href="https://www.hao123.com" name="tj_trhao123">hao123</a>
<a class="mnav" href="http://map.baidu.com" name="tj_trmap">地图</a>
<a class="mnav" href="http://v.baidu.com" name="tj_trvideo">视频</a>
<a class="mnav" href="http://tieba.baidu.com" name="tj_trtieba">贴吧</a>
<a class="lb" href="http://www.baidu.com/bdorz/login.gif?login&amp;tpl=mn&am
p;u=http%3A%2F%2Fwww.baidu.com%2f%3fbdorz_come%3d1" name="tj_login">登录</a>
```

```
    <a class="bri" href="//www.baidu.com/more/" name="tj_briicon" style="display:block;">更多产品</a>
    <a href="http://home.baidu.com">关于百度</a>
    <a href="http://ir.baidu.com">About Baidu</a>
    <a href="http://www.baidu.com/duty/">使用百度前必读</a>
    <a class="cp-feedback" href="http://jianyi.baidu.com/">意见反馈</a>
```

要求2：查找class='mnav'的<a>标签。

在find_all()查找方法中，使用class属性的字典形式作条件，查找语句修改为

```
tags=soup.find_all('a',{'class':'mnav'})
```

保存并运行代码，输出结果为

```
所有<a>标签：
<a class="mnav" href="http://news.baidu.com" name="tj_trnews">新闻</a>
<a class="mnav" href="https://www.hao123.com" name="tj_trhao123">hao123</a>
<a class="mnav" href="http://map.baidu.com" name="tj_trmap">地图</a>
<a class="mnav" href="http://v.baidu.com" name="tj_trvideo">视频</a>
<a class="mnav" href="http://tieba.baidu.com" name="tj_trtieba">贴吧</a>
```

要求3：查找name="tj_trvideo"的<a>标签。

在find_all()查找方法中，使用name属性的字典形式作条件，查找语句修改为

```
tags=soup.find_all('a',{'name':'tj_trvideo'})
```

其他代码不变，保存代码并运行，输出结果为

```
所有<a>标签：
<a class="mnav" href="http://v.baidu.com" name="tj_trvideo">视频</a>
```

要求4：查找href=http://tieba.baidu.com的<a>标签。

在find_all()查找方法中，使用href属性字典形式或字符串形式作条件，查找语句修改为

```
tags=soup.find_all('a',{'href':'http://tieba.baidu.com'})
```

或：

```
tags=soup.find_all('a',href='http://tieba.baidu.com')
```

其他代码不变，保存代码并运行，输出结果为

```
所有<a>标签：
<a class="mnav" href="http://tieba.baidu.com" name="tj_trtieba">贴吧</a>
```

注意： 按照attrs参数查找时，有的必须使用字典类型，如标签中的class、name属性，而有的可以使用“属性名=属性值”的形式作条件，如href属性。这是因为class是Python关键字，而name是find_all()方法的第一个参数名，因此，按照class、name属性查找时，不能使用“属性名=属性值”

形式而只能使用字典形式。

要求5：查找标签内容为“使用百度前必读”的<a>标签。

在find_all()方法中，使用关键字string参数，语句修改为

```
tags=soup.find_all('a',string='使用百度前必读')
```

其他代码不变，保存代码并运行，输出结果为

```
所有<a>标签：
<a href="http://www.baidu.com/duty/">使用百度前必读</a>
```

2. find()方法

find()方法格式如下：

```
find(name=None, attrs={}, recursive=True, string=None)
```

功能：根据参数找到对应标签，返回字符串类型。

find()的参数与find_all()方法的参数除少一个limit外，其他的作用相同，在此略。

例11_11 使用find()方法查找百度首页源码中的<a>标签，输出标签内容和数据类型。

代码如下：

```
import requests
from bs4 import BeautifulSoup
url="https://www.baidu.com"
r=requests.get(url)
r.encoding='utf-8'
soup=BeautifulSoup(r.text,'lxml')
tag=soup.find('a')
print(tag)
print(type(tag))
```

保存并运行代码，输出结果：

```
<a class="mnav" href="http://news.baidu.com" name="tj_trnews">新闻</a>
<class 'bs4.element.Tag'>
```

从运行结果可以看出，只返回第一个符合条件的标签，而且find()方法返回标签类型为“bs4.element.Tag”。

处理网页需要对HTML有一定的理解，然后实现爬虫就不算复杂，这里仅介绍beautifulsoup4库中与爬虫相关的一些属性和操作。beautifulsoup4库是一个非常完备且活跃的HTML解析函数库，它还可以完成更多复杂操作。深入使用请阅读beautifulsoup4库官方网站提供的使用文档。

11.4 正则表达式re库

正则表达式是表达和操作字符串的一种逻辑表达，一般在计算机编译器中使用。Python语言采

用正则表达式辅助字符串查找。通过片段字符串检索时需要使用正则表达式re函数库，re是Python标准库，直接通过import re导入即可使用。

正则表达式是一种规则，只要字符串符合这个规则，就算作匹配。

11.4.1 正则表达式中的特殊字符

1. 元字符

正则表达式中可以使用一些具有特殊含义的字符，称为元字符，见表11.9。

表11.9 re正则表达式中的元字符

<table>
<tr><th>字　符</th><th>含　义</th><th>正则表达式</th><th>匹配字符串</th></tr>
<tr><td>普通字符</td><td>匹配自身</td><td>abc</td><td>abc</td></tr>
<tr><td>.</td><td>匹配任意除换行符”\n”外的字符</td><td>a.c</td><td>abc, aec,adc</td></tr>
<tr><td>*</td><td>匹配前一个字符0次或多次</td><td>abc*</td><td>ab;abccc</td></tr>
<tr><td>+</td><td>匹配前一个字符1次或多次</td><td>abc+</td><td>abc;abccc</td></tr>
<tr><td>?</td><td>匹配前一个字符0次或1次</td><td>abc?</td><td>ab;abc</td></tr>
<tr><td>^</td><td>匹配字符串开头。在多行模式中匹配每一行的开头</td><td>^abc</td><td>abc</td></tr>
<tr><td>$</td><td>匹配字符串末尾，在多行模式中匹配每一行的末尾</td><td>abc$</td><td>abc</td></tr>
<tr><td>|</td><td>或。匹配|左右表达式任意一个，从左到右匹配，如果|没有包括在()中，则它的范围是整个正则表达式</td><td>abc|def</td><td>abc
def</td></tr>
<tr><td>{m,n}</td><td>{m}匹配前一个字符m次，{m,n}匹配前一个字符m至n次，若省略n，则匹配m至无限次</td><td>ab{1,2}c</td><td>abc
abbc</td></tr>
<tr><td>[]</td><td>字符集。对应的位置可以是字符集中任意字符。字符集中的字符可以逐个列出，也可以给出范围，如[abc]或[a-c]。[^abc]表示取反，即非abc。所有特殊字符在字符集中都失去其原有的特殊含义。用\反斜杠转义恢复特殊字符的特殊含义</td><td>a[bcd]e</td><td>abe
ace
ade</td></tr>
<tr><td>()</td><td>被括起来的表达式将作为分组，从表达式左边开始每遇到一个分组的左括号“(”，编号+1。分组表达式作为一个整体，可以后接数量词。表达式中的|仅在该组中有效</td><td>(abc){2}
a(123|456)c</td><td>abcabc
a456c</td></tr>
<tr><td>\</td><td>转义字符，使后一个字符改变原来的意思</td><td>a\.c;a\\c</td><td>a.c;a\c</td></tr>
</table>

2. 特殊字符序列

re库中还包含一些由“\”和一个字符组成的特殊字符序列，见表11.10，如果“\”之后的字符不在下列表格中，正则表达式将会匹配字符本身，如“\c”匹配的就是字符c本身。从表中可知，如果“\小写字母”代表了某一含义，那么对应的“\大写字母”常常代表它的补集。

表11.10 特殊字符序列

特殊字符序列	含　义
\d	数字，等价于[0-9]
\D	非数字，等价于[^\d]
\w	单词字符，等价于[a-zA-Z0-9_]
\W	非单词字符，等价于[^\w]

续表

特殊字符序列	含　义
\s	匹配空白字符，ASCII模式下等价于[\t\n\r\f\v]，Unicode中还存在一些其他空白字符
\S	匹配空白字符之外的字符，等价于[^\s]
\A	只匹配字符串的开始
\Z	只匹配字符串尾
\b	匹配单词边界
\B	匹配单词边界之外的字符，等价于[^\b]
\\	匹配作为字面量的\本身

说明：

如果反斜杠后边跟特殊字符且非元字符则实现特殊功能，即预定义字符；相反，如果反斜杠后边跟元字符则去除元字符功能，即将元字符转义为普通字符。

11.4.2　正则表达式修饰符

正则表达式可以包含一些可选标志修饰符（见表11.11）来控制匹配的模式，修饰符被指定为一个可选的标志，多个标志可以通过按位Or（|）它们来指定，如re.I|re.M被设置成I和M标志。

表11.11　正则表达式修饰符

修　饰　符	描　　述
re.I	使匹配对大小写不敏感
re.L	做本地化识别（local-aware）匹配
re.M	多行匹配，影响^和$
re.S	使用.匹配包括换行在内的所有字符
re.U	根据Unicode字符集解析字符，这个标志影响\w，\W，\b，\B
re.X	该标志可以使用更灵活的格式以便将正则表达式写得更易理解

11.4.3　re库常用函数

re库提供了许多用于字符串处理的函数，见表11.12。

表11.12　re库常用函数

函　　数	说　　明
search()	在一个字符串中搜索匹配正则表达式的第一个位置，返回Match对象
match()	从一个字符串的开始位置起匹配正则表达式，返回Match对象
findall()	搜索字符串，以列表类型返回全部能匹配的子串
split()	将一个字符串按照正则表达式匹配结果进行分割，返回列表类型
finditer()	搜索字符串，返回一个匹配结果的迭代类型，每个迭代元素是Match对象
sub()	在一个字符串中替换所有匹配正则表达式的子串，返回替换后的字符串

1. match() 开头查找函数

math()函数的功能是从源字符串的起始位置匹配一个模式，如果匹配成功，则返回Match对象，可以使用Match对象的group(num=0)方法返回匹配的字符串；如果匹配不成功则返回None。

match()格式为

```
match(pattern, string, flags=0)
```

参数说明：

pattern：模式字符串。

string：源字符串。

flags是标志位，可选参数，用于控制正则表达式的匹配方式，例如，是否区分大小写、多行匹配等。

例11_13　模式字符串开头的5个字符为“hello”，第6～7字符任意；源字符串为“Hello,Python, hello hello world!”，使用math()按区分大小写和不区分大小写进行查找并显示查找到的内容。

代码如下：

```
import re
p='hello.{2}'
s='Hello,Python,hello hello world!'
m1=re.match(p,s)        # 区分大小写
m2=re.match(p,s,re.I)  # 不区分大小写
print(m1)
print(m2)
print(m2.group())
```

保存代码并运行，输出结果如下：

```
None
<re.Match object; span=(0, 7), match='Hello,p'>
Hello,p
```

从运行结果可以看出，如果匹配不成功则返回None，否则返回re.Match对象，使用Match()对象的group()方法可以查看匹配的字符串。

2. search() 全文查找函数

search()方法是扫描整个字符串，如果匹配成功则返回第一个匹配对象，否则返回None。可以使用匹配对象的group(num)或groups()方法来获取匹配字符串。

search()一般格式：

```
search(pattern, string, flags=0)
```

参数与math()中的参数含义相同，在此略。

例11_14　模式字符串开头5个字符为“hello”，第6～7字符任意，源字符串为“Hello,Python, hello hello world!”，使用search()按区分大小写和不区分大小写进行查找并显示查找到的内容。

代码如下：

```
import re
p='hello.{2}'
s='Hello,Python,hello hello world!'
m1=re.search(p,s)                  # 区分大小写
m2=re.search(p,s,re.I)             # 不区分大小写
print(m1)
print(m2)
print(m1.group())
print(m2.group(0))
```

保存并运行代码，输出结果：

```
<re.Match object; span=(13, 20), match='hello h'>
<re.Match object; span=(0, 7), match='Hello,p'>
hello h
Hello,p
```

search()函数与match()函数最大的不同是：search匹配整个字符串，直到找到第一个匹配字符串并返回，如果找不到匹配字符串则返回None，而match()只匹配字符串的开始，如果字符串开始不符合模式字符串，则匹配失败，函数返回None。

3. findall()全查找函数

如果源字符串中有多个子字符串匹配模式字符串，那么如何将匹配模式字符串的全部子字符串都找出来呢？findall()函数是搜索整个字符串，以列表类型返回全部匹配的子字符串。

findall()一般格式：

```
findall(pattern, string, flags=0)
```

参数与math()中的参数含义相同，在此略。

例11_15　字符串模式开头5个字符为“hello”，第6～7字符任意，源字符串为“Hello,Python,hello hello world!”，按照区分大小写和不区分大小写字母查找所有匹配的子串。

代码如下：

```
import re
p='hello.{2}'
s='Hello,Python,hello hello world!'
m1=re.findall(p,s)                 # 区分大小写
m2=re.findall(p,s,re.I)            # 不区分大小写
print('区分大小写：')
print(m1)
print('不区分大小写：')
print(m2)
```

保存并运行代码，输出结果如下：

```
区分大小写：
['hello h']
不区分大小写：
['Hello,p', 'hello h']
```

例11_16 李白诗词文本文件libai.txt内容如图11.13所示，请编程输出文本中一共有多少首诗词？输出每首诗词的标题和内容，诗词之间使用30个“*”分隔开。

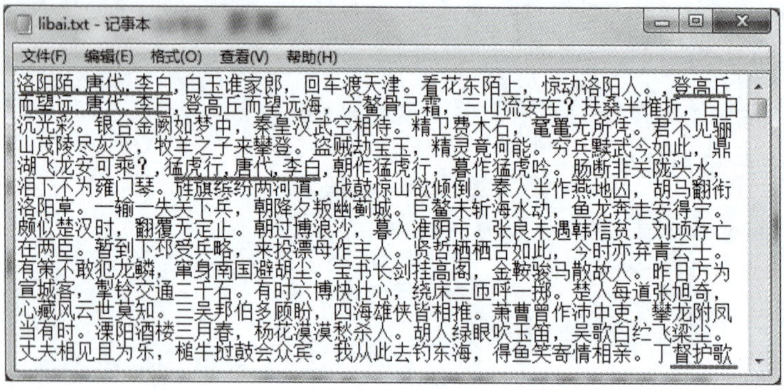
libai.txt - 记事本
文件(F) 编辑(E) 格式(O) 查看(V) 帮助(H)
洛阳陌,唐代,李白,白玉谁家郎，回车渡天津。看花东陌上，惊动洛阳人。,登高丘
而望远,唐代,李白,登高丘而望远海，六鳌骨已霜，三山流安在？扶桑半摧折，白日
沉光彩。银台金阙如梦中，秦皇汉武空相待。精卫费木石，鼋鼍无所凭。君不见骊
山茂陵尽灰灭，牧羊之子来攀登。盗贼劫宝玉，精灵竟何能。穷兵黩武今如此，鼎
湖飞龙安可乘？,猛虎行,唐代,李白,朝作猛虎行，暮作猛虎吟。肠断非关陇头水，
泪下不为雍门琴。旌旗缤纷两河道，战鼓惊山欲倾倒。秦人半作燕地囚，胡马翻衔
洛阳草。一输一失关下兵，朝降夕叛幽蓟城。巨鳌未斩海水动，鱼龙奔走安得宁。
颇似楚汉时，翻覆无定止。朝过博浪沙，暮入淮阴市。张良未遇韩信贫，刘项存亡
在两臣。暂到下邳受兵略，来投漂母作主人。贤哲栖栖古如此，今时亦弃青云士。
有策不敢犯龙鳞，窜身南国避胡尘。宝书长剑挂高阁，金鞍骏马散故人。昨日方为
宣城客，掣铃交通二千石。有时六博快壮心，绕床三匝呼一掷。楚人每道张旭奇，
心藏风云世莫知。三吴邦伯多顾盼，四海雄侠皆相推。萧曹曾作沛中吏，攀龙附凤
当有时。溧阳酒楼三月春，杨花漠漠愁杀人。胡人绿眼吹玉笛，吴歌白纻飞梁尘。
丈夫相见且为乐，槌牛挝鼓会众宾。我从此去钓东海，得鱼笑寄情相亲。丁督护歌

图11.13 libai.txt部分内容

编程实现：

```
import re
txt=open('libai.txt',encoding='utf-8')    # 打开文件
fs=txt.read()
txt.close()
''' 使用 re 的 findall() 方法
模式字符串中有两个由圆括号构成的分组，findall() 方法返回一个列表，每个列表元素是由两个分组
组成的元组，其中第 1 个分组为诗词标题，第 2 个分组为诗词内容
'''
ls_tp=re.findall('(.+?),唐代,李白,(.+?[。？！ ]),',fs,re.S)
print('-'*20)
for title,content in ls_tp:
    if title!='':
        print(title)
        print(content)
        print('*'*30)
print('文本文件中共有{}首诗词.'.format(len(ls_tp)))
```

代码测试：

测试结果部分内容：

```
……
******************************
菩萨蛮•平林漠漠烟如织
```

```
平林漠漠烟如织，寒山一带伤心碧。暝色入高楼，有人楼上愁。
玉阶空伫立，宿鸟归飞急。何处是归程？长亭更短亭。
******************************
忆秦娥·箫声咽
箫声咽，秦娥梦断秦楼月。秦楼月，年年柳色，灞陵伤别。
乐游原上清秋节，咸阳古道音尘绝。音尘绝，西风残照，汉家陵阙。
******************************
文本文件中共有 295 首诗词 .
```

4. split() 分割字符串函数

split() 函数按照模式字符串将源字符串分割，返回列表类型。

split() 函数一般形式：

```
split(pattern, string, maxsplit=0, flags=0)
```

其中参数maxsplit指定分割次数，如maxsplit=1表示分割一次，默认为0，不限制次数。其他参数含义同match()函数的参数。

例11_17　模式字符串开头5个字符为“hello”，第6～7字符任意，源字符串为“Hello,Python, hello hello world!”，按照区分大小写和不区分大小写字母将源字符串分割成子串。

代码如下：

```
import re
p='hello.{2}'
s='Hello,Python,hello hello world!'
m1=re.split(p,s)                # 区分大小写
m2=re.split(p,s,flags=re.I)     # 不区分大小写
print('区分大小写：')
print(m1)
print('不区分大小写：')
print(m2)
```

保存并运行代码，输出结果：

```
区分大小写：
['Hello,Python,', 'ello world!']
不区分大小写：
['', 'ython,', 'ello world!']
```

例11_18　改写例11_16程序，使用split()方法替代findall()编码实现。

编程实现：

```
import re
txt=open('libai.txt',encoding='utf-8')      # 打开文件
fs=txt.read()
txt.close()
```

```
ls=re.split('[。？！ ],',fs)     # 每首诗词结尾与新诗词开始之间用了"。,"、"？,"或"！,"
ls.remove('')                   # 去掉列表中的空元素
for s1 in ls:
    lt=re.split(',唐代,李白,',s1)        # 将每首诗词标题与内容分开
    if len(lt)>1:
        print('{}\n{}。'.format(lt[0],lt[1]))
        print('*'*30)
print('文本文件中共有{}首诗词.'.format(len(ls)))
```

代码测试：

测试结果部分内容：

```
……
******************************
菩萨蛮·平林漠漠烟如织
平林漠漠烟如织，寒山一带伤心碧。暝色入高楼，有人楼上愁。
玉阶空伫立，宿鸟归飞急。何处是归程？长亭更短亭。
******************************
忆秦娥·箫声咽
箫声咽，秦娥梦断秦楼月。秦楼月，年年柳色，灞陵伤别。
乐游原上清秋节，咸阳古道音尘绝。音尘绝，西风残照，汉家陵阙。
******************************
文本文件中共有295首诗词.
```

5. sub()查找并替换函数

sub()函数根据模式字符串来替换字符串中匹配的子串，返回字符串类型。

sub()一般格式：

```
sub(pattern, repl, string, count=0, flags=0)
```

其中参数：

repl是替换成的子字符串，可以是一个函数。

count是替换的最大次数，默认0表示替换所有的匹配。

其他参数含义同match()函数的参数，略。

例11_19 模式字符串开头5个字符为“hello”，第6～7字符任意，源字符串为“Hello,Python, hello hello world!”，按照区分大小写和不区分大小写字母将源串按模式串替换为“aaaa”。

代码如下：

```
import re
p='hello.{2}'
s='Hello,Python,hello hello world!'
new='aaaa'
m1=re.sub(p,new,s)                  # 区分大小写
m2=re.sub(p,new,s,flags=re.I)       # 不区分大小写
```

```
print('区分大小写：')
print(m1)
print('不区分大小写：')
print(m2)
```

保存并运行代码，输出结果：

```
区分大小写：
Hello,Python,aaaaello world!
不区分大小写：
aaaaython,aaaaello world!
```

例 11_20　删除字符串“2023-959-559 #这是一个国外电话号码”中的注释和电话号码中的连字符“-”。

代码如下：

```
import re
phone="2023-959-559 #这是一个国外电话号码"
#删除字符串中的 Python 注释
num=re.sub('#.*$', "", phone)
print("电话号码是：", num)
#删除非数字（-）的字符串
num=re.sub('\D', "", phone)
print("电话号码是：", num)
```

保存并运行代码，输出结果：

```
电话号码是： 2023-959-559
电话号码是： 2023959559
```

6. compile()函数编译模式对象

compile()函数用于编译正则表达式，返回一个模式对象（pattern），供模式对象的match()和search()方法使用，match()方法的功能与re的match()函数功能相同，search()方法功能与re的search()函数功能相同。

compile()函数一般格式：

```
compile(pattern,flags=0)
```

其中参数含义与match()函数的参数含义相同。

例 11_21　创建一个模式对象，并与指定源字符串从头进行匹配，输出各种匹配结果。

```
import re
pattern=re.compile('([a-z]+) ([a-z]+)', re.I)     # re.I 表示忽略大小写
m=pattern.match('Hello World Wide Web')
print(m)
print(m.group(0))   # 返回匹配成功的整个子串
```

```
print(m.span(0))    # 返回匹配成功的整个子串的索引
print(m.group(1))   # 返回第一个分组匹配成功的子串
print(m.span(1))    # 返回第一个分组匹配成功的子串的索引
print(m.group(2))   # 返回第二个分组匹配成功的子串
print(m.span(2))    # 返回第二个分组匹配成功的子串
print(m.groups())   # 等价于 (m.group(1), m.group(2), ...)
```

保存并运行代码，输出结果：

```
<re.Match object; span=(0, 11), match='Hello World'>
Hello World
(0, 11)
Hello
(0, 5)
World
(6, 11)
('Hello', 'World')
```

11.4.4 re 库在网络爬虫中的应用

1. BeautifulSoup 对象的 find_all() 方法使用 re 的 compile() 函数

BeautifulSoup 的 find_all() 方法可以根据标签名字、标签属性和内容等检索并返回标签列表，通过片段字符串检索时可以使用正则表达式re库的compile() 函数。

例11_22 查找百度主页面包含“百度”的字符串。

代码为

```
import re
import requests
from bs4 import BeautifulSoup
url="https://www.baidu.com"
r=requests.get(url)
r.encoding='utf-8'
soup=BeautifulSoup(r.text,'lxml')
tag=soup.find_all(string=re.compile("百度"))
print(tag)
```

保存并执行代码，输出结果：

```
['百度一下，你就知道', '关于百度', '使用百度前必读']
```

如果要查找百度页面中非开头非结尾包含“百度”字符串，则将查找语句修改为

```
tag=soup.find_all(string=re.compile('.+百度.+'))
```

其他语句不变，保存并运行代码，输出结果：

```
['使用百度前必读']
```

当按照标签属性检索时，属性和对应的值采用字典格式，键值对中的值部分可以是字符串或者正则表达式。

例如，如果需要查找百度主页面<a>标签使用class='mnav'样式且href属性使用http或https协议的www网站，只要将例11_22代码中的查找代码修改为

```
tag=soup.find_all('a',{'href':re.compile('http.?://www'),'class':'mnav'})
```

运行代码输出：

```
[<a class="mnav" href="https://www.hao123.com" name="tj_trhao123">hao123</a>]
```

2. 使用re的findall()查找页面信息

可以直接使用re库的findall()函数查找页面内容中匹配某种模式的字符串。

例11_23 查找百度主页面使用class='mnav'样式的超链接及其链接字符串。

代码如下：

```
import requests
import re
url="https://www.baidu.com"
r=requests.get(url)
r.encoding='utf-8'
ptn='<a href=(.+?) class=mnav>(.+?)</a>' #两个分组使用惰性匹配，分别获取超链接与超链接文字
ls=re.findall(ptn,r.text)
for lt in ls:
    print(lt[0],lt[1])
```

保存并运行代码，输出结果：

```
http://news.baidu.com name=tj_trnews 新闻
https://www.hao123.com name=tj_trhao123 hao123
http://map.baidu.com name=tj_trmap 地图
http://v.baidu.com name=tj_trvideo 视频
http://tieba.baidu.com name=tj_trtieba 贴吧
```

由上例可以看出，使用re进行页面解析相比beautifulsoup4库更加灵活，但后者操作更简单。有兴趣的读者可以查阅资料了解Python中正则表达式函数库re的更多高级使用。

11.5 应用案例

11.5.1 案例1：爬取豆瓣影片信息生成CSV文件

从豆瓣电影主页爬取正在热映的影片信息，并保存到CSV文件中。

1. 问题分析与算法设计

在360浏览器中打开豆瓣电影主页后，按【F12】键打开开发人员工具窗格，选择“元素”选项卡后在浏览器中手工刷新豆瓣电影主页。在开发人员工具中选择“元素”选项卡展开<head>标签，找到

页面使用的编码“charset=utf-8”。展开body标签并依次向下展开并查看各标签，直到鼠标指针指向<div class="screening-bd">标签中的<ul class="ui-slide-content">标签时主页上正在热映中的电影列表处于选定状态，如图11.14所示。从中可以看出正在热映的电影信息放在页面源代码的第一个<div class="screening-bd">标签中，当鼠标指针指向其中的<li class="ui-slide-item s"…>或<li class="ui-slide-item"…>标签时，一部正在热映电影就处于选定状态，从标签属性中可以获取各个电影的信息。

图11.14 正在热映影片页面源代码（部分）

算法设计如下：

① 通过requests库的get()函数访问豆瓣电影主页，访问成功返回Response对象res。

根据测试，网络爬虫需要通过User-Agent头模拟成浏览器访问。在开发人员工具窗格中，选择“网络”选项卡后手工刷新页面，在开发人员工具的“网络”选项卡“名称”列中单击任一链接，在右侧的“标头”列的最下面找到User-Agent及其值。

② 通过encoding属性将res对象的编码方式修改为utf-8。

③ 通过使用res对象的text属性获取主页源代码，并生成BeautifulSoup对象soup。

④ 使用soup对象的find()方法查找标签<dir class=” screening-bd”>，得到Tag对象divTag。

⑤ 使用divTag对象的find_all()方法查找所有标签<li class=” ui-slide-item”>和<li class=” ui-slide-item s”>，此处可使用re库的compile()函数创建一个正则表达式，使class属性值只要包含“ui-slide-item”即可，返回标签列表lis。

⑥ 遍历lis每一个<li>标签，通过attrs属性获取<li>标签的各种属性及其值，获得字典类型的电影信息movs。

⑦ 使用list()函数将字典movs转化为列表mls，通过列表的sort()方法将mls按电影评分降序排序。

⑧ 以写模式创建文件move.csv，并遍历mls列表，将热映电影信息保存到csv文件中（csv文件的行中数据以逗号分隔）。

2. 编程实现

根据算法设计，编写代码如下：

```
import requests
from bs4 import BeautifulSoup
import re
url='https://movie.douban.com/'
headers={"User-Agent":"Mozilla/5.0 (Windows NT 6.1; WOW64) AppleWebKit/537.36 \
     (KHTML, like Gecko) Chrome/122.0.6261.95 Safari/537.36" } # 模拟浏览器访问
```

```
res=requests.get(url,headers=headers,timeout=30)
res.encoding='utf-8'                                    # 更改页面编码
soup=BeautifulSoup(res.text,'lxml')                     # 生成 BeautifulSoup 对象
# <div class="screening-bd">
divTag=soup.find('div',{'class':'screening-bd'})        # 根据属性查找第 1 个 div 标签
#<li class="ui-slide-item"...>
lis=divTag.find_all('li',{'class':re.compile('ui-slide-item')})# 查找所有 li 标签
# 从 <li> 标签中提取电影信息
mls=[]                                                  # 创建用来存储电影信息的空列表
for li in lis:
    ad=li.attrs                                         # 获取每部电影的信息，字典类型
    if len(ad)>1:
        mov={}                                          # 存储一部影片的信息
        mov['title']=ad['data-title']                   # 将影片名保存到字典中
        mov['region']=ad['data-region']                 # 国家
        mov['duration']=ad['data-duration']             # 时长
        mov['director']=ad['data-director']             # 导演
        mov['actors']=ad['data-actors']                 # 演员
        mov['release']=ad['data-release']               # 发行年份
        mov['rate']=ad['data-rate']                     # 评分
        mov['rater']=ad['data-rater']                   # 评分人数
        mls.append(mov)                                 # 将字典添加到列表
# 列表按照评分降序排序
mls.sort(key=lambda x:x['rate'] ,reverse=True)          # 按评分降序排序
# 信息保存到 csv 文件
mf=open('movie.csv','w')                                # 以写方式创建文件
print('序号','电影名称','地区','时长','导演','演员','发行年代','评分',\
      '评分人数',file=mf,sep=',')                       # 写入列标题
i=1
for m in mls:                                           # 遍历列表中每一部电影
    if m['rate']=='':
        m['rate']='暂无评分'
    print(i,m['title'],m['region'],m['duration'],m['director'],\
          m['actors'].replace('/',';'),m['release']+'年',m['rate'],\
          m['rater'],file=mf,sep=',')                   # 写入影讯
    i+=1
mf.close()                                              # 关闭文件
```

3. 调试、运行程序

在开发环境中录入、保存并运行程序。

11.5.2 案例 2：爬取电影海报图片并保存到文件

将豆瓣网的某城市全部正在热映影片海报图片下载到本地文件夹“nowplaying”，图片以“评分排名.片名_评分.jpg”命名。热映影片网址为https://movie.douban.com/cinema/nowplaying/weifang/,

其中weifang是指正在查询的城市潍坊。

1. 问题分析与算法设计

在浏览器中打开豆瓣网主页，单击“全部正在热映”超链接切换到“https://movie.douban.com/cinema/nowplaying/weifang/”，其中weifang是指按城市查询，程序运行时通过键盘输入。按【F12】键打开开发人员工具窗格，选择“元素”选项卡后在浏览器中手工刷新页面，展开body标签并依次向下展开并查看各标签，直到鼠标指针指向<div class="nowplaying">标签时，页面上“正在热映”中的电影列表处于选定状态，如图11.15所示。从上到下查看内嵌的<li>标签，可以看出每部影片信息放在<li class="list-item">标签或<li class="list-item hidden">标签中，从中可以提取片名和评分，按评分降序排序，用排序次序、片名和评分拼接成图片文件名。单击<li>标签中的省略号“…”，并依次展开其中的折叠标签，在其中的<img>标签的src属性是指向海报图片超链接，通过这个链接可以下载海报图片。

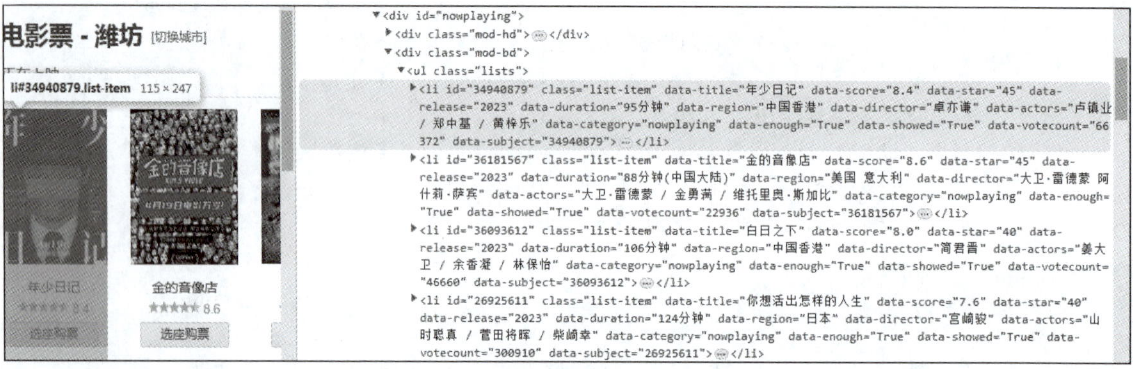

图11.15 全部正在热映页面代码（部分）

算法设计如下：

① 通过requests库的get()函数访问豆瓣电影页面“https://movie.douban.com/cinema/nowplaying/weifang/”，其中的城市名在程序运行时通过键盘输入，访问成功返回Response对象res。

② 修改res对象的编码方式encoding为utf-8。

③ 通过res对象的text属性获取主页源代码，并生成BeautifulSoup对象soup。

④ 使用soup对象的find()方法查找标签<dir id="nowplaying">，得到Tag对象divTag。

⑤ 使用divTag对象的find_all()方法查找所有标签<li class="list-item">和<li class="list-item hidden">，此处使用re库的compile()函数创建一个正则表达式，使class属性只要包含list-item即可。最后返回所有符合条件的标签列表lis。

⑥ 遍历lis中的每一个<li>标签，通过attrs获取<li>标签的各种属性及值，将片名和评分添加到字典mov中。在<li>标签中查找<img>标签，获得其中的src超链接，即海报图片的超链接，根据此链接可以下载海报图片。将超链接以键值对的形式保存到mov字典中。然后将mov字典添加到列表mls中。遍历lis结束后会获得存有所有影片信息的列表mls。

⑦ 通过列表的sort()方法将mls按电影评分降序排序。

⑧ 遍历列表mls，将排名、片名和评分拼接成文件名称“排名.片名_评分.jpg”。以二进制写模式创建文件，根据src的超链接访问海报图片，返回的Response对象通过content属性将二进制内容写到图片文件中。

2. 编程实现

根据算法设计，编写代码如下：

```
import requests
from bs4 import BeautifulSoup
import re
import os
url='https://movie.douban.com/cinema/nowplaying/'
headers={"User-Agent":"Mozilla/5.0 (Windows NT 6.1; WOW64) AppleWebKit/537.36 \
        (KHTML, like Gecko) Chrome/122.0.6261.95 Safari/537.36"
         }                                                # 模拟成浏览器访问
addr=input('要查询的正在放映的城市名（拼音）：')
res=requests.get(url+addr,headers=headers,timeout=30)
res.encoding='utf-8'
soup=BeautifulSoup(res.text,'lxml')                       # 创建 BeautifulSoup 对象
# <div class="mod-bd">
divTag=soup.find('div',{'id':'nowplaying'})               # 查找第 1 个符合条件的 div 标签
#<li class="list-item hidden"...>
lis=divTag.find_all('li',{'class':re.compile('list-item')})     # 查找 li 标签
# 从 <li> 标签中提取电影信息
mls=[]
for li in lis:
      ad=li.attrs                                         # 获取标签的所有属性及值
      if len(ad)>1:
            mov={}
            mov['title']=ad['data-title']
            mov['score']=ad['data-score']
            img=li.find('img')                            # 查找其中的 img 标签
            at=img.attrs                                  # 获取 img 标签中的所有属性及值
            mov['src']=at['src']                          # 将其中的 src 属性及值保存到字典中
            mls.append(mov)                               # 将字典添加到列表中
# 列表按照评分降序排序
mls.sort(key=lambda x:x['score'] ,reverse=True)           # 按评分降序排序
# 将影片图片保存到 jpg 文件
md='nowplaying'
if not os.path.exists(md):                                # 如果文件夹不存在则创建
      os.mkdir(md)
for i in range(len(mls)):                                 # 遍历影讯列表
      print(f'正在下载第{i+1}部电影的海报')
      # 访问海报图片页面
      rimg=requests.get(mls[i]['src'],headers=headers,timeout=30)
      if mls[i]['score']=='0':
            mls[i]['score']='暂无评分'
      fname=f"{i+1}.{mls[i]['title']}_{mls[i]['score']}"# 拼接图片名
      imgf=open('nowplaying/'+fname+'.jpg','wb')
```

```
    imgf.write(rimg.content)            # 下载图片
    imgf.close()
```

3. 调试、运行程序

在开发环境中录入、保存并运行程序，输入查询城市weifang，爬取并下载海报图片。

11.5.3 案例3：爬取图片

使用百度图片https://image.baidu.com/搜索引擎查找指定关键字的图片。

1. 问题分析

（1）设置请求地址url

使用谷歌浏览器打开百度图片网站https://image.baidu.com/，输入搜索关键字“小狗”单击“搜索”按钮。复制搜索结果页面的url地址，并将爬虫的url设置为该地址：https://image.baidu.com/search/index?tn=baiduimage&ipn=r&ct=201326592&cl=2&lm=&st=-1&fm=index&fr=&hs=0&xthttps=111110&sf=1&fmq=&pv=&ic=0&nc=1&z=&se=&showtab=0&fb=0&width=&height=&face=0&istype=2&ie=utf-8&word=%E5%B0%8F%E7%8B%97。地址中word关键字的值是编码后的搜索关键字，可以直接使用搜索关键字，url地址也可以简化为：https://image.baidu.com/search/index?tn=baiduimage&word=小狗。

（2）查看搜索到的图片地址定制正则表达式

按【F12】键打开“开发者工具”窗口，选择“网络”→“全部”选项卡，如图11.16所示。

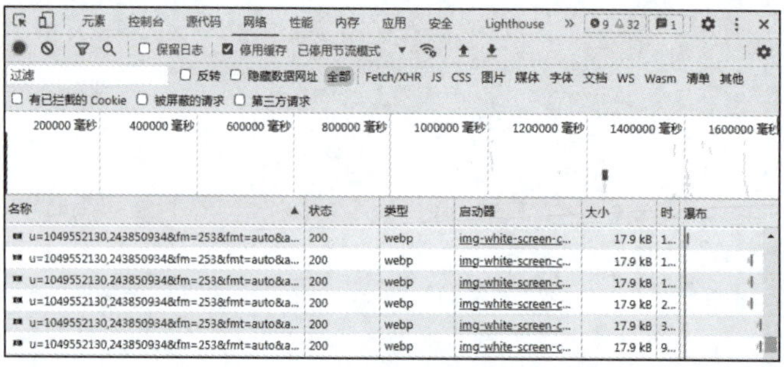

图11.16 开发者工具

图11.18中，以“u=”开头的行是搜索结果的小狗图片的超链接，同样复制它的链接地址，打开百度图片的源代码，按【Ctrl+F】组合键打开查找框，将图片链接地址复制到查找框中，源码中高亮标出了查找到的链接地址，如图11.17所示。

```
shituToken": "436c99",          "clickUrl": ""        },{"thumbURL":"https://img1.baidu.com/it/u=3186848572,3320106230&fm=253&fmt=auto&app=138&f=JPEG?w=667&h=500","replaceUrl":
[{"ObjURL":"https:\/\/www.v3wall.com\/wallpaper\/1600_1200\/1003\/1600_1200_20100305092443382478.jpg","ObjUrl":"https:\/\/www.v3wall.com\/wallpaper\/1600_1200\/1003\/1600_1200_20100305
092443382478.jpg","FromURL":"http:\/\/www.v3wall.com\/cht\/html\/pic_down\/1600_1200\/pic_down_29803_1600_1200.html","FromUrl":"http:\/\/www.v3wall.com\/cht\/html\/pic_down\/1600_1200\
/pic_down_29803_1600_1200.html"}],"adType":"0","middleURL":"https://img1.baidu.com/it/u=3186848572,3320106230&fm=253&fmt=auto&app=138&f=JPEG?w=667&h=500",
"largeTnImageUrl":"",          "hasLarge" :0,          "hoverURL":"https://img1.baidu.com/it/u=3186848572,3320106230&fm=253&fmt=auto&app=138&f=JPEG?w=667&h=500",
```

图11.17 图片链接地址

使用此方法，对比多个图片超链接后，可以设置需要匹配的正则表达式是p='"thumbURL":"(.+?)"'，匹配的字符串中圆括号内的地址就是爬取图片的URL地址，测试发现，使用thumbURL地址爬取的图片可以用看图软件打开，在文件夹中却不能预览。经过多次测试，thumbURL地址只截取&fmt的左侧部分时爬取的图片就可以在文件夹中预览了，因此设置正则表达式p='"thumbURL": "(.+?)&fmt'。

（3）图片保存到文件

根据图片超链接，使用requests库的get()函数访问图片页面，并将图片页面的二进制内容形式写到文件中。

2. 编程实现

经过以上分析，编写代码如下：

```
import re
import requests
word=input('请输入要查找的关键字')
url=f'https://image.baidu.com/search/index?tn=baiduimage&word={word}'
headers={
          'User-Agent': 'Mozilla/5.0 (Windows NT 6.1; Win64; x64) AppleWebKit/
537.36 (KHTML, like Gecko) Chrome/87.0.4280.141 Safari/537.36' ,'Accept':'text/html,
application/xhtml+xml,application/xml;q=0.9,image/avif,image/webp,image/apng,*/*;
q=0.8,application/signed-exchange;v=b3;q=0.9' # 需要使用 Accept
         }
r=requests.get(url,headers=headers)
r.encoding='utf-8'
p='"thumbURL": "(.+?)&fmt'                         # 正则表达式需随网页源码的变化而变化
ls=re.findall(p,r.text)
# 保存图片
for i in range(len(ls)):
    img=open(f'dog/dog_{i+1}.jpg',mode='wb')
    print(f'正在下载第{i+1}张图片')
    img.write(requests.get(ls[i],headers=headers).content)
    img.close()
```

3. 调试、运行程序

保存并运行代码，输入要查找关键字“小狗”，爬取的图片如图11.18所示。

图11.18 运行结果

更进一步：

在百度图片搜索中，向下滚动鼠标，会搜索到更多的图片。

在开发者工具中，选择“网络”→“Fetch/XHR”按钮，如图11.19所示，手动刷新页面，随着页面上鼠标的向下滚动，会显示更多的图片，开发者工具的名称列中以acjson?tn=resultjson_com开头的行也在增多，查看其中的某一条网址：

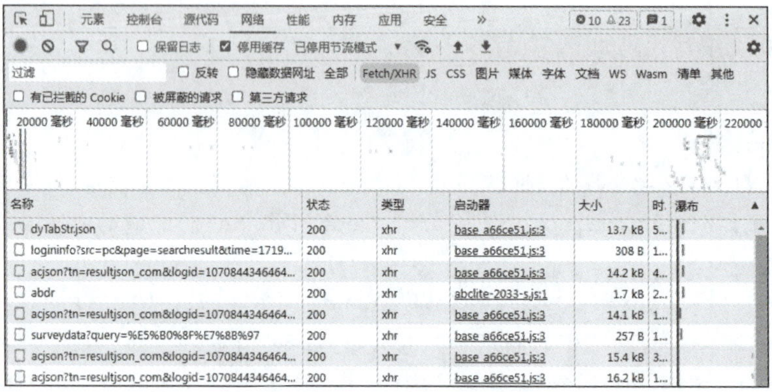

图11.19 查看XHR请求

https://image.baidu.com/search/acjson?tn=resultjson_com&logid=11646622149317729221&ipn=rj&ct=201326592&is=&fp=result&fr=&word=%E5%B0%8F%E7%8B%97&queryWord=%E5%B0%8F%E7%8B%97&cl=2&lm=&ie=utf-8&oe=utf-8&adpicid=&st=-1&z=&ic=0&hd=&latest=&copyright=&s=&se=&tab=&width=&height=&face=0&istype=2&qc=&nc=1&expermode=&nojc=&isAsync=&pn=60&rn=30&gsm=3c&1717348639538=

其中，word和queryWord的值是搜索关键字，rn=30表示每页显示30张图片，pn表示显示第几页的图片，只要修改url变量中pn的值，即可显示其他页的图片，第一页pn=30，第二页pn=60，其余页pn值以此类推。使用此url发送请求，响应内容是一个JSON格式的数据，可以使用Response对象的json()方法很容易解析出搜索图片的地址，从页获取指定页的图片。

爬取第2页图片的实现代码如下：

```
import requests
word=input('请输入搜索关键字：')
headers={
        'User-Agent':'Mozilla/5.0 (Windows NT 6.1; Win64; x64) AppleWebKit/
537.36 (KHTML, like Gecko) Chrome/87.0.4280.141 Safari/537.36'
         ,'Accept':'text/html,application/xhtml+xml,application/xml;q=0.9,
image/avif,image/webp,image/apng,*/*;q=0.8,application/signed-exchange;v=b3;q=0.9'
         }
url=f'https://image.baidu.com/search/acjson?tn=resultjson_com\
&logid=11646622149317729221&ipn=rj&ct=201326592&is=&fp=result\
&fr=&word={word}&queryWord={word}&cl=2\
&lm=&ie=utf-8&oe=utf-8&adpicid=&st=-1&z=&ic=0&hd=&latest=&\
copyright=&s=&se=&tab=&width=&height=&face=0&istype=2&qc=&nc=1&\
```

```
expermode=&nojc=&isAsync=&pn=60&rn=30&gsm=3c&1717348639538='
r=requests.get(url,headers=headers,timeout=30)
jstr=r.json()
dtls=jstr['data']
ls=[]
for d in dtls:
    if len(d)>0:
        ls.append(d['thumbURL'])
for i in range(len(ls)):
    im=open(f'cat/cat_1{i+1}.jpg','wb')
    print(f'正在下载第2页第{i+1}张图片')
    imct=requests.get(ls[i],headers)
```

保存并运行代码，输入关键字小猫，爬取的图片如图11.20所示。

图11.20　爬取的小猫图片

小　　结

本章介绍了简易网络爬虫的基础知识，包括HTTP协议、Cookie、爬虫工作流程和Robots排除协议等基本概念，以及爬虫常用的第三方库requests页面访问库、beautifulsoup4页面解析库和标准库re正则表达式等，最后给出3个实用性强的应用案例。通过本章的学习，读者应掌握简易网络爬虫基本工作原理和爬取网络信息的基本方法。

思考与练习

一、单选题

1. 访问网页使用的库是________。

A. re　　B. beautifulsoup4　　C. request　　D. requests

2. 解析页面使用的标准库是________。

A. re B. beautifulsoup4 C. request D. requests

3. 解析页面使用的第三方库是________。

A. re B. beautifulsoup4 C. request D. requests

4. re库查找所有符合条件的信息的函数是________。

A. find() B. find_all() C. findall() D. getall()

5. re库中的________用来查找并替换所有的匹配模式表达式的子串。

A. sub() B. replace() C. search() D. match()

6. re库中的________函数用来根据模式表达式中来分割字符串。

A. sub() B. replace() C. split() D. strip()

二、填空题

1. requests库中的________函数用来以get方式访问网页。
2. requests库访问页面返回的是________对象。
3. Respose对象的________属性用来查看或设置页面编码。
4. Response对象的________属性获取网页内容，________属性获取网页二进制内容。
5. 导入BeautifulSoup类的语句是:________。
6. Beautifulsoup对象的find()方法返回________类型的数据。
7. Beautifulsoup对象的find_all()方法返回________类型的数据。
8. re的元字符"."匹配________字符。
9. re的"\w"匹配________字符。
10. re库匹配0～9数字的模式表达式为________。

三、判断题

1. requests库中的get()函数只能访问网页，不能向网站提交数据。 ( )
2. requests库中的post()函数既可访问网页，也可以表单方式向服务器提交数据。 ( )
3. beautifulsoup4用来解析页面，查找信息。 ( )
4. re库可以采用模式匹配来查找信息。 ( )
5. re库提供了许多处理字符串的函数。 ( )

四、简答题

1. 请简述网络爬虫爬取网页的流程。
2. 请写出raise语句抛出异常的三种格式，并简单介绍每种格式的功能。

五、编程题

1. 编写程序，从诗词名句网爬取杜甫的诗词全部内容并保存到本地文件中。
2. 编写程序，从诗词名句网爬取小说《水浒传》全部内容并保存到本地文件中。